玉川百科 こども博物誌　小原 芳明 監修

植物とくらす

湯浅 浩史 編　江口 あけみ 絵

玉川大学出版部

監修にあたって

玉川学園の創立者である小原國芳は、1923年にイデア書院から教育書、哲学書、芸術書、道徳書、宗教書などとともに児童書を出版し、1932年には日本初となるこどものための百科辞典「児童百科大辞典」（全30巻、～37年）を刊行しました。その特徴は、五十音順ではなく、分野別による編纂でした。

イデア書院の流れを汲む玉川大学出版部は、その後「学習大辞典」（全32巻、1947～51年）、「玉川児童百科大辞典」（全30巻、1950～53年）、「玉川こども百科」（全100巻、1951～60年）、「玉川百科大辞典」（全31巻、1958～63年）、「玉川児童百科大辞典」（全21巻、1967～68年）、「玉川新百科」（全10巻、1970～71年）、そして「玉川こども・きょういく百科」（全31巻、1979年）を世に送り出しました。

インターネットが一般家庭にも普及したこの時代、こどもたちも手軽に情報検索ができます。学校の調べ学習にインターネットは大きく貢献していますが、この「玉川百科 こども博物誌」はこどもたちが調べるだけでなく、自分で読んで考えるきっかけとなるものを目指しています。自分で得た知識や情報を主体的に探究する、これからのアクティブ・ラーニングに役立つでしょう。

教育は学校のみではなく、家庭でも行うものです。このシリーズを読んで「本物」にふれる一歩としてください。

玉川学園創立90周年記念出版となる「玉川百科 こども博物誌」が、親子一緒となって活用されることを願っています。

小原芳明

はじめに

みなさんは動物《どうぶつ》がすきでしょう。ペットはかわいいし、野生動物《やせいどうぶつ》も魅力《みりょく》がありますね。植物《しょくぶつ》はどうでしょうか。花《はな》は美《うつく》しいと感《かん》じても、あまり関心《かんしん》はないかもしれません。でも植物《しょくぶつ》はとてもたいせつな役割《やくわり》をもっています。考《かんが》えてみてください。毎日《まいにち》食《た》べるごはんやパンは植物《しょくぶつ》の種子《しゅし》からつくられています。調味料《ちょうみりょう》のさとう、しょうゆ、みそ、酢《す》、それに食用油《しょくようあぶら》、のみもののお茶《ちゃ》、コーヒー、ココア、また、チョコレート、あめ、クッキーなどのお菓子《かし》も植物《しょくぶつ》が原料《げんりょう》です。

植物《しょくぶつ》は目《め》に見《み》える利用以外《りよういがい》に、見《み》えないはたらきも重要《じゅうよう》です。植物《しょくぶつ》は二酸化炭素《にさんかたんそ》をとりいれ、酸素《さんそ》をつくりだし、動物《どうぶつ》のえさやすみかになり、森《もり》は水《みず》をたくわえます。「えんの下《した》の力《ちから》もち」のような役目《やくめ》もはたしてくれているのです。

植物《しょくぶつ》はたくさんの種類《しゅるい》があり、区別《くべつ》がつきにくく、なじめない人《ひと》もいるでしょう。この本《ほん》では植物《しょくぶつ》に親《した》しめるようおもしろい植物《しょくぶつ》やきみょうな植物《しょくぶつ》、びっくりするような植物《しょくぶつ》にもふれています。花《はな》や草《くさ》や木《き》の見《み》わけかたのコツや手《て》がかり、楽《たの》しみかたもとりあげました。

植物《しょくぶつ》に目《め》をむけるきっかけが、この本《ほん》からうまれるとよいですね。

湯浅浩史《ゆあさひろし》

おとなのみなさんへ

この本は植物がわたしたちの暮らしに有形、無形でいかに役立っているかという視点を切り口にまとめました。多角的に取り上げていますが、植物に親しみながら学べるよう、たくさんの絵を添えました。また、要所要所では観察や体験ができる事例をあげてあります。

本書では心がけた点がいくつかあります。こどもはなぜ、どうしてという疑問を抱きます。植物ではその質問に対して、一般的に知恵、工夫、さらに戦略などで答えることが多いです。しかし、知恵も工夫も頭で考えなければなりません。まして戦略ともなると本来は軍事用語で参謀が策するような作戦です。ところが人や動物と違い、植物には脳がありません。考え、行動することはできないのです。「何々のために」という言い回しも同様です。植物は受け身です。長い年月の間に環境に適したみごとな進化が起こって、それがまるで意思で合理的に行われたように見えるのです。本書では知恵、工夫、戦略、「ために」などを使わず、しくみや働きなどで解説しました。

さらに、本書では分類の単位の「科」は用いませんでした。多くは「なかま」として扱い、複数の種や品種は種類として表記しました。なお、種《たね》は種《しゅ》とまぎらわしいので、タネもしくは種子《しゅし》と表記しました。タネの中にはキク科のように、種子と果実が一緒になったものも含みます。

植物は地味ですがわたしたちの暮らしにも、地球の環境にとっても大切な存在です。種類が多くて名前が覚えにくいかもしれませんが、こどものうちに親しんでおくと年をとってからも生活にうるおいを与えてくれるでしょう。

こどもたちと一緒に読み、語り、観察して、植物への理解を深めていただく手助けになればと心から願っています。

湯浅浩史

「植物《しょくぶつ》とくらす」もくじ

第《だい》3章《しょう》　植物《しょくぶつ》を知《し》ろう・調《しら》べよう　57

ようこそ、「植物《しょくぶつ》」の世界《せかい》へ！

この本《ほん》は「植物《しょくぶつ》ってなあに?」「もし植物《しょくぶつ》がなかったら」「植物《しょくぶつ》を知《し》ろう・調《しら》べよう」「そだててみよう」「かざろう　あそぼう」の5つにわかれています。

「植物《しょくぶつ》ってなあに？」

きれいな花《はな》をさかせる植物《しょくぶつ》もあれば、花《はな》のない植物《しょくぶつ》もあります。植物《しょくぶつ》はどうやってタネをみのらせるのでしょう？

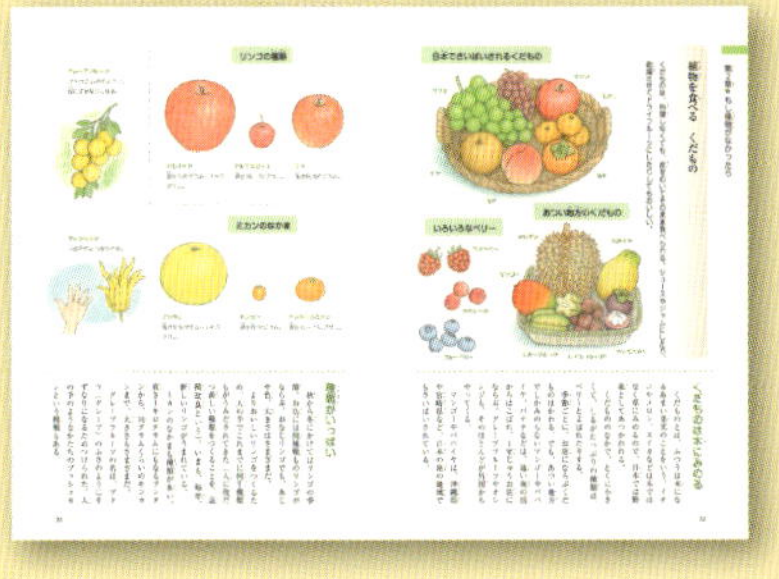

「もし植物《しょくぶつ》がなかったら」

食《た》べもの、のみもの、薬《くすり》に服《ふく》や家《いえ》まで……。わたしたちのくらしは、たくさんの植物《しょくぶつ》にささえられています。

「植物《しょくぶつ》を知《し》ろう・調《しら》べよう」

植物《しょくぶつ》をじっくり観察《かんさつ》すると、種類《しゅるい》によって、花《はな》びらや葉《は》の色《いろ》やかたちがちがっているのがわかります。

「そだててみよう」

実際《じっさい》に植物《しょくぶつ》をそだててみましょう。大《おお》きくそだてるために、さまざまなコツがあります。

「かざろう　あそぼう」

植物《しょくぶつ》をつかってあそんでみましょう。おもちゃ、楽器《がっき》、アクセサリーなどいろいろなものがつくれます。

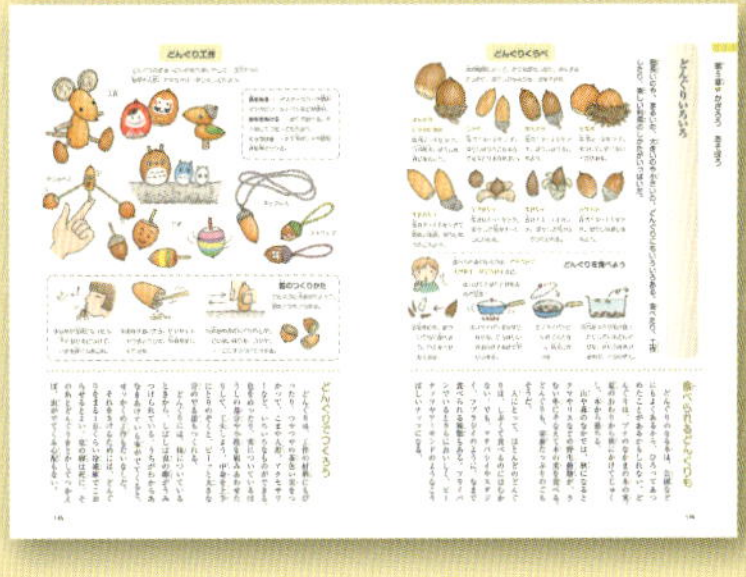

いってみよう！

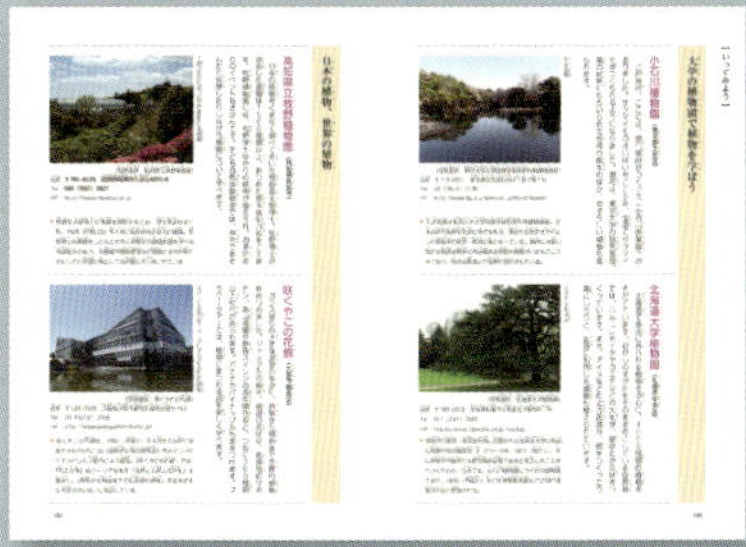

さまざまな植物《しょくぶつ》とであえる施設《しせつ》を紹介《しょうかい》しています。

読《よ》んでみよう！

植物《しょくぶつ》のことをもっと知《し》ることができる読書《どくしょ》ガイドです。

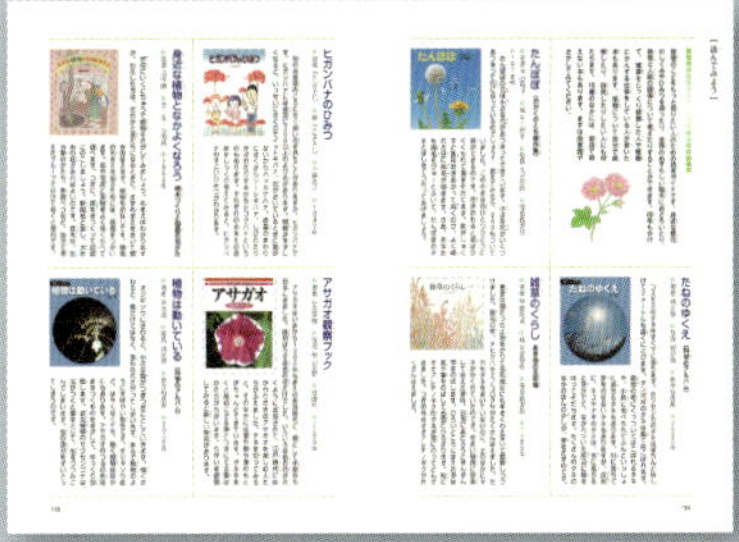

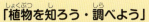

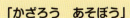

第《だい》1章《しょう》▼植物《しょくぶつ》ってなあに？

植物《しょくぶつ》のクイズです。〇か×でこたえてください。

・花《はな》のさかない植物《しょくぶつ》がある。
・海《うみ》のなかにはえる植物《しょくぶつ》がある。
・鳥《とり》が花粉《かふん》をはこんでくれる花《はな》がある。
・花粉《かふん》をはこぶほ乳動物《にゅうどうぶつ》がいる。
・風《かぜ》にたすけられてできるタネ（種子《しゅし》）がある。

答《こた》えは、すべて〇です。
花《はな》は色《いろ》とりどりで、美《うつく》しくさく種類《しゅるい》だけではありません。
小《ちい》さくてめだたない花《はな》でも、ちゃんとタネができます。
この章《しょう》では、植物《しょくぶつ》を子孫《しそん》をのこす方法《ほうほう》で大《おお》きくわけ、そのしくみをとりあげています。

花《はな》がめだつ植物《しょくぶつ》　ほかの生《い》きものとのかかわり

「色《いろ》あざやか」「大《おお》きい」「強《つよ》くかおる」といった花《はな》はよくめだつ。それは、おいしいみつの目《め》印《じるし》だ。みつが大《だい》すきな虫《むし》や鳥《とり》、ほ乳動物《にゅうどうぶつ》たちがあつまってくる。

おしべとめしべの役割《やくわり》

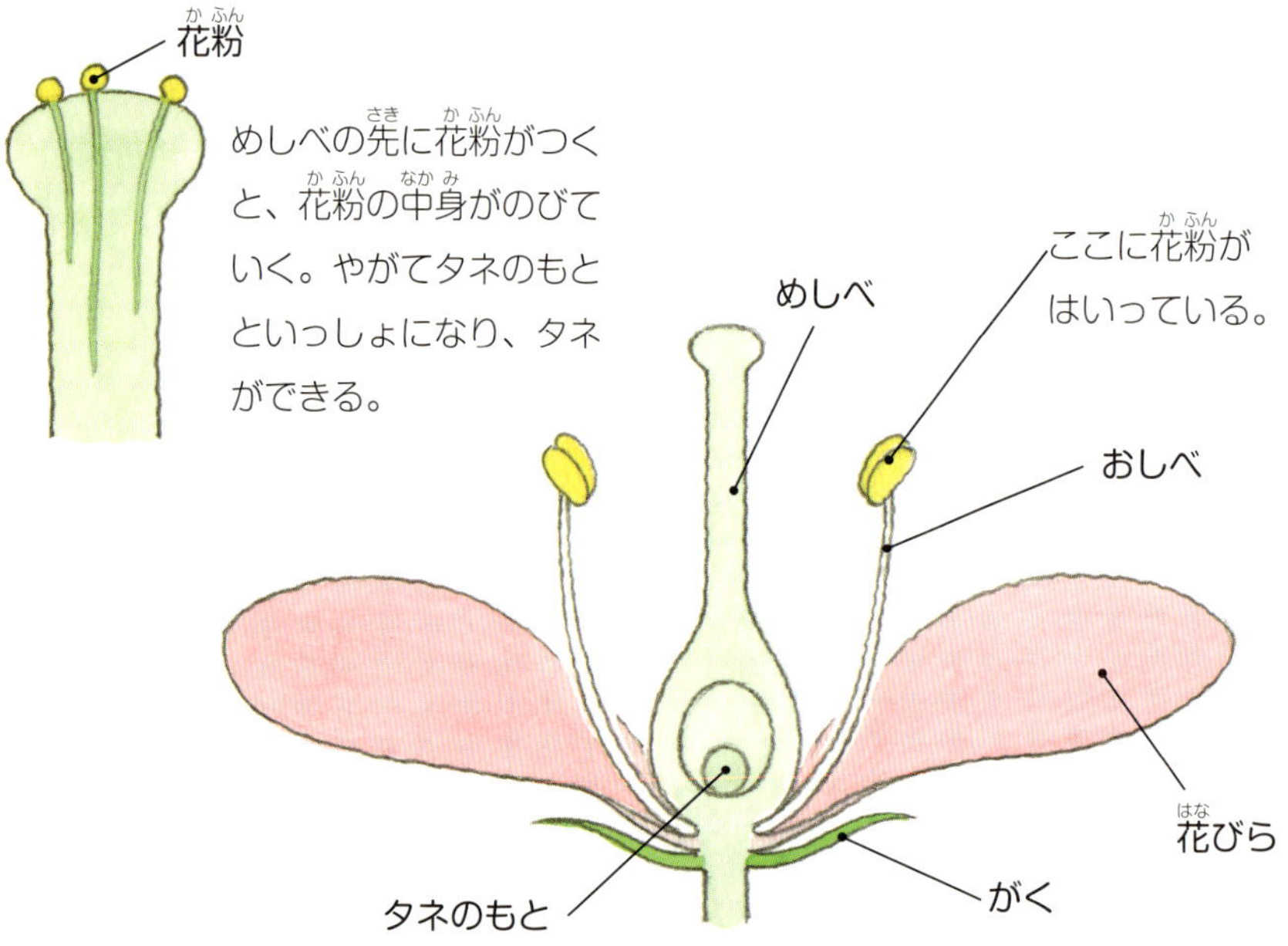
花粉《かふん》
めしべの先《さき》に花粉《かふん》がつくと、花粉《かふん》の中身《なかみ》がのびていく。やがてタネのもととといっしょになり、タネができる。
めしべ
ここに花粉《かふん》がはいっている。
おしべ
花《はな》びら
がく
タネのもと

ミカンの花《はな》とミツバチ
くだものがみのるにも、虫《むし》のはたらきは、かかせない。

ツツジの花《はな》とアゲハチョウ
ストローのような口《くち》を、ラッパ形《がた》の花《はな》につっこんでみつをすう。

きれいなのはなぜだろう

みんなのまわりには、どんな花《はな》がさいているかな。道《みち》ばたのタンポポ、庭《にわ》のチューリップや公園《こうえん》のサクラ。色《いろ》もかたちもさまざまだ。よいかおりの花《はな》もある。

きれいな色《いろ》や強《つよ》いかおりは、生《い》きものたちにむけた合図《あいず》。「ここにおいしい食《た》べものがありますよ」と知《し》らせている。

それに気《き》づいたチョウやハチは、おいしいみつをもとめてやってくる。そしてみつをすいながら、花《はな》からでる黄色《きいろ》やだいだい色《いろ》の粉《こな》(花粉《かふん》)まみれになる。

虫《むし》が動《うご》きまわると、体《からだ》についた花粉《かふん》がめしべにつき、タネがみのる。植物《しょくぶつ》は食《た》べものをあたえるかわりに実《み》をつけ、タネをみのらせる手《て》だすけをしてもらっている。

ツバキの花《はな》とメジロ
花《はな》にとまってみつをすう。頭《あたま》もくちばしも花粉《かふん》まみれになる。

バンクシアの花《はな》とフクロミツスイ
ブラシのような花《はな》は、小《ちい》さな花《はな》があつまってできている。そこにしがみついてみつをなめると、体《からだ》に花粉《かふん》がつく。

フクシアの花《はな》とハチドリ
はばたきながらみつをすう。細長《ほそなが》いくちばしは、細長《ほそなが》い花《はな》のみつをすいやすい。

植物《しょくぶつ》と動物《どうぶつ》のかかわり

鳥《とり》やほ乳動物《にゅうどうぶつ》にも、花《はな》のみつがすきなかまがいる。身近《みぢか》に見《み》られる小鳥《ことり》のメジロは、木《き》の実《み》や虫《むし》だけでなく、みつが大好物《だいこうぶつ》。ツバキやウメの花《はな》にくちばしをつっこみ、むちゅうですう。

アメリカ大陸《たいりく》にいるハチドリは、とても小《ち》さくきれいな小鳥《ことり》。ハチのようにブーンと音《おと》をたててとび、おもにみつをすって生《い》きている。

オーストラリアのフクロミツスイもみつが大《だい》すき。おなかの袋《ふくろ》でこどもをそだてる動物《どうぶつ》のなかまで、ネズミのように小《ち》さい。ブラシのようなかたちのバンクシアという花《はな》にしがみつき、細《ほそ》い舌《した》をさしこんでみつをなめとる。

みのりに役《やく》だつ動物《どうぶつ》は、植物《しょくぶつ》と「もちつもたれつ」の関係《かんけい》だ。

花《はな》がめだたない植物《しょくぶつ》　風《かぜ》の力《ちから》をかりて

花《はな》が地味《じみ》でめだたない植物《しょくぶつ》もある。かおりはほとんどなく、みつもださない。虫《むし》や小鳥《ことり》は、こんな花《はな》には目《め》もくれない。では、どうやって種子《しゅし》（タネ）がみのるのだろう。

花粉《かふん》が風《かぜ》でとぶ木《き》のなかま

クロマツ

おなじ木《き》に、めばなとおばながつく。

めばな
新《あたら》しい枝《えだ》の先《さき》につく。長《なが》さは5～6ミリ。

おばな
新《あたら》しい枝《えだ》のつけ根《ね》に、かたまってつく。長《なが》さは1.5～2センチ。

まつぼっくり（まつかさ）
まえの年《とし》のめばながそだって、まつぼっくりになる。なかにタネができる。

スギ

おなじ木《き》に、めばなとおばながつく。

めばな
枝先《えださき》に下《した》むきにさく。直径《ちょっけい》2～3センチ。

おばな
上《うえ》は半分《はんぶん》に切《き》ったところ。なかに花粉《かふん》がつまっている。長《なが》さは5～8ミリ。

イチョウ

めばながつくメスの木《き》と、おばながつくオスの木《き》がある。

めばな
ふたつにわかれたまるい部分《ぶぶん》が実《み》（ぎんなん）になる。長《なが》さは2～3センチ。

おばな
たれさがるようにつく。長《なが》さは約《やく》2センチ。

めだたなくても平気《へいき》

春《はる》まださむいころ、くしゃみや鼻水《はなみず》、目《め》のかゆみなどでつらくなる花粉症《かふんしょう》。原因《げんいん》はスギやヒノキの花粉《かふん》だ。風《かぜ》でとばされてきて、一《いち》部《ぶ》の人《ひと》に花粉症《かふんしょう》をひきおこす。

スギは1本《ぽん》の木《き》に、メスの花《はな》（めばな）とオスの花《はな》（おばな）がべつべつにさく。どちらも地味《じみ》でめだたないが、おばなにできる花粉《かふん》はすごく多《おお》い。風《かぜ》がふくと、まわりは花粉《かふん》でけむって見《み》える。

たくさんの花粉《かふん》を遠《とお》くまでとばすので、何十《なんじっ》キロメートルもはなれたスギの木《き》のめばなにもとどく。花《はな》がめだたなくてもよい。花《はな》を見《み》つけて、虫《むし》や鳥《とり》がきてくれなくても、風《かぜ》がかわりをしてくれる。

マツやイチョウも、風《かぜ》の力《ちから》で花《か》粉《ふん》をとばし、タネをみのらせる。

花粉《かふん》が風《かぜ》でとぶ草《くさ》のなかま

トウモロコシ

茎《くき》の上《うえ》におばなが、茎《くき》の横《よこ》にめばながつく。

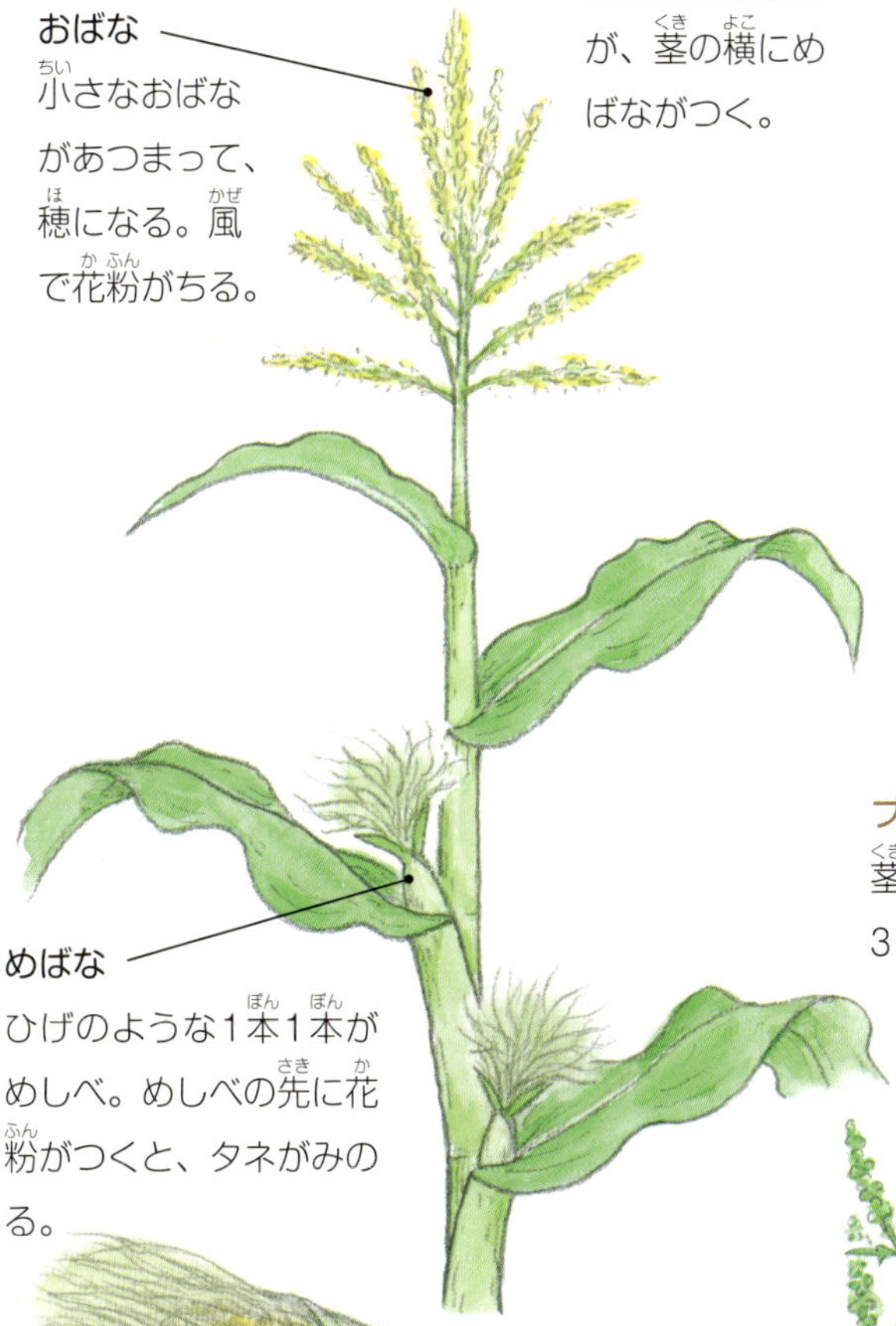

おばな
小《ちい》さなおばながあつまって、穂《ほ》になる。風《かぜ》で花粉《かふん》がちる。
めばな
ひげのような1本《ぽん》1本《ぽん》がめしべ。めしべの先《さき》に花《か》粉《ふん》がつくと、タネがみのる。

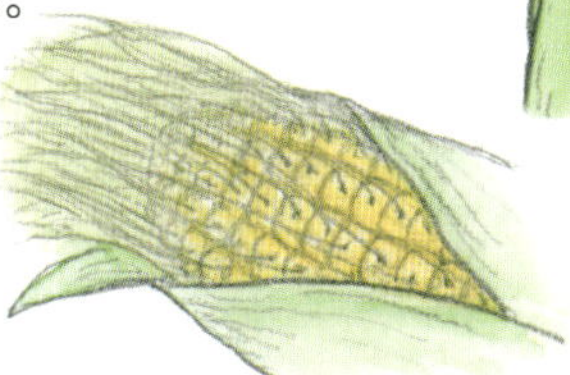

めしべのつけ根《ね》にひと粒《つぶ》ずつタネができる。

イネ

晴《は》れた夏《なつ》の日《ひ》の昼《ひる》ごろに、ほんの1～2時間《じかん》だけ花《はな》がさく。

花粉《かふん》の袋《ふくろ》
おしべ
花粉《かふん》が風《かぜ》でこぼれ、めしべにつく。
めしべ
おしべより短《みじか》くて、外《そと》からはほとんど見《み》えない。

ブタクサ

茎《くき》の先《さき》に、たくさんのおばなと2～3個《こ》のめばなが、まとまってつく。

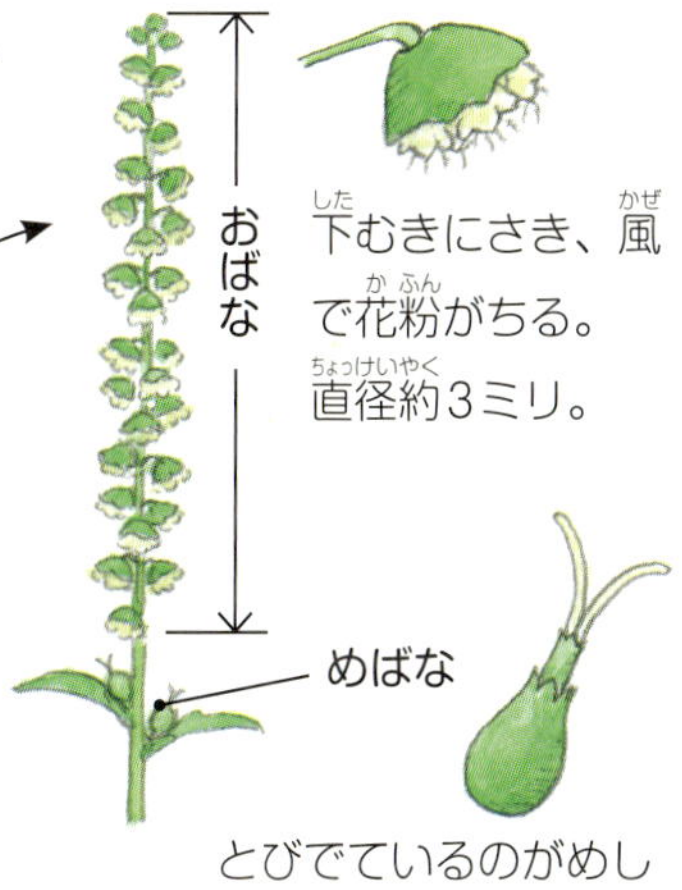

おばな
下《した》むきにさき、風《かぜ》で花粉《かふん》がちる。直径約《ちょっけいやく》3ミリ。
めばな
とびでているのがめしべ。風《かぜ》でとんだ花粉《かふん》がつく。

イネも風《かぜ》のおかげでみのる

草《くさ》のなかにも、風《かぜ》の力《ちから》でタネをつける植物《しょくぶつ》がある。コメがとれるイネもそのひとつ。花《はな》はとても小《ちい》さく、花《はな》びらがなくてめだたない。つぼみが開《ひら》くと、おしべの花粉《かふん》がちらばってめしべにつき、コメがみのる。

トウモロコシもイネのなかま。上《うえ》にススキの穂《ほ》のようなおばながつき、茎《くき》の横《よこ》にめばながつく。めしべはひげのように長《なが》くのびる。風《かぜ》で花粉《かふん》が落《お》ちると、めばなの先《さき》につき、タネができる。

キクのなかまには、ヒマワリやコスモスなど花《はな》がきれいな種類《しゅるい》が多《おお》い。でも、花《はな》が地味《じみ》な種類《しゅるい》もある。代表《だいひょう》はブタクサ。花《はな》はとても小《ちい》さく、花粉《かふん》が風《かぜ》でとぶ。夏《なつ》から秋《あき》の花粉症《かふんしょう》の原因《げんいん》にもなっている。

花《はな》がさかない植物《しょくぶつ》 タネのような胞子《ほうし》でふえる

花《はな》のさかない植物《しょくぶつ》は、タネのような役割《やくわり》をする胞子《ほうし》でふえていく。胞子《ほうし》の1粒《つぶ》1粒《つぶ》はとても小《ちい》さく、人《ひと》の目《め》で見《み》ることはできない。

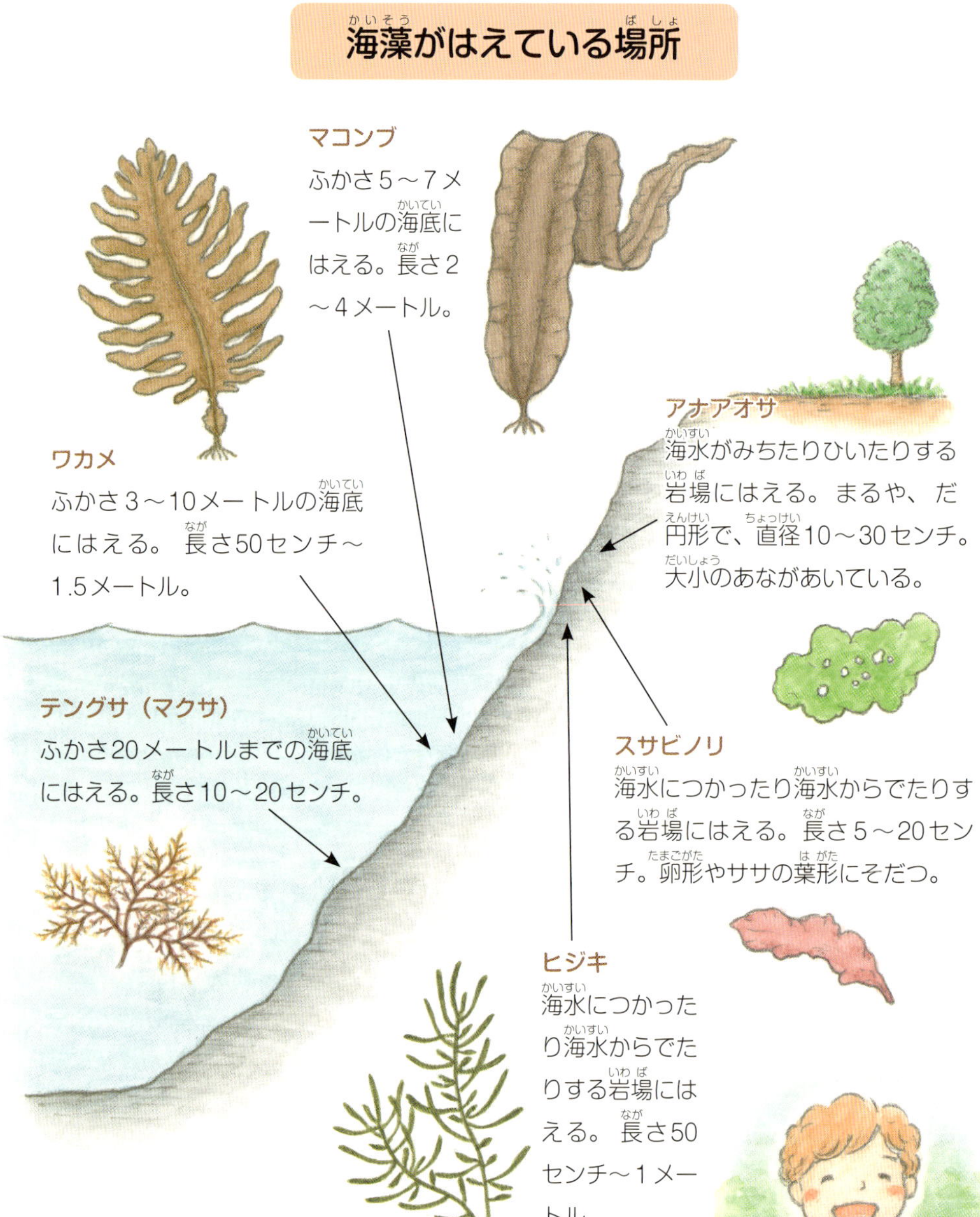
海藻《かいそう》がはえている場所《ばしょ》
マコンブ
ふかさ5〜7メートルの海底《かいてい》にはえる。長《なが》さ2〜4メートル。
ワカメ
ふかさ3〜10メートルの海底《かいてい》にはえる。長《なが》さ50センチ〜1.5メートル。
テングサ（マクサ）
ふかさ20メートルまでの海底《かいてい》にはえる。長《なが》さ10〜20センチ。
アナアオサ
海水《かいすい》がみちたりひいたりする岩場《いわば》にはえる。まるや、だ円形《えんけい》で、直径《ちょっけい》10〜30センチ。大小《だいしょう》のあながあいている。
スサビノリ
海水《かいすい》につかったり海水《かいすい》からでたりする岩場《いわば》にはえる。長《なが》さ5〜20センチ。卵形《たまごがた》やササの葉形《はがた》にそだつ。
ヒジキ
海水《かいすい》につかったり海水《かいすい》からでたりする岩場《いわば》にはえる。長《なが》さ50センチ〜1メートル。

海藻《かいそう》のなかま

胞子《ほうし》でふえる植物《しょくぶつ》はたくさんあるが、海《うみ》にはえる海藻《かいそう》もそのなかまだ。種類《しゅるい》によって、そだつ地域《ちいき》やはえるふかさがちがう。ごくあさい海《うみ》なら緑色《みどりいろ》、ややふかいと茶色《ちゃいろ》っぽい色《いろ》が中心《ちゅうしん》。もっとふかいと赤《あか》みがかった種類《しゅるい》が多《おお》くなる。

食《た》べられる海藻《かいそう》もけっこうある。おにぎりにまくノリ（スサビノリなど）、みそしるのワカメ、にものにするヒジキ、だしをとるコンブ（マコンブなど）、そしてカンテンやトコロテンになるテングサ（マクサ）、青《あお》のりにもなるアオサ（アナアオサ）など。乾燥《かんそう》させると、長《なが》く保存《ほぞん》できる。

ノリやコンブのように、海《うみ》でさいばい（ようしょく）されている海藻《かいそう》もある。

シダのなかま

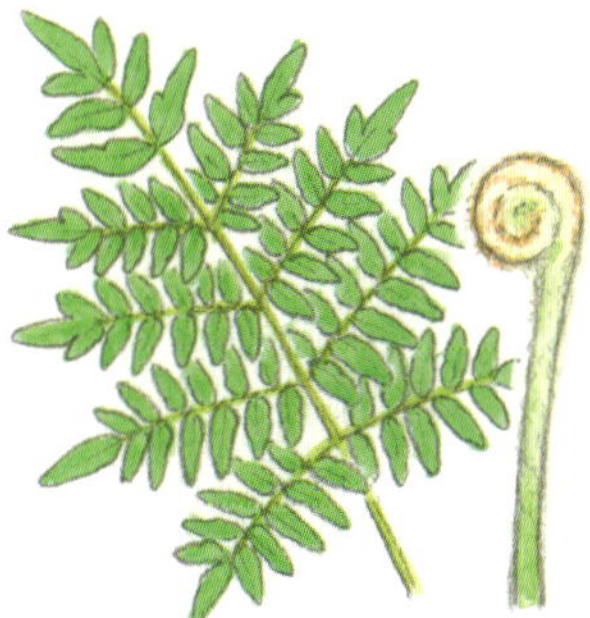

ゼンマイ

しめっぽい林《はやし》のなかなどにはえる。わかい芽《め》は食《た》べられる。高《たか》さ50センチ～1メートル。

ワラビ

日《ひ》あたりのよい野山《のやま》にはえる。わかい芽《め》は食《た》べられる。高《たか》さ1～1.5メートル。

スギナ

春《はる》にでるツクシはスギナの一部《いちぶ》で、胞子《ほうし》をとばす。地下《ちか》でつながっている。

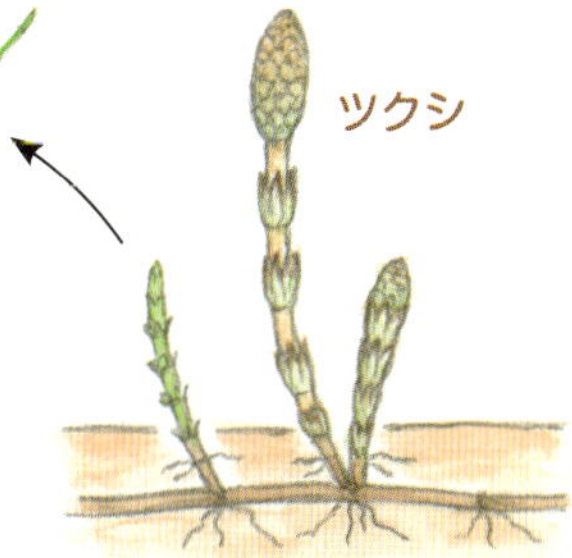

キノコのなかま

ツチグリ

クリの実《み》が地面《じめん》に落《お》ちたようなかたち。皮《かわ》のような部分《ぶぶん》は、乾燥《かんそう》すると開《ひら》き、しめるととじる。林《はやし》にはえる。

シイタケ

食《た》べられるキノコで、たくさんさいばいされている。自然《しぜん》のなかでは、クヌギやシイノキのかれ木《き》にはえる。

キヌガサタケ

かさの下《した》に白《しろ》いレースのスカートをはいたようなかたち。カラマツ林《ばやし》や竹林《ちくりん》にはえる。

マツタケ

食《た》べられるキノコ。かおりがいいが、さいばいできないため、ねだんが高《たか》い。マツ林《ばやし》にはえる。

コケのなかま

ゼニゴケ

庭《にわ》のすみや空《あ》き地《ち》など、しめっぽい地面《じめん》をべったりとおおうようにはえる。

コスギゴケ

道路《どうろ》わきの斜面《しゃめん》などにはえる。葉《は》はかわくとちぢれるが、ぬれるともとにもどる。

ギンゴケ

かわいた地面《じめん》やコンクリートの上《うえ》にもはえる。上半分《うえはんぶん》が銀色《ぎんいろ》がかっている。

コケ、シダ、キノコ

ほかにも胞子《ほうし》でふえるなかまをあげてみよう。日《ひ》のあたらない庭《にわ》のすみや、石垣《いしがき》のすきまなど、身《み》近《ぢか》な場所《ばしょ》でも見《み》られるコケのなかま。しめり気《け》の多《おお》い場所《ばしょ》によくはえるシダのなかま。そのほかに、キノコのなかまも胞子《ほうし》でふえる。

スギナはシダのなかまで、春《はる》にツクシをだして胞子《ほうし》を風《かぜ》にとばす。ツクシとスギナは、地面《じめん》のなかでつながっている。

キノコは、じつは植物《しょくぶつ》とはちがう。植物《しょくぶつ》は太陽《たいよう》の光《ひかり》をあびて栄養《えいよう》をつくるが、キノコはほかの生《い》きものから栄養《えいよう》をもらって生《い》きている。キノコに栄養《えいよう》をすいとられると、かれ木《き》や落《お》ち葉《ば》は細《こま》かい土《つち》のようになる。キノコは森《もり》のそうじやさんの役目《やくめ》もはたしている。

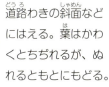

ちょっとひと休《やす》み

宇宙《うちゅう》でさいた花《はな》

2016年《ねん》1月《がつ》16日《にち》、宇宙《うちゅう》ステーションで、オレンジ色《いろ》のきれいな花《はな》がさいた。

宇宙《うちゅう》ステーションでさいた1輪《りん》だけのヒャクニチソウ。まどから青《あお》い地球《ちきゅう》が見《み》える。

宇宙《うちゅう》からの花《はな》だより

さいたのはヒャクニチソウの園芸品《えんげいひん》種《しゅ》。これまで、野菜《やさい》などの作物《さくもつ》や小《ちい》さな野草《やそう》など、さまざまな植物《しょくぶつ》のさいばい実験《じっけん》がおこなわれていたが、みばえのする色《いろ》のあざやかな花《はな》がさいたのは、はじめてのことだった。花《はな》の写真《しゃしん》は宇宙飛行士《うちゅうひこうし》によって、インターネットをつうじて投稿《とうこう》され、またたくまに世界《せかい》じゅうの人《ひと》が目《め》にすることになった。

いつか宇宙《うちゅう》で作物《さくもつ》を

植物《しょくぶつ》の根《ね》は下《した》にむかい、茎《くき》は太陽《たいよう》にむかってのびる性質《せいしつ》があるが、宇宙《うちゅう》には上《うえ》も下《した》もない。重力《じゅうりょく》がなく、すべてのものが空中《くうちゅう》にうかんでしまうからだ。人《ひと》びとの長《なが》い研究《けんきゅう》と努力《どりょく》によって、きびしい宇宙空間《うちゅうくうかん》でさくことができた1輪《りん》の花《はな》。いつの日《ひ》か、宇宙《うちゅう》で作物《さくもつ》や花《はな》を自由《じゆう》にさいばいする日《ひ》のための、小《ちい》さな1歩《ぽ》だ。

地上《ちじょう》では、こんもりとしげってさく。宇宙《うちゅう》でも、いつかこんなふうにさかせられるかも。

第《だい》2章《しょう》▼もし植物《しょくぶつ》がなかったら

つぎの問題《もんだい》に○か×でこたえてください。

・主食《しゅしょく》はタネである。
・チョコレートやココアはおなじタネからつくる。
・ヤシからせっけんができる。
・紙《かみ》は木《き》からつくる。
・森《もり》はダムの役割《やくわり》をもつ。

答《こた》えは、すべて○です。

この章《しょう》で、植物《しょくぶつ》がいかにわたしたちの生活《せいかつ》に役《やく》だっているか、知《し》ることができるでしょう。植物《しょくぶつ》がなければ多《おお》くの動物《どうぶつ》もくらしていけません。緑《みどり》は地球《ちきゅう》の環境《かんきょう》にとってもたいせつです。その役目《やくめ》も、この章《しょう》から学《まな》んでください。

植物《しょくぶつ》を食《た》べる　穀物《こくもつ》と豆《まめ》

世界《せかい》じゅうで食《た》べられている穀物《こくもつ》と豆《まめ》。長《なが》く保存《ほぞん》できるので、1年《ねん》じゅういつでも食《た》べることができる。

トウモロコシ

じゅくすまえのわかい実《み》を食《た》べる種類《しゅるい》と、じゅくしてから乾燥《かんそう》させて利用《りよう》する種類《しゅるい》にわけられる。

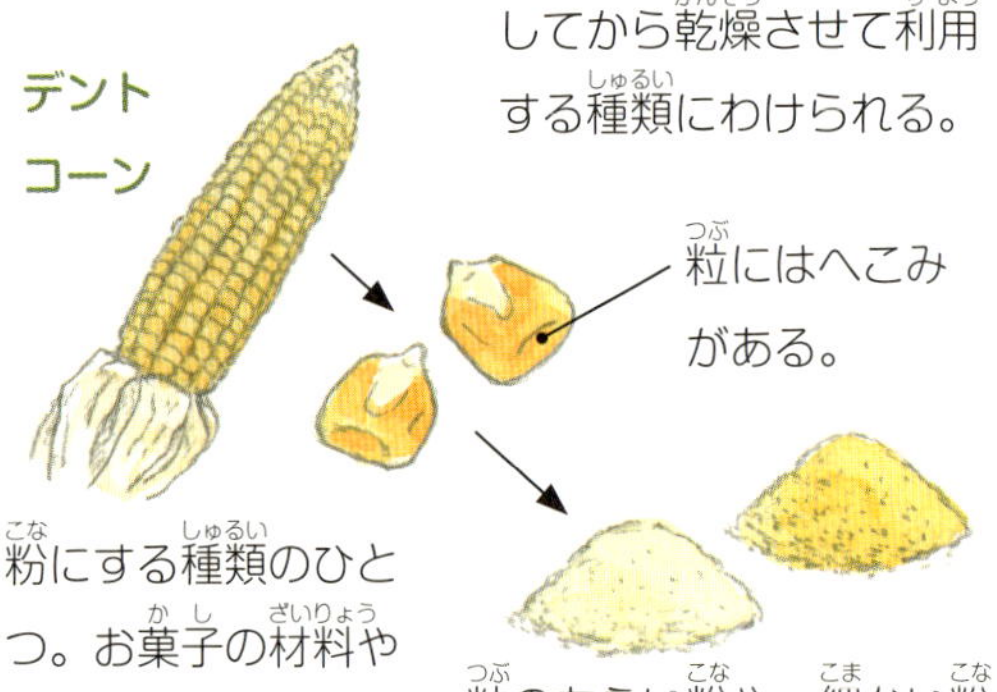
デントコーン
粒《つぶ》にはへこみがある。

粉《こな》にする種類《しゅるい》のひとつ。お菓子《かし》の材料《ざいりょう》やかちくのえさになる。

粒《つぶ》のあらい粉《こな》や、細《こま》かい粉《こな》にする。

コーンフレーク
○×コーン
スナック菓子《がし》

コメ

ごはんにするうるち米《まい》と、おもちにするもち米《ごめ》とに大《おお》きくわけられる。

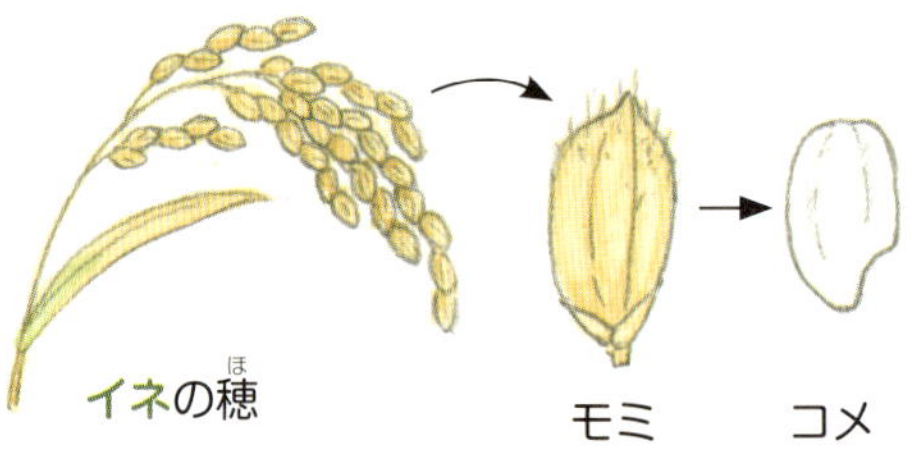
イネの穂《ほ》
モミ
コメ

ちゃわん1杯《ぱい》のごはんは、およそ4000粒《つぶ》。

おもちはもち米《ごめ》から、だんごはうるち米《まい》からつくる。

そのほかの穀物《こくもつ》

ソバは粉《こな》にしてめんをつくる。アワ、ヒエ、キビは、ごはんにまぜたり、お菓子《かし》にしたりする。小鳥《ことり》のえさにもつかわれている。

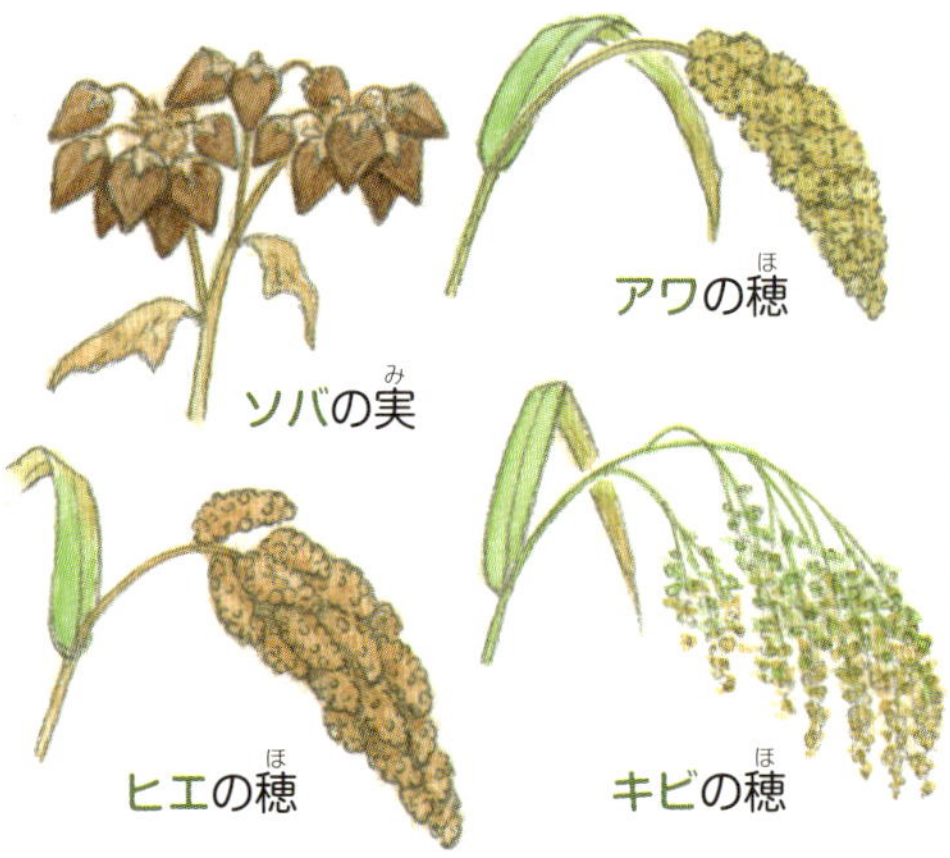
ソバの実《み》
アワの穂《ほ》
ヒエの穂《ほ》
キビの穂《ほ》

コムギ

粉《こな》にしてから、パンやお菓子《かし》、めんなどをつくる。

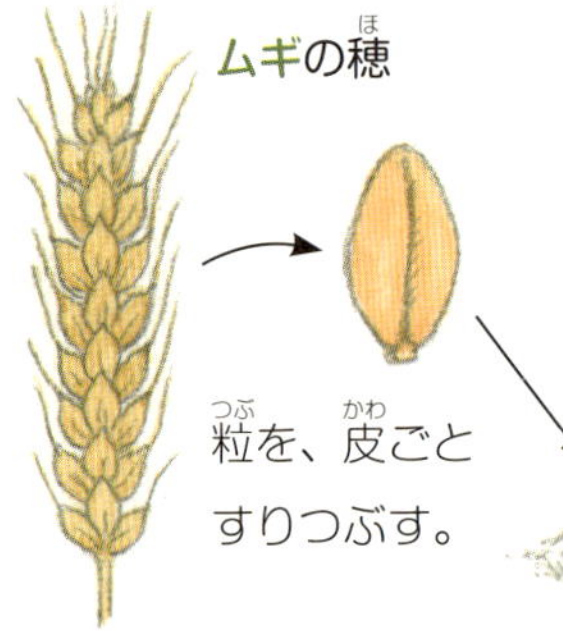
ムギの穂《ほ》
粒《つぶ》を、皮《かわ》ごとすりつぶす。

皮《かわ》などのかたい部《ぶ》分《ぶん》（ふすま）をあとからとりのぞくと、白《しろ》い粉《こな》になる。

パン
うどん
ケーキ
スパゲティ

穀物《こくもつ》ってなあに？

わたしたちは食事《しょくじ》のとき、肉《にく》や魚《さかな》、野菜《やさい》などのおかずのほかに、ごはんやパンなどを食《た》べる。おかずのことを副食《ふくしょく》、ごはんやパンなどを主食《しゅしょく》という。主食《しゅしょく》としてわたしたちが食《た》べている種子《しゅし》、それが穀物《こくもつ》だ。

世界《せかい》の代表的《だいひょうてき》な穀物《こくもつ》は、コメ、コムギ、トウモロコシの3つ。三《さん》大穀物《だいこくもつ》といわれている。とくちょうは、乾燥《かんそう》させると長《なが》く保存《ほぞん》できること。倉庫《そうこ》などにしまっておけば、いつでもとりだして食《た》べられる。植物《しょくぶつ》がそだたない冬《ふゆ》のあいだもだいじょうぶ。

冷蔵庫《れいぞうこ》もない時代《じだい》、乾燥《かんそう》させるだけで保存《ほぞん》できる食《た》べものは、いま以上《いじょう》にずっとたいせつなものだった。

ダイズからつくられる食べもの

とうふ
なっとう
油《あぶら》
みそ
しょうゆ
豆《まめ》もやし

多《おお》くはクリーム色《いろ》だが、緑色《みどりいろ》（**青《あお》ダイズ**）や黒色《くろいろ》（**クロマメ**）の種類《しゅるい》もある。節分《せつぶん》の豆《まめ》まきにもつかわれる。

豆料理《まめりょうり》いろいろ

●ヒヨコマメのカレー

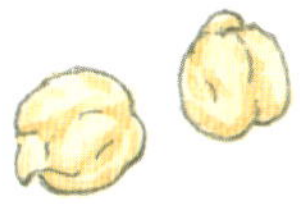
ヒヨコマメ

インドでは、ヒヨコマメをはじめとした豆《まめ》たっぷりのカレーが人気《にんき》。

●ポークビーンズ

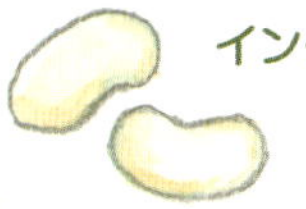
インゲン

インゲンとブタ肉《にく》、ベーコン、トマトなどをにこんだアメリカの料理《りょうり》。

アズキ

どらやき
ようかん
お赤飯《せきはん》

あんこの材料《ざいりょう》。お赤飯《せきはん》にもつかわれる。

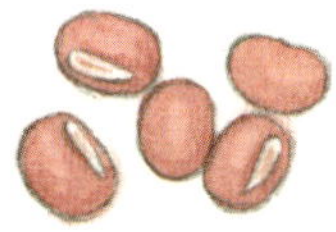

エンドウ

緑色《みどりいろ》（**青《あお》エンドウ**）や茶色《ちゃいろ》（**赤《あか》エンドウ**）の種類《しゅるい》がある。

豆《まめ》だいふく
うぐいすあんパン

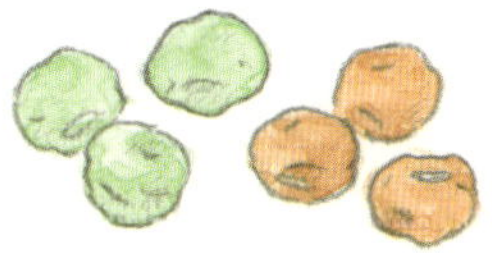

豆《まめ》だいふくの皮《かわ》にはいっている豆《まめ》が、赤《あか》エンドウ。青《あお》エンドウは、緑色《みどりいろ》のうぐいすあんになる。

豆《まめ》のいろいろ

豆《まめ》もまた、乾燥《かんそう》させれば長《なが》く保存《ほぞん》できる植物《しょくぶつ》の種子《しゅし》。おまけにとても栄養《えいよう》がある。

世界《せかい》じゅうでいちばん多《おお》くさいばいされている豆《まめ》がダイズだ。とうふやなっとうのほか、みそやしょうゆや油《あぶら》もつくられる。

エンドウは、みつ豆《まめ》や豆《まめ》だいふくの皮《かわ》にはいっている豆《まめ》。アズキはあんこになる。お赤飯《せきはん》の豆《まめ》には、アズキやササゲがつかわれる。ほかにも日本《にほん》では、インゲン、ラッカセイ（ピーナッツ）などがよく利用《りよう》されている。

ヒヨコマメのように、日本《にほん》ではほとんどさいばいされていないが、世界各地《せかいかくち》で人気《にんき》の高《たか》い豆《まめ》もある。カレーにつかうなど、料理《りょうり》のしかたもさまざまだ。

植物《しょくぶつ》を食《た》べる　くだもの

くだものは、料理《りょうり》しなくても、皮《かわ》をむいてそのまま食《た》べられる。ジュースやジャムにしたり、乾燥《かんそう》させてドライフルーツにしたりしてもおいしい。

日本《にほん》でさいばいされるくだもの

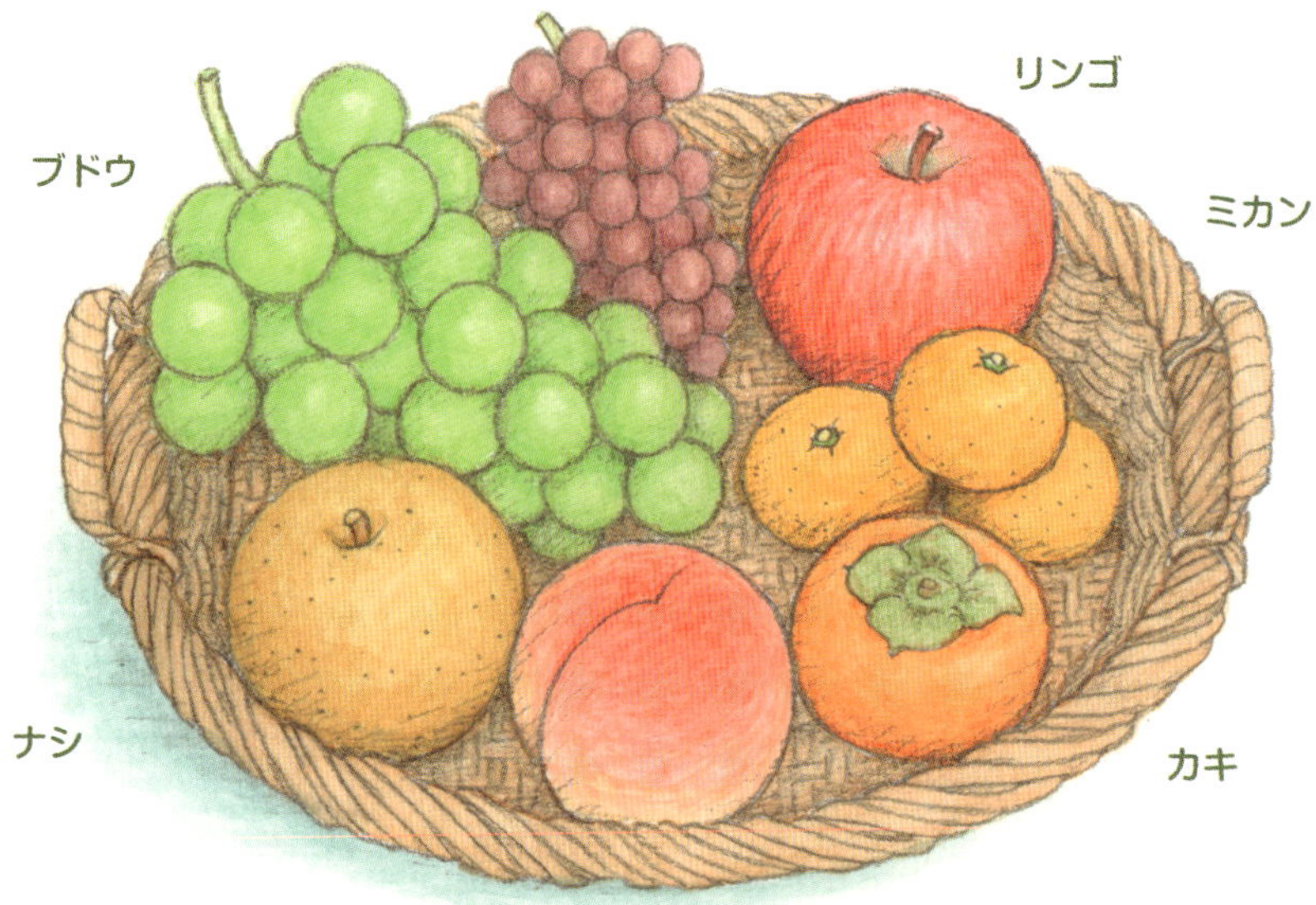
ブドウ
リンゴ
ミカン
ナシ
カキ
モモ

いろいろなベリー

ラズベリー
クランベリー
ブルーベリー

あつい地方《ちほう》のくだもの

ドリアン
パパイヤ
マンゴー
スターフルーツ
レイシ（ライチ）
マンゴスチン

くだものは木《き》にみのる

くだものとは、ふつうは木《き》になるあまい果実《かじつ》のことをいう。イチゴやメロン、スイカなどは木《き》ではなく草《くさ》にみのるので、日本《にほん》では野菜《やさい》としてあつかわれる。

くだもののなかで、とくに小《ちい》さくて、しるがたっぷりの種類《しゅるい》は、ベリーとよばれたりする。

季節《きせつ》ごとに、お店《みせ》にならぶくだものはかわる。でも、あつい地方《ちほう》でしかみのらないマンゴーやパパイヤ、バナナなどは、遠《とお》い南《みなみ》の国《くに》からはこばれ、1年《ねん》じゅうお店《みせ》にならぶ。グレープフルーツやオレンジも、そのほとんどが外国《がいこく》からやってくる。

マンゴーやパパイヤは、沖縄県《おきなわけん》や宮崎県《みやざきけん》など、日本《にほん》の南《みなみ》の地域《ちいき》でもさいばいされている。

リンゴの種類《しゅるい》

セカイイチ
重《おも》さ500グラム～1キログラム。

アルプスオトメ
重《おも》さ30～50グラム。

フジ
重《おも》さ約《やく》300グラム。

グレープフルーツ
ブドウのふさのように、枝《えだ》にすずなりになる。

ミカンのなかま

ブンタン
重《おも》さ500グラム～1キログラム。

キンカン
重《おも》さ約《やく》10グラム。

ウンシュウミカン
重《おも》さ40～150グラム。

ブッシュカン
人《ひと》の手《て》のようなかたち。

種類《しゅるい》がいっぱい

秋《あき》から冬《ふゆ》にかけてはリンゴの季《き》節《せつ》。お店《みせ》には何種類《なんしゅるい》ものリンゴがならぶ。おなじリンゴでも、あじや色《いろ》、大《おお》きさはさまざまだ。

よりおいしいリンゴをつくるため、人《ひと》の手《て》でこれまでに何千種類《なんぜんしゅるい》もがうみだされてきた（人《ひと》に役《やく》だつ新《あたら》しい種類《しゅるい》をつくることを、品《ひん》種改良《しゅかいりょう》という）。いまも、毎年《まいとし》、新《あたら》しいリンゴがうまれている。

ミカンのなかまも種類《しゅるい》が多《おお》い。重《おも》さ1キログラムにもなるブンタンから、10グラムくらいのキンカンまで、大《おお》きさもさまざまだ。

グレープフルーツの名《な》は、ブドウ（グレープ）のふさのようにすずなりになるためつけられた。人《ひと》の手《て》のようなかたちのブッシュカンという種類《しゅるい》もある。

植物《しょくぶつ》を食《た》べる　野菜《やさい》

木《き》ではなく草《くさ》で、葉《は》や実《み》や太《ふと》った根《ね》などが食《た》べられる植物《しょくぶつ》のことを、野菜《やさい》という。人《ひと》が生《い》きるためかかせない、たいせつな食《た》べものだ。

ひとつの草《くさ》からうまれた野菜《やさい》たち

ムラサキキャベツ
キャベツ
葉《は》が大《おお》きくなり、まるくまくようになる。葉《は》を食《た》べる。
カリフラワー
ブロッコリー
つぼみが大《おお》きなかたまりになる。つぼみと茎《くき》を食《た》べる。
メキャベツ
芽《め》
芽《め》が玉《たま》のようなかたちになる。芽《め》を食《た》べる。
キャベツのもとになった草《くさ》

野菜《やさい》ってなあに？

野山《のやま》にはかぞえきれない種類《しゅるい》の草《くさ》がはえている。草《くさ》には食《た》べられる種類《しゅるい》もあるが、にがくてかたかったり、毒《どく》があったりする種類《しゅるい》も多《おお》い。わたしたちの祖先《そせん》は、たくさんの草《くさ》のなかから、食《た》べられる草《くさ》をさがしだして食《た》べていた。

あるときから、いちいちさがさなくてすむように、身近《みぢか》な場所《ばしょ》で、食《た》べられる草《くさ》をそだてるようになった。それが野菜《やさい》だ。よりおいしく大《おお》きくそだつように、長《なが》い時間《じかん》をかけて改良《かいりょう》され、いまのようなすがたになった。野生《やせい》のときとは大《おお》きくちがう。

キャベツとブロッコリーとカリフラワーは、見《み》たところぜんぜんにていない。ところが、もとはたったひとつの野生《やせい》の植物《しょくぶつ》だ。

野菜《やさい》のふるさと

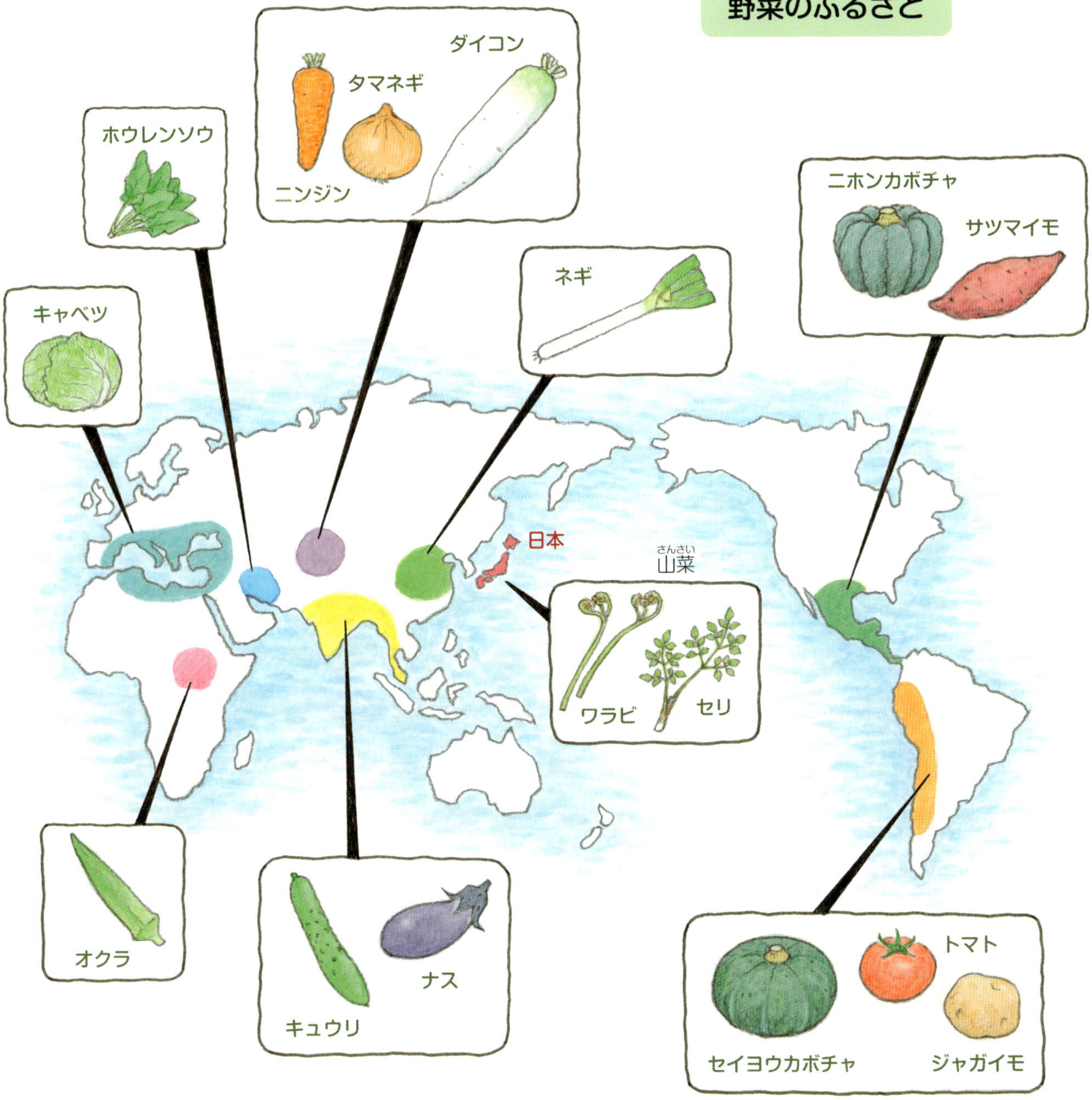

いろんな部分《ぶぶん》を食《た》べる

野菜《やさい》は大《おお》きく4つくらいのグループにわけられる。①トマト、キュウリ、カボチャなど、実《み》を食《た》べるなかま、②ホウレンソウ、レタス、キャベツなど、葉《は》を食《た》べるなかま、③ジャガイモ、ニンジン、サツマイモなど、地下《ちか》にできるなかま、④ブロッコリーやカリフラワーなど、つぼみを食《た》べるなかまだ。

野菜《やさい》のふるさとは、世界《せかい》じゅうにちらばっている。もとはさまざまな国《くに》にはえていた野生《やせい》の草《くさ》が、より食《た》べやすいように改良《かいりょう》され、少《すこ》しずつひろまっていった。いまでは世界《せかい》じゅうでさいばいされ、毎日《まいにち》の食卓《しょくたく》にのぼっている。

ワラビやセリのように、野山《のやま》にはえている食《た》べられる植物《しょくぶつ》は、とくに山菜《さんさい》とよばれている。

植物《しょくぶつ》を食《た》べる　食用油《しょくようあぶら》と調味料《ちょうみりょう》

油《あぶら》やあじつけするための調味料《ちょうみりょう》がなかったら、おいしい料理《りょうり》はずいぶんへってしまうだろう。油《あぶら》や調味料《ちょうみりょう》づくりにも、植物《しょくぶつ》はなくてはならない存在《そんざい》だ。

油《あぶら》をしぼる植物《しょくぶつ》

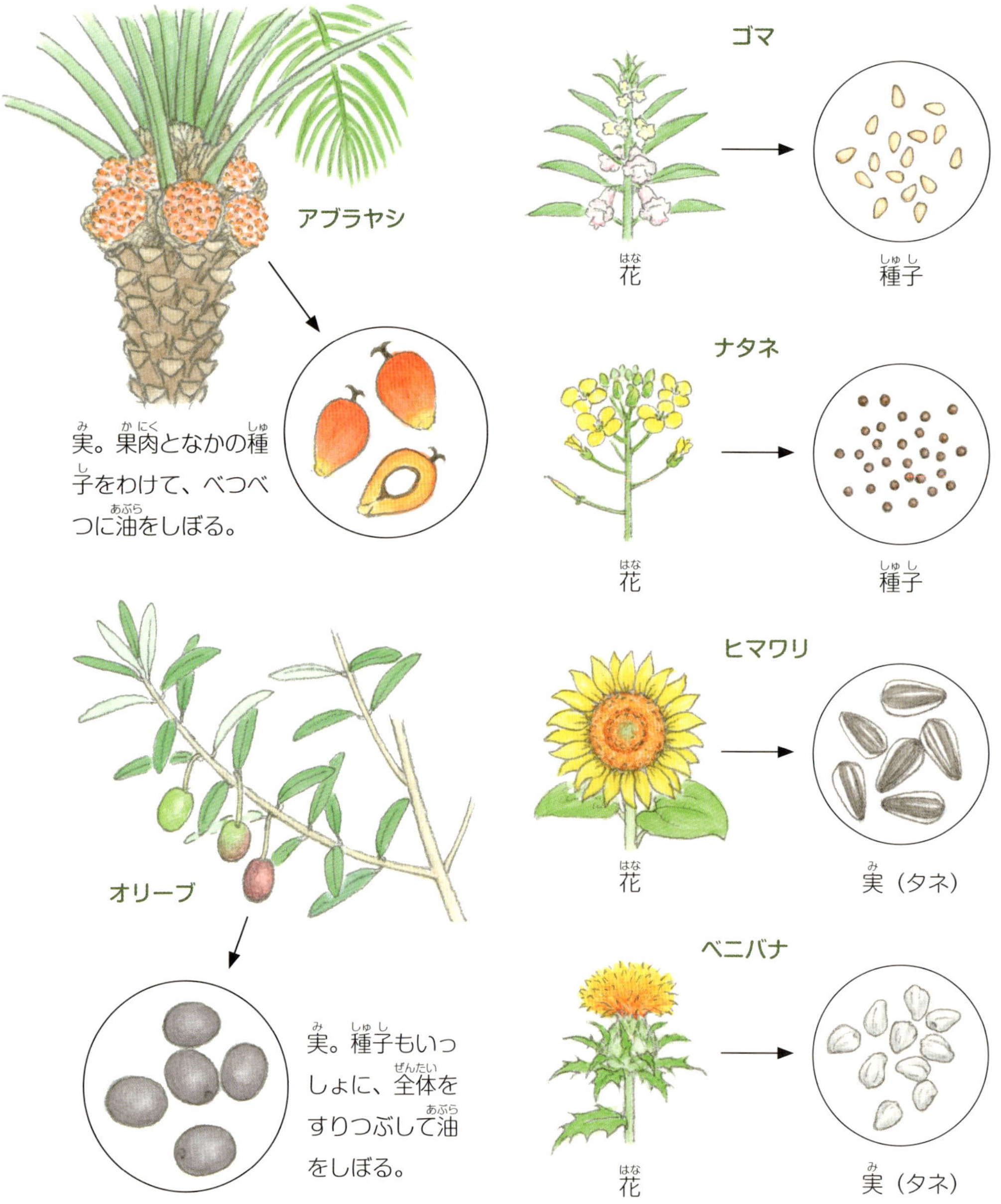
アブラヤシ
実《み》。果肉《かにく》となかの種子《しゅし》をわけて、べつべつに油《あぶら》をしぼる。
オリーブ
実《み》。種子《しゅし》もいっしょに、全体《ぜんたい》をすりつぶして油《あぶら》をしぼる。
ゴマ
花《はな》
種子《しゅし》
ナタネ
花《はな》
種子《しゅし》
ヒマワリ
花《はな》
実《み》（タネ）
ベニバナ
花《はな》
実《み》（タネ）

植物《しょくぶつ》からつくる油《あぶら》

てんぷらやフライをあげたり、野菜《やさい》いためやチャーハンをつくったりするには、食用油《しょくようあぶら》がかかせない。おやつのポテトチップスなども、油《あぶら》であげてある。

食用油《しょくようあぶら》はなにからできているのだろう。ブタやウシの肉《にく》からとりだされる油《あぶら》もあるが、家《いえ》で料理《りょうり》につかわれる油《あぶら》は、たいてい植物《しょくぶつ》からつくられている。

ゴマ粒《つぶ》をいくつか紙《かみ》の上《うえ》におき、ツメでつぶしてみよう。小《ちい》さなしみができるはず。それが油《あぶら》だ。実《み》やタネに油《あぶら》を多《おお》くふくむ植物《しょくぶつ》が、原料《げんりょう》になる。ナタネ、トウモロコシ、ヒマワリ、ベニバナ、ダイズ、オリーブ、ココヤシ、アブラヤシなどは、油《あぶら》をとるためにひろくさいばいされている。

さとうになる植物《しょくぶつ》

テンサイ（サトウダイコン）

根《ね》の部分《ぶぶん》から、あまい液《えき》をしぼりだす。

サトウキビ

太《ふと》い茎《くき》の部分《ぶぶん》から、あまい液《えき》をしぼりだす。

ソースはたくさんの材料《ざいりょう》からつくられる

そのほかコショウ、シナモンなど。

調味料《ちょうみりょう》の原料《げんりょう》・材料《ざいりょう》にも

料理《りょうり》にあじつけするための調味《ちょうみ》料《りょう》も、植物《しょくぶつ》からできるものが多《おお》い。

さとうは、サトウキビやテンサイ（サトウダイコン）のしぼりじるからつくる。メイプルシロップは、サトウカエデという木《き》の樹液《じゅえき》がもとになっている。

みそ、しょうゆはダイズから。酢《す》はコメやムギなどの穀物《こくもつ》や、リンゴやブドウなどのくだものからつくられる。ケチャップのおもな材料《ざいりょう》はトマトだ。

ソースの材料《ざいりょう》はとても多《おお》い。タマネギやトマト、ニンジンなどの野菜《やさい》のほか、リンゴやプルーンなどのくだもの、コショウやシナモンなどの香辛料《こうしんりょう》（くわしくは28ページ）が、かぞえきれないほどはいっている。

植物《しょくぶつ》を食《た》べる　香辛料《こうしんりょう》とハーブ

ふうみで料理《りょうり》をおいしくしたり、さわやかなかおりで気分《きぶん》をスッキリさせたり。香辛料《こうしんりょう》やハーブはそんな植物《しょくぶつ》だ。毎日《まいにち》のくらしをゆたかにしてくれる。

コショウ

熱帯地方《ねったいちほう》でさいばいされる。じゅくすと緑《みどり》から赤《あか》にかわる。

白《しろ》コショウと黒《くろ》コショウ

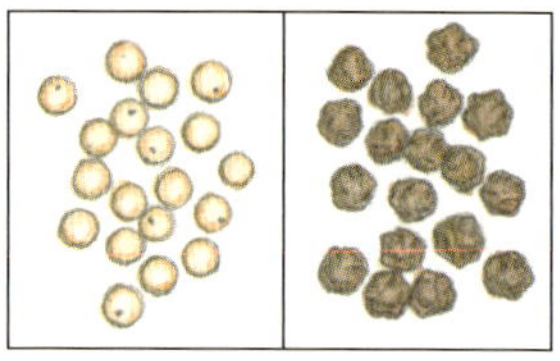

緑《みどり》の実《み》を乾燥《かんそう》させると黒《くろ》コショウに。じゅくした実《み》の皮《かわ》をむくと、白《しろ》コショウになる。

シナモン（ニッキ）

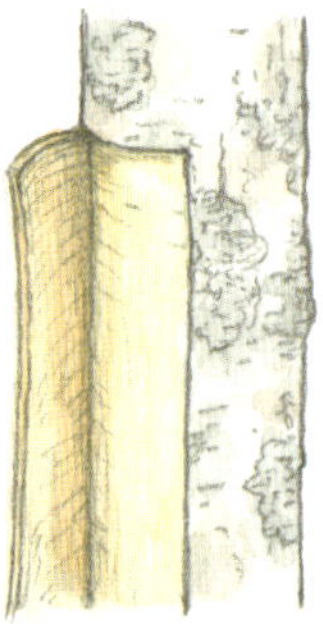

木《き》の皮《かわ》をはぐ。

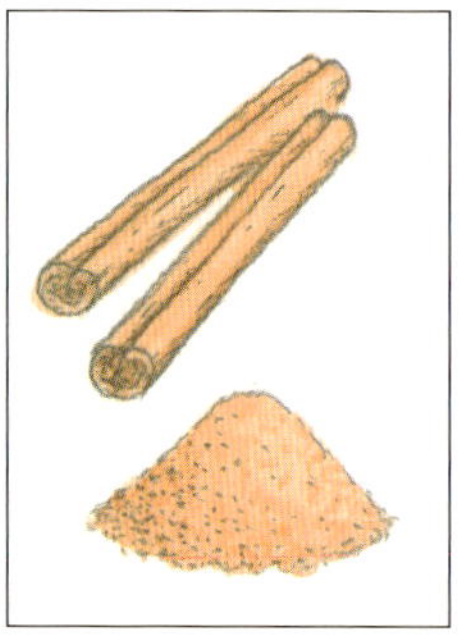

乾燥《かんそう》させるとシナモンスティックに、粉《こな》にするとシナモンパウダーになる。

カレーにつかうおもな香辛料《こうしんりょう》

つぶして細《こま》かくしたり、粉《こな》にしたりしてつかう。

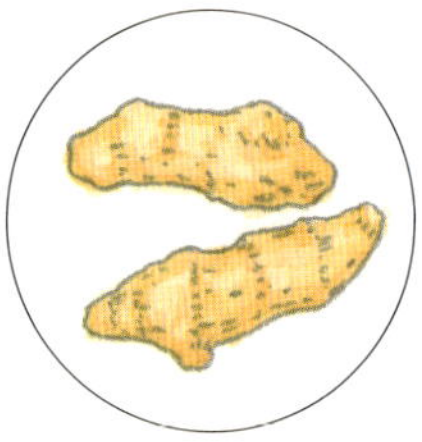

ウコン（ターメリック）

トウガラシ

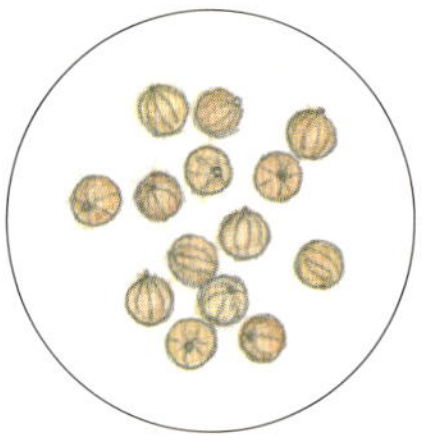

コリアンダー

クミン

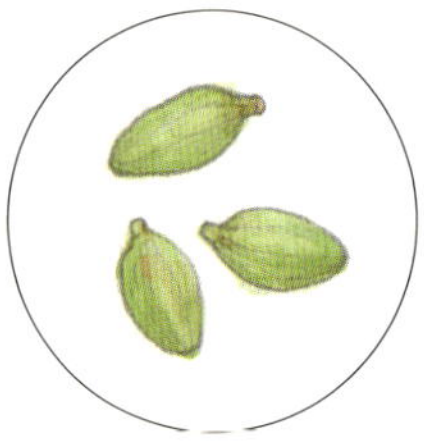

カルダモン

香辛料《こうしんりょう》（スパイス）

香辛料《こうしんりょう》とは、料理《りょうり》に、からさやかおり、ふうみをくわえて、よりおいしくする材料《ざいりょう》。あつい国《くに》でとれる種類《しゅるい》が多《おお》い。肉料理《にくりょうり》などにかけるコショウもそのひとつ。小《ちい》さな実《み》を乾燥《かんそう》させて、すりつぶしてつかったり、まるいままいれてにこんだりする。お菓子《かし》にふうみをつけるシナモン（ニッキ）は、木《き》の皮《かわ》をはいでつくられる。

香辛料《こうしんりょう》なしではつくれないのがカレー。カレー粉《こ》やカレールーには、トウガラシや、植物《しょくぶつ》の根《ね》からつくるウコン、種子《しゅし》からつくるカルダモンやクミンなど、多《おお》くの香辛料《こうしんりょう》がまぜあわされている。

サンショウは日本《にほん》でとれる香辛料《こうしんりょう》。実《み》を粉《こな》にした粉《こな》ザンショウは、ウナギのかばやきにつかわれる。

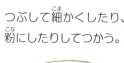

カモミール

花《はな》をお茶《ちゃ》にする。気《き》もちがゆったりする効果《こうか》があり、ねるまえにのむとよい。なまの花《はな》は青《あお》リンゴににたかおり。

クレソン

ステーキのつけあわせやサラダに。

ミント

ガムやあめ、歯《は》みがき粉《こ》など、ミントのかおりをつけたものは多《おお》い。

ラベンダー

おもに花《はな》のかおりを楽《たの》しむハーブ。かおりにカモミールとおなじような効果《こうか》がある。

茎《くき》から切《き》りとって乾燥《かんそう》させると、かおりが長《なが》く楽《たの》しめる。

シソ

日本料理《にほんりょうり》にかかせないハーブのひとつ。葉《は》や花《はな》がさしみのツマ（つけあわせ）につかわれる。

バジル

ピザやパスタなど、イタリア料理《りょうり》で、おなじみ。

ハーブ

ハーブもかおりの強《つよ》い種類《しゅるい》が多《おお》い。香辛料《こうしんりょう》はたいてい乾燥《かんそう》させてあるが、ハーブはなまのままでもつかわれる。アイスクリームにそえられるミントの葉《は》や、ステーキのつけあわせになるパセリやクレソンも、ハーブのなかまだ。

バジルの葉《は》は、ピザやパスタなどのイタリア料理《りょうり》に、セージはソーセージや肉料理《にくりょうり》に、シソはさしみのツマになど、あいしょうのよい料理《りょうり》はそれぞれちがう。

料理以外《りょうりいがい》にも、かおりそのものを楽《たの》しんだり、薬《くすり》として利用《りよう》したりすることも。ねむれないときには、カモミールのお茶《ちゃ》をのんだり、ラベンダーの花《はな》のかおりをかいだりすると、よくねむれるといわれている。

植物《しょくぶつ》を食《た》べる　のみものとお菓子《かし》

見《み》た目《め》からはわからないけれど、お茶《ちゃ》もジュースも、チョコレートもおまんじゅうも、じつは植物《しょくぶつ》からのおくりものだ。

お茶《ちゃ》は木《き》の葉《は》から

チャノキ

緑茶《りょくちゃ》も紅茶《こうちゃ》もウーロン茶《ちゃ》も、チャノキの葉《は》からできる。チャノキには種類《しゅるい》がたくさんあり、それぞれにむいた種類《しゅるい》がつかわれる。

お湯《ゆ》
緑茶《りょくちゃ》の葉《は》

紅茶《こうちゃ》
ウーロン茶《ちゃ》
緑茶《りょくちゃ》

赤《あか》みの強《つよ》い茶色《ちゃいろ》。さとうやミルク、レモンをいれることもある。

あわい黄色《きいろ》から茶色《ちゃいろ》まで、はばがある。なにもいれず、そのままのむ。

あわい緑色《みどりいろ》。なにもいれず、そのままのむ。粉《こな》にした緑茶《りょくちゃ》が抹茶《まっちゃ》。

コーヒーは木《き》の種子《しゅし》から

さとう
ミルク

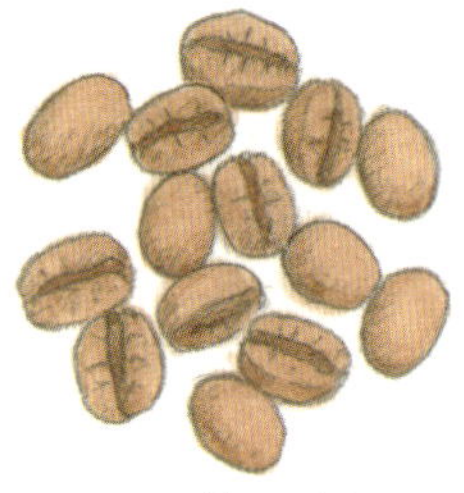

コーヒー豆《まめ》。加熱《かねつ》（ばいせん）するとよいかおりになる。

コーヒーノキの実《み》はじゅくすと赤《あか》くなる。なかに種子《しゅし》（コーヒー豆《まめ》）が2粒《つぶ》ほどはいっている。

お茶《ちゃ》やコーヒーも植物《しょくぶつ》から

お茶《ちゃ》には大《おお》きくわけて緑茶《りょくちゃ》、紅《こう》茶《ちゃ》、ウーロン茶《ちゃ》がある。もとになるのは、おなじチャノキの葉《は》。種《しゅ》類《るい》やつくりかたのちがいで、色《いろ》やかおり、あじに大《おお》きな差《さ》がでる。

コーヒーは、コーヒーノキの種《しゅ》子《し》（コーヒー豆《まめ》）が材料《ざいりょう》。お茶《ちゃ》もコーヒーも、世界《せかい》じゅうで人気《にんき》のあるのみものだ。

ココアはカカオの種子《しゅし》からできている。種子《しゅし》の脂肪《しぼう》ぶん（カカオバター）をほとんどとりのぞき、粉《こな》にしたのがココアパウダー。ミルクやさとうをいれて、のむ。

くだものジュースや野菜《やさい》ジュースも、植物《しょくぶつ》がなかったらつくれない。コーラには、もともとコラという植物《しょくぶつ》の種子《しゅし》がはいっていたが、いまではふくまれていない。

チョコレートはカカオの種子《しゅし》から

とりだした種子《しゅし》（カカオ豆《まめ》）。加熱《かねつ》（ばいせん）して細《こま》かくくだくと、チョコレートのもとになる。

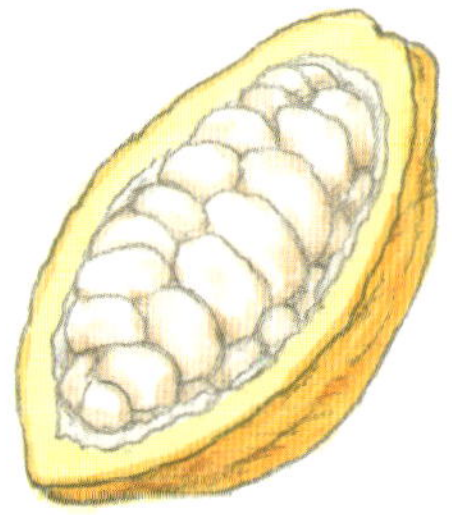

実《み》をわると、白《しろ》い部分《ぶぶん》につつまれた種子《しゅし》がはいっている。白《しろ》い部分《ぶぶん》はあまく、そのまま果物《くだもの》としても食《た》べられる。

チョコレートのもとになる**カカオ**の実《み》は、枝《えだ》ではなく木《き》の幹《みき》から、じかにぶらさがる。

あんこは豆《まめ》から

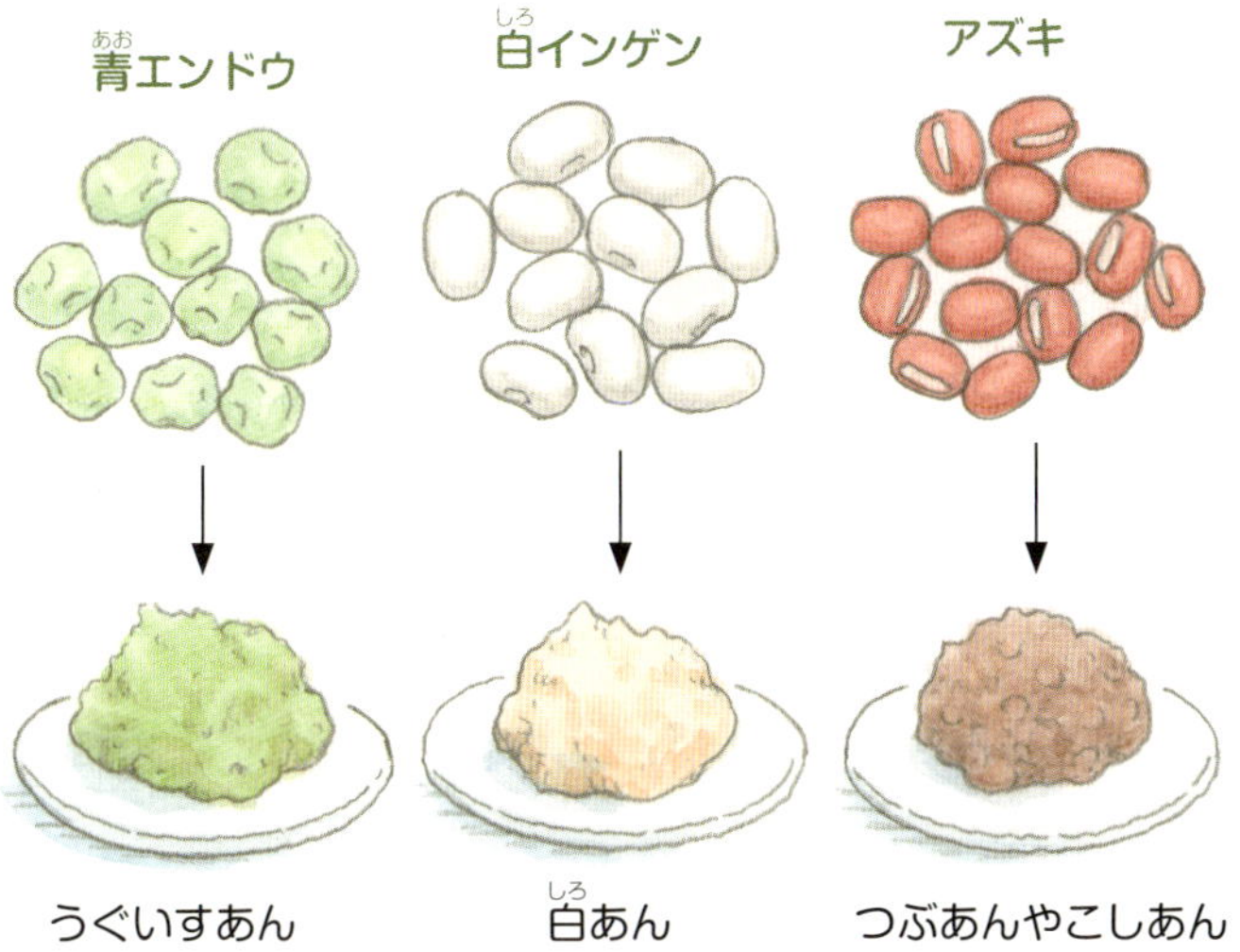

ナッツいろいろ

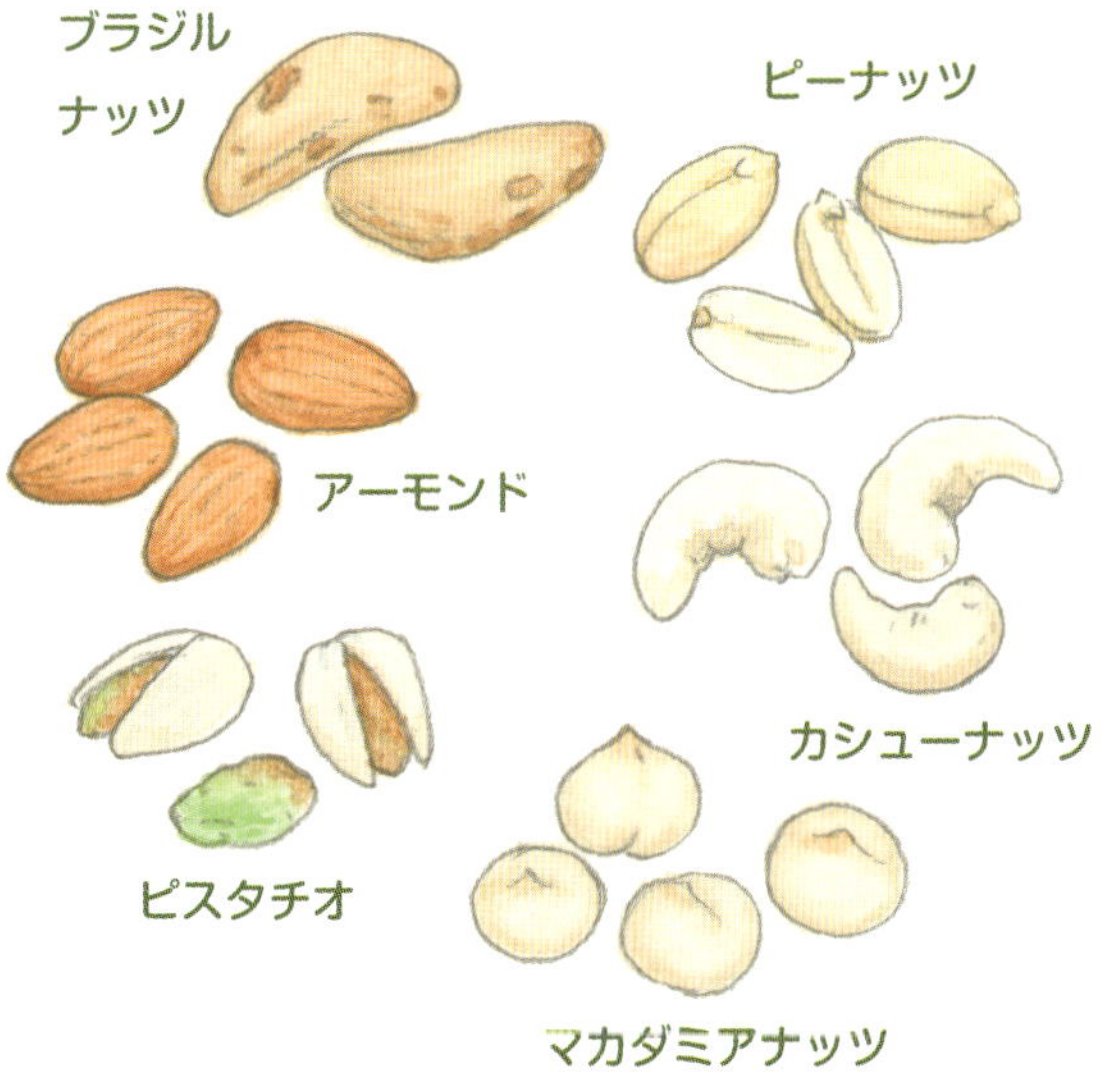

お菓子《かし》

チョコレートも、植物《しょくぶつ》がなくてはつくれない。ココアとおなじカカオの木《き》の種子《しゅし》（カカオ豆《まめ》）が、おもな材料《ざいりょう》だ。すりつぶしてカカオバターをくわえ、ミルクやさとうとまぜあわせ、かためてつくる。

ナッツいりチョコレートのナッツも植物《しょくぶつ》。アーモンドやマカダミアナッツは、種子《しゅし》のかたいカラをはずした中身《なかみ》。ピーナッツ（ラッカセイ）は、土《つち》のなかでみのる豆《まめ》の種子《しゅし》だ。

おまんじゅうやどらやきなどにはいっているあんこは、アズキや白《しろ》インゲンなどの豆《まめ》をにて、さとうであまみをくわえてつくる。

おせんべいはコメの粉《こな》、クッキーはコムギ粉《こ》がおもな材料《ざいりょう》になっている。

植物《しょくぶつ》とくらす　木《き》でつくられるもの

身《み》のまわりには、木《き》でつくられている道具《どうぐ》がたくさんある。電気《でんき》やガスがなかった時代《じだい》には、料理《りょうり》をしたり、へやをあたためたりする燃料《ねんりょう》にも木《き》（まき）がつかわれていた。

木《き》でできている道具《どうぐ》
木《き》のおもちゃ
えんぴつや色《いろ》えんぴつの軸《じく》
机《つくえ》
いす
ベッド
おわん
はし
しゃもじ

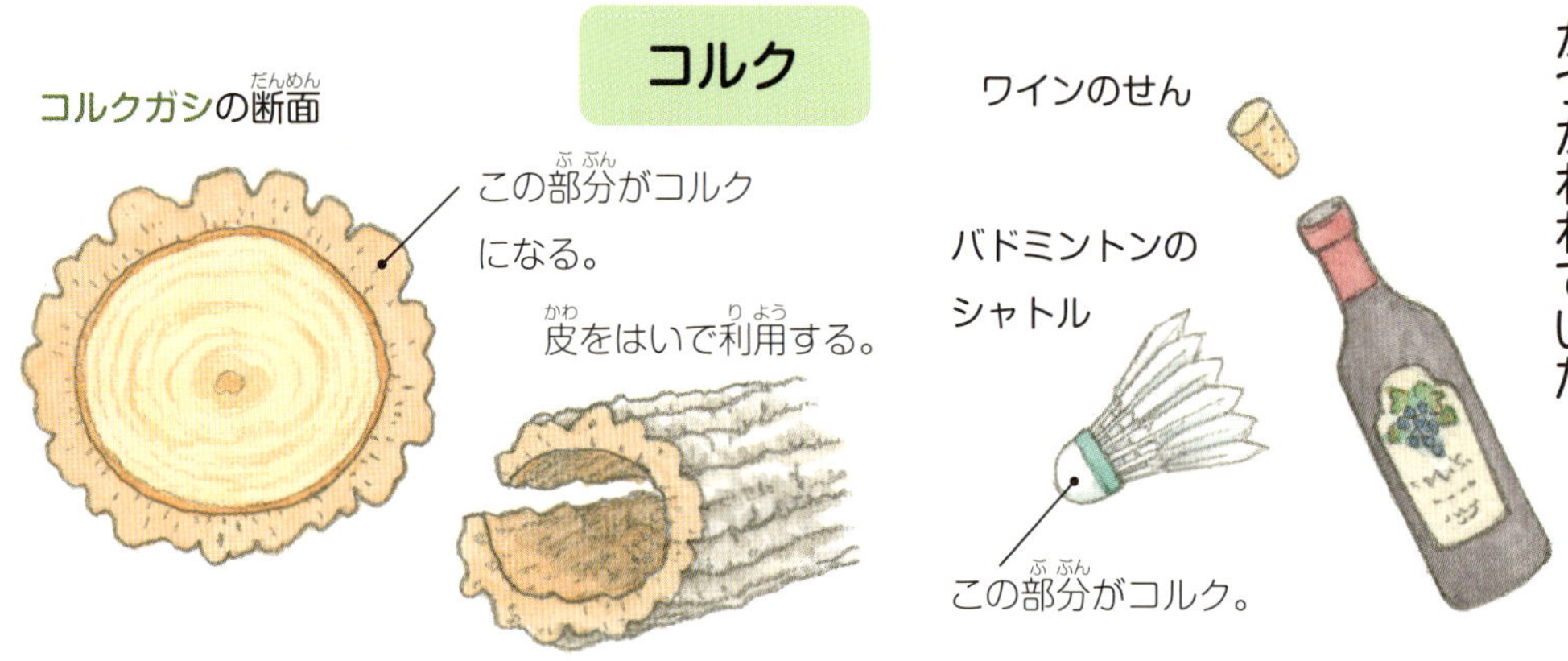
コルク
コルクガシの断面《だんめん》
この部分《ぶぶん》がコルクになる。
皮《かわ》をはいで利用《りよう》する。
ワインのせん
バドミントンのシャトル
この部分《ぶぶん》がコルク。

身近《みぢか》な木《き》の道具《どうぐ》

えんぴつの軸《じく》は、なにでできているかな。机《つくえ》やいす、ベッドはどうだろう。これらはたいてい木《き》を材料《ざいりょう》にしてつくられている。

ほかにも、食事《しょくじ》でつかうおわんやはし、キッチンのまな板《いた》などは、いまでも木製《もくせい》のことがけっこう多《おお》い。木《き》のおもちゃもたくさんある。野球《やきゅう》のバットも、プロの選手《せんしゅ》がつかっているのは木《き》だ。

楽器《がっき》を見《み》ても、バイオリンやギター、もっきんやピアノは、おもな材料《ざいりょう》が木《き》。よい音《おと》をひびかせるために、木《き》はたいせつな役目《やくめ》をはたす。だから、ほかの材料《ざいりょう》にはかえられない。

ワインのせんにつかわれるコルクも、コルクガシという木《き》の皮《かわ》からつくられている。

和紙《わし》の材料《ざいりょう》になる植物《しょくぶつ》

ガンピ

ミツマタ

コウゾ

枝《えだ》の皮《かわ》をはいで、うちがわのきれいな部分《ぶぶん》をつかう。

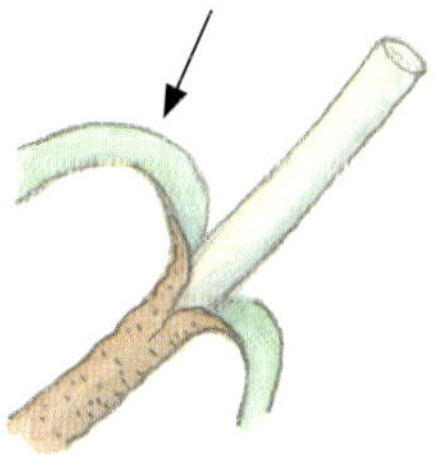

料理《りょうり》にも木《き》をつかう

まき

木《き》をあつかいやすい大《おお》きさに切《き》り、燃《も》えやすいようによく乾燥《かんそう》させたもの。

炭《すみ》

木《き》をむしやきにしてつくられる。燃《も》やしても、炎《ほのお》や煙《けむり》がでにくいため、あつかいやすい。

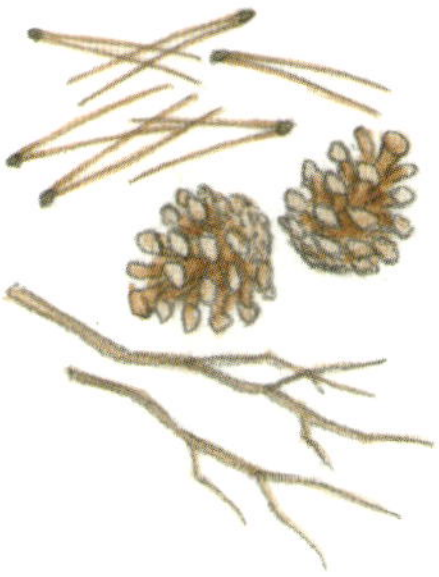

たきつけ

まきや炭《すみ》には火《ひ》がつきにくい。そのため、燃《も》えやすい小枝《こえだ》やマツ葉《ば》などに火《ひ》をつけてから、まきや炭《すみ》に燃《も》えうつらせる。これらをたきつけという。

かまど

うちがわで、まきや炭《すみ》を燃《も》やし、上《うえ》のあなにかまをはめて料理《りょうり》する。1960年代《ねんだい》ごろまでつかわれていた。

紙《かみ》も木《き》からつくられる

ノートや本《ほん》、ティッシュペーパー、牛乳《ぎゅうにゅう》パック、紙《かみ》コップなどはみんな紙《かみ》からできている。紙《かみ》も、もとはといえば森《もり》の木《き》が材料《ざいりょう》だ。細《こま》かくくだいて「パルプ」とよばれる繊維《せんい》にしてから、紙《かみ》にする。

日本《にほん》に古《ふる》くからある和紙《わし》は、コウゾやミツマタ、ガンピの木《き》のうちがわの皮《かわ》が材料《ざいりょう》。とてもじょうぶなため、お札《さつ》の紙《かみ》にもミツマタがつかわれている。ケナフやタケや、サトウキビ（さとうをしぼったかすをつかう）など、木以外《きいがい》からつくられる紙《かみ》もある。

ガスも電気《でんき》もなかったころは、木《き》や、木《き》からつくられる炭《すみ》を燃《も》して、料理《りょうり》やへやをあたためるために利用《りよう》していた。世界《せかい》にはいまもそうした国《くに》が少《すく》なくない。

植物《しょくぶつ》とくらす　家《いえ》をつくる材料《ざいりょう》

家《いえ》をつくる材料《ざいりょう》として、木《き》だけでなく、タケや、木《き》の葉《は》や草《くさ》までが、世界各地《せかいかくち》で利用《りよう》されている。植物《しょくぶつ》なら、とったあとにふたたびそだつから、なんどでもつかえる。

スギはまっすぐにそだち、家《いえ》の柱《はしら》などにむいている木《き》。**ヒノキ**や**アスナロ**なども、よい材木《ざいもく》になる。

世界一古《せかいいちふる》い木《き》の建物《たてもの》

法隆寺《ほうりゅうじ》（奈良県《ならけん》）は、木《き》の建物《たてもの》としては世界一《せかいいち》古《ふる》い。おもに、**ヒノキ**の木《き》でつくられている。

「合掌《がっしょう》づくり」の家《いえ》

「合掌《がっしょう》づくり」は、古《ふる》くからうけつがれている、かやぶきの家《いえ》。岐阜県《ぎふけん》の白川郷《しらかわごう》や富山県《とやまけん》の五箇山《ごかやま》で見《み》られる。

よくかわかしてから、たばにして屋根《やね》にのせ、びっしりならべて固定《こてい》する。熱《ねつ》をつたえにくいため、かやぶきの家《いえ》は、夏《なつ》すずしく、冬《ふゆ》あたたかい。

かやぶきのおもな材料《ざいりょう》は**ススキ**。日本《にほん》じゅうの、日《ひ》あたりのよい野山《のやま》にはえる。高《たか》さは1～2メートル。

木《き》でできた建物《たてもの》

日本《にほん》の気候《きこう》は、木《き》がそだつのにとてもむいている。だから、北《きた》から南《みなみ》まで森《もり》にめぐまれている。

現代《げんだい》はコンクリートの家《いえ》やビルも多《おお》いが、むかしの日本《にほん》の建物《たてもの》は、柱《はしら》やかべ、ゆかなど、ほとんどが木《き》でつくられていた。大《おお》きな城《しろ》の天守閣《てんしゅかく》も、大《おお》きな太《ふと》い木《き》の柱《はしら》でささえられている。

世界一古《せかいいちふる》い木《き》の建物《たてもの》は、奈良県《ならけん》の法隆寺《ほうりゅうじ》というお寺《てら》だ。ここの五重塔《ごじゅうのとう》などは、1300年《ねん》くらいまえにたてられたといわれている。

ススキなどをつかったかやぶき屋根《やね》や、ヒノキの木《き》の皮《かわ》をふいた「ひわだぶき」の屋根《やね》も多《おお》かった。

ガラスがなかったころは、木《き》のさん（わく）に紙《かみ》（和紙《わし》）をはった「しょうじ」がよくつかわれた。

チークの葉《は》の屋根《やね》の家《いえ》

チークは熱帯《ねったい》にはえる大木《たいぼく》で、よい材木《ざいもく》がとれる。葉《は》は、ひじょうに大《おお》きく、長《なが》さ30～70センチにもなる。

チークの葉《は》を重《かさ》ねあわせて、屋根《やね》がつくられているミャンマーの家《いえ》。

ヤシの葉《は》の屋根《やね》の家《いえ》

熱帯《ねったい》の海岸近《かいがんちか》くの水中《すいちゅう》にはえるニッパヤシ。水面《すいめん》から葉《は》だけがでる。葉《は》の長《なが》さは5～7メートル。

インドネシアのヤップ島《とう》の建物《たてもの》。ニッパヤシの葉《は》を重《かさ》ねあわせて、屋根《やね》がつくられている。

屋根《やね》とかべがトトラの家《いえ》

トトラはカヤツリグサのなかまで、水中《すいちゅう》にはえている。長《なが》さ3～4メートルになるまっすぐな茎《くき》を利用《りよう》する。

ペルーのチチカカ湖《こ》にうかぶウロス島《とう》の家《いえ》。湖《みずうみ》にはえるトトラという草《くさ》で、屋根《やね》もかべも島《しま》もつくられている。

木《き》の葉《は》や草《くさ》も材料《ざいりょう》に

世界《せかい》じゅうで、人《ひと》は身近《みぢか》な自然《しぜん》のなかから、家《いえ》づくりにつかえる植物《しょくぶつ》を見《み》いだし、利用《りよう》してきた。身《み》のまわりに材料《ざいりょう》があれば、家《いえ》がいたんだり、こわれたりしても、なおすための材料《ざいりょう》をすぐにとってこられる。

木《き》のかわりに、タケがつかわれている地域《ちいき》もある。屋根《やね》の材料《ざいりょう》にされる植物《しょくぶつ》も、さまざまだ。

熱帯《ねったい》の国《くに》ぐにでは、屋根《やね》をふくために、さまざまな種類《しゅるい》のヤシの葉《は》が、よく利用《りよう》されている。

ミャンマーやインドでは、チークという木《き》の大《おお》きな葉《は》を重《かさ》ねあわせ、屋根《やね》にしている地域《ちいき》もある。ペルーのチチカカ湖《こ》にうかぶ島《しま》では、トトラというカヤツリグサのなかまで家《いえ》をつくっている。

植物《しょくぶつ》とくらす　果実《かじつ》や種子《しゅし》からできるもの

化粧品《けしょうひん》からろうそく、たわしまで、果実《かじつ》や種子《しゅし》からとりだされる成分《せいぶん》や繊維《せんい》には、毎日《まいにち》のくらしに役《やく》だつものが少《すく》なくない。

種子《しゅし》から油《あぶら》がとれる植物《しょくぶつ》

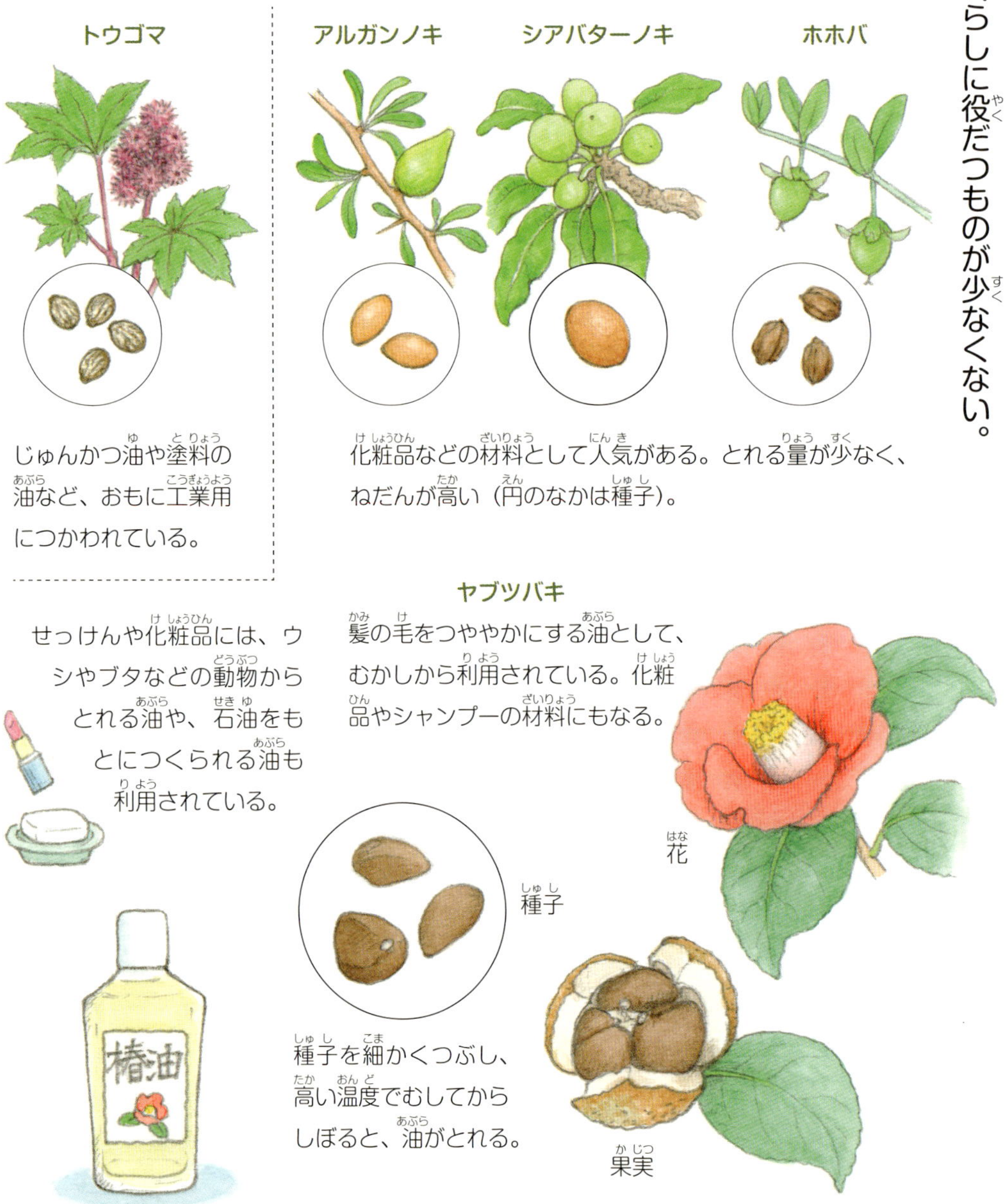

トウゴマ
じゅんかつ油《ゆ》や塗料《とりょう》の油《あぶら》など、おもに工業用《こうぎょうよう》につかわれている。
アルガンノキ
シアバターノキ
ホホバ
化粧品《けしょうひん》などの材料《ざいりょう》として人気《にんき》がある。とれる量《りょう》が少《すく》なく、ねだんが高《たか》い（円《えん》のなかは種子《しゅし》）。
せっけんや化粧品《けしょうひん》には、ウシやブタなどの動物《どうぶつ》からとれる油《あぶら》や、石油《せきゆ》をもとにつくられる油《あぶら》も利用《りよう》されている。
ヤブツバキ
髪《かみ》の毛《け》をつややかにする油《あぶら》として、むかしから利用《りよう》されている。化粧《けしょう》品《ひん》やシャンプーの材料《ざいりょう》にもなる。
花《はな》
種子《しゅし》
椿油
種子《しゅし》を細《こま》かくつぶし、高《たか》い温度《おんど》でむしてからしぼると、油《あぶら》がとれる。
果実《かじつ》

せっけんや化粧品《けしょうひん》に

植物《しょくぶつ》からとれる油《あぶら》は、食《た》べる以《い》外《がい》にもさまざまなことに役《やく》だつ。せっけんは、おもな材料《ざいりょう》が油《あぶら》。ココヤシ、アブラヤシなどの油《あぶら》が中《ちゅう》心《しん》だが、ほかにダイズ油《あぶら》やオリーブ油《あぶら》などもつかわれている（くわしくは26ページ）。

はだにつけるクリームなど、化《け》粧品《しょうひん》にも植物《しょくぶつ》の油《あぶら》はかかせない。ホホバ、シアバターノキ、アルガンノキ、ヤブツバキなどの種子《しゅし》からとれる油《あぶら》は、はだや髪《かみ》の毛《け》によい油《あぶら》として知《し》られている。とれる量《りょう》が少《すく》ない貴重《きちょう》な油《あぶら》で、ねだんも高《たか》い。

また、トウゴマの種子《しゅし》からとれるヒマシ油《ゆ》は、じゅんかつ油《ゆ》など、おもに工業用《こうぎょうよう》の油《あぶら》として利用《りよう》されている。

青《あお》いカキからできるもの

じゅくすまえのカキの青《あお》い果実《かじつ》が材料《ざいりょう》。

つぶして発酵《はっこう》させると、茶色《ちゃいろ》い液体《えきたい》、柿渋《かきしぶ》ができる。紙《かみ》や布《ぬの》にしみこませると、水《みず》がしみこみにくく、じょうぶになる。かべや家具《かぐ》など、木材《もくざい》にぬることもある。

柿渋《かきしぶ》をぬったものいろいろ

渋《しぶ》うちわ

番傘《ばんがさ》

布《ぬの》のバッグ

ココヤシの繊維《せんい》からできるもの

たわし

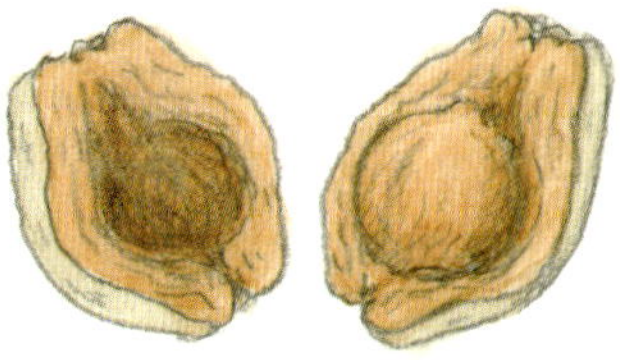

ココヤシのカラ

カラのうらがわの繊維《せんい》はかたくじょうぶなので、すりへったりしにくく、ながもちする。

玄関《げんかん》マット

ハゼノキのろうそく

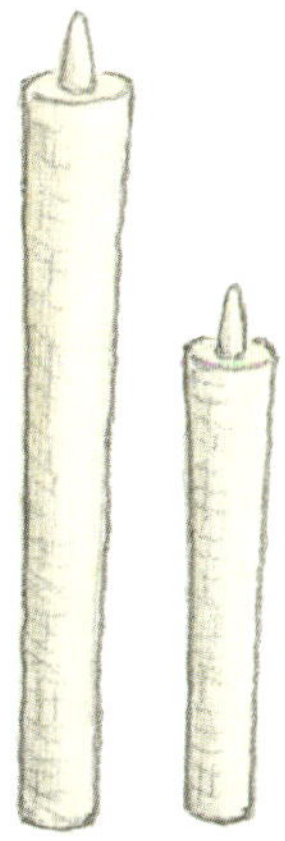

ハゼノキのろうでつくったろうそく。和《わ》ろうそくという。

ハゼノキの果実《かじつ》

ハゼノキの果実《かじつ》を、細《こま》かくくだいて、高《たか》い温度《おんど》でむしてしぼると、ろうがとれる。

たわしにも、ろうそくにも

中身《なかみ》を利用《りよう》したあとのココヤシのカラは、繊維《せんい》がごわごわとかたく、たわしや玄関《げんかん》マット、車《くるま》のシートにつめるクッションなどの材《ざい》料《りょう》になる。

電気《でんき》がなかったころ、ろうそくはだいじなあかりだった。もともと日本《にほん》では、ハゼノキの果実《かじつ》をむして、しぼってできるろうで、ろうそくがつくられていた。このろうそくは、いまもわずかにのこっているが、ほとんどは、石油《せきゆ》を材《ざい》料《りょう》としたろうそくになっている。

カキの実《み》は、柿渋《かきしぶ》の材料《ざいりょう》になる。柿渋《かきしぶ》とは、じゅくすまえの青《あお》いカキをつぶして発酵《はっこう》させた液体《えきたい》で、これをぬると繊維《せんい》や紙《かみ》がじょうぶになったり、水《みず》がしみこみにくくなったりする。

植物《しょくぶつ》とくらす　花《はな》や樹液《じゅえき》からできるもの

よいかおりやきれいな色《いろ》を、花《はな》からとりだしてつかう方法《ほうほう》がある。また、ゴムやウルシ、チューインガムや、こはくという宝石《ほうせき》などは、樹液《じゅえき》からできている。

香水《こうすい》の材料《ざいりょう》にされる花《はな》

イランイラン
名《な》まえはフィリピンのタガログ語《ご》で「花《はな》のなかの花《はな》」の意味《いみ》。

ジャスミン
香水《こうすい》のほか、ジャスミン茶《ちゃ》のかおりづけにもつかわれる。

ラベンダー
花《はな》だけでなく、葉《は》や茎《くき》からもかおりの成《せい》分《ぶん》がとれる。

バラ
香水《こうすい》の材料《ざいりょう》にされるのは、おもにダマスクローズという種類《しゅるい》。

身近《みぢか》な花《はな》でもそめられる

マリゴールド
夏《なつ》の花壇《かだん》によく植《う》えられている。そめかたによって、あざやかな黄色《きいろ》や茶《ちゃ》色《いろ》になる。

セイタカアワダチソウ
秋《あき》に道《みち》ばたや空《あ》き地《ち》にさく。そめかたによって、あわい黄色《きいろ》や緑《みどり》がかった茶色《ちゃいろ》になる。

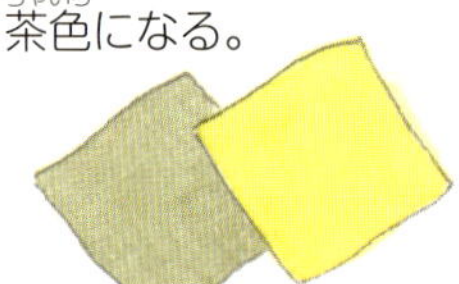

ベニバナのそめもの

ベニバナでそめた布《ぬの》。つかう花《はな》の量《りょう》によって、赤《あか》だけでなく、だいだい色《いろ》や黄色《きいろ》、ピンクなどにもそまる。

花《はな》からできるもの

花《はな》のかおりをかいでみよう。あまいかおりや、さわやかなかおり、種類《しゅるい》によってさまざまだ。ほとんどかおりがしない花《はな》や、ちょっといやなにおいの花《はな》もある。

バラ、ラベンダー、ジャスミン、イランイランなど、強《つよ》くてよいかおりをもつ花《はな》は、香水《こうすい》の材料《ざいりょう》にされている。

花《はな》や葉《は》から色《いろ》をとりだして、そめものにつかうこともある。植物《しょくぶつ》をつかったそめものは、草木《くさき》ぞめとよばれている。

ベニバナの花《はな》では、糸《いと》や布《ぬの》などを紅色《べにいろ》（こい赤色《あかいろ》）や黄色《きいろ》にそめられる。花壇《かだん》のマリゴールドや、道《みち》ばたや空《あ》き地《ち》にさくセイタカアワダチソウの花《はな》をつかうと、黄色《きいろ》や茶色《ちゃいろ》にそまる。

おいしい樹液《じゅえき》

サトウカエデの樹液《じゅえき》から

メイプルシロップ

サトウカエデの樹液《じゅえき》をにつめてつくられる。とくにあまい。

ホットケーキに

サポジラの樹液《じゅえき》から

チューインガム

サポジラの樹液《じゅえき》に、かおりやあまさをつけてつくる。いまは、人工的《じんこうてき》な材料《ざいりょう》もつかわれている。

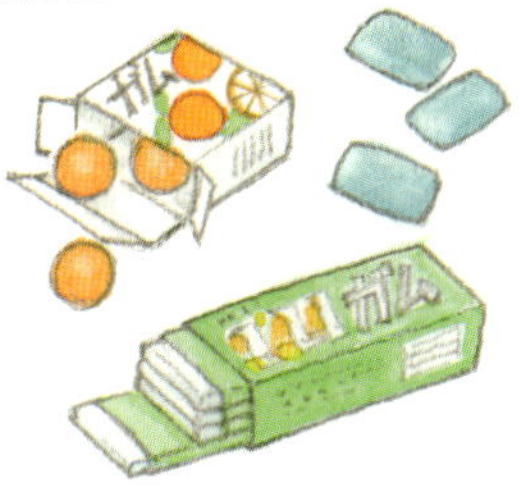

ゴム製品《せいひん》も樹液《じゅえき》から

いろいろなゴム製品《せいひん》

ふうせん

タイヤ

ボール

輪《わ》ゴム

ながぐつ

ゴム手袋《てぶくろ》

パラゴムノキ

葉《は》

幹《みき》にきずをつけると、白《しろ》い樹液《じゅえき》がながれでてくる。これをあつめてゴムをつくる。

いまは石油《せきゆ》からつくられる合成《ごうせい》ゴムの製品《せいひん》も多《おお》い。

樹液《じゅえき》のアクセサリー

ネックレス

こはく

マツなどの樹液《じゅえき》が地面《じめん》にうもれて、化石《かせき》になったもの。アクセサリーなどにする。

虫《むし》いりこはく

樹液《じゅえき》にくっついた虫《むし》が、生《い》きたままのかたちでとじこめられていることがある。

いろいろなウルシぬり製品《せいひん》

ウルシの樹液《じゅえき》はもともと半透明《はんとうめい》。鉄分《てつぶん》や顔料《がんりょう》をくわえると、黒《くろ》や赤《あか》などに変化《へんか》する。

おわん

スプーン

はし

重箱《じゅうばこ》

おぼん

樹液《じゅえき》からできるもの

生《い》きている木《き》のしるを、樹液《じゅえき》という。タイヤやふうせん、ボール、ながぐつなどの材料《ざいりょう》になるゴムは、パラゴムノキの樹液《じゅえき》からつくられる。ウルシの樹液《じゅえき》は、木《き》のおわんなどのうつわや、おぼんなどにぬり重《かさ》ねられる。ぬるとじょうぶになり、見《み》た目《め》が美《うつく》しい。

ホットケーキなどにかけるメイプルシロップは、サトウカエデの樹液《じゅえき》からつくられる。チューインガムは、サポジラの樹液《じゅえき》が材料《ざいりょう》だ。

マツからにじみだす樹液《じゅえき》（マツやに）は、野球《やきゅう》のピッチャーのすべりどめ（ロジンバッグ）や、バイオリンなどの楽器《がっき》の弓《ゆみ》にぬるのにかかせない。こはくという宝石《ほうせき》は、マツなどの樹液《じゅえき》が、地下《ちか》で化石《かせき》になったものだ。

植物《しょくぶつ》とくらす　植物《しょくぶつ》からできる薬《くすり》

病気《びょうき》やけがをしたときは、たいてい病院《びょういん》でお医者《いしゃ》さんにみてもらい、薬局《やっきょく》で薬《くすり》をもらう。病院《びょういん》も薬局《やっきょく》もなかったころ、病気《びょうき》になったら薬《くすり》はどうしていたのだろう。

身近《みぢか》な薬草《やくそう》

よく見《み》かける草《くさ》のなかにも、薬草《やくそう》はある。せんじて（水《みず》にいれてにて、成分《せいぶん》をにじみださせること）つかうことが多《おお》い。

ユキノシタ

なまの葉《は》のしるを、やけどやかぶれにつけたり、火《ひ》であぶった葉《は》を、はれものにはりつけたりする。

ゲンノショウコ

下痢《げり》どめに、せんじてのむ。すぐに効果《こうか》が現《あらわ》れるといわれ、べつ名《めい》はイシャイラズ（医者《いしゃ》いらず）。

ドクダミ

下痢《げり》や便秘《べんぴ》のときなどに、せんじてのむ。はれものや、あせもなどには、なまの葉《は》をつぶしてぬる。

センブリ

胃《い》の調子《ちょうし》がわるいとき、せんじてのむ。名《な》まえは、お湯《ゆ》のなかで1000回《かい》ふっても、まだにがいという意味《いみ》。

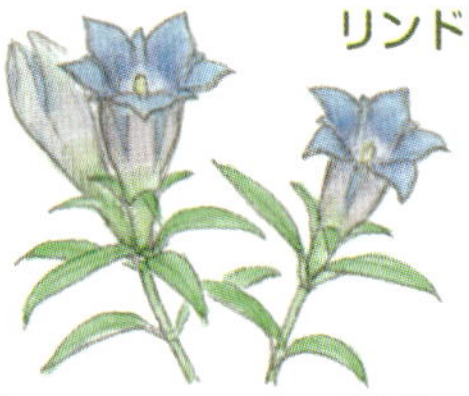

リンドウ

胃《い》がいたいときや、食欲《しょくよく》がないときなどに、根《ね》の部分《ぶぶん》をせんじたり、粉《こな》にしたりしてのむ。とてもにがい。

ヨモギ

葉《は》のうらには細《こま》かい毛《け》があり、白《しろ》っぽく見《み》える。毛《け》はお灸《きゅう》につかうもぐさの材料《ざいりょう》。

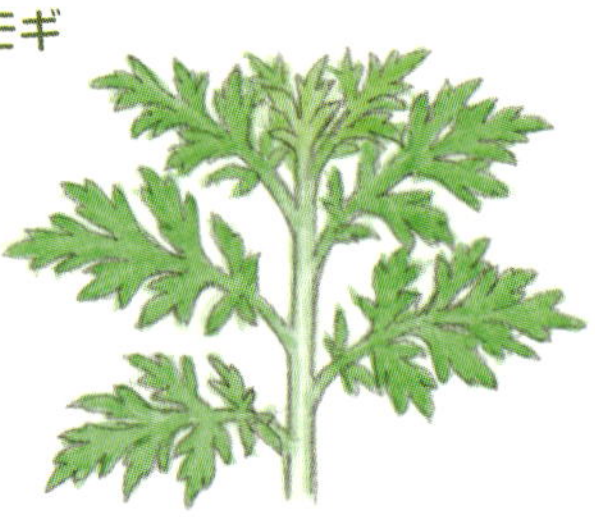

なまの葉《は》をもみ、虫《むし》さされやきずにつける。せんじてのむと、おなかの調子《ちょうし》をととのえるといわれている。

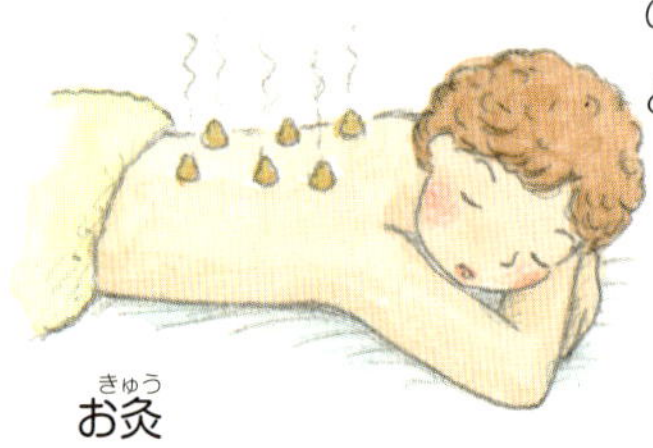

お灸《きゅう》

もぐさのかたまりに火《ひ》をつけて熱《ねっ》し、体調《たいちょう》をととのえる治療《ちりょう》。

草《くさ》もちにいれる草《くさ》もヨモギ。

身近《みぢか》な薬草《やくそう》

人《ひと》はむかしから、薬《くすり》になるものを自然《しぜん》のなかからさがしだし、利《り》用《よう》してきた。その多《おお》くは植物《しょくぶつ》だ。病気《びょうき》やけがを治療《ちりょう》する効果《こうか》をもつ植物《しょくぶつ》のことを、薬草《やくそう》という。薬草《やくそう》は、意外《いがい》と身近《みぢか》な場所《ばしょ》にもはえている。

道《みち》ばたや空《あ》き地《ち》でよく見《み》かけるドクダミの、もうひとつの名《な》まえはジュウヤク（十薬《じゅうやく》）。たくさんの効果《こうか》があるといわれている。ゲンノショウコ（現《げん》の証拠《しょうこ》）は、「薬《くすり》がきいた証拠《しょうこ》がすぐ現《あらわ》れる」のが、名《な》まえのもとになっている。ヨモギやユキノシタなども、身近《みぢか》なところで見《み》つかる。

野山《のやま》にはえているセンブリやリンドウなども、よく知《し》られている薬草《やくそう》だ。

世界《せかい》の薬草《やくそう》

まだなおせない病気《びょうき》にきく薬《くすり》が、植物《しょくぶつ》からうまれる日《ひ》がくるかもしれない。

その植物《しょくぶつ》が、もともとはえていた場所《ばしょ》のことを、原産地《げんさんち》という。世界各地《せかいかくち》の植物《しょくぶつ》が、病気《びょうき》の治療《ちりょう》に役《やく》だっている。

ケシ

西《にし》アジア原産《げんさん》といわれる。果実《かじつ》にモルヒネをふくむ。ヒナゲシのなかまで花《はな》はきれいだが、いっぱんの人《ひと》のさいばいは禁止《きんし》。

アカキナノキ

原産地《げんさんち》は南《みなみ》アメリカのアンデス地方《ちほう》。マラリアにきくキニーネという成分《せいぶん》を、木《き》の皮《かわ》の部分《ぶぶん》にふくんでいる。大木《たいぼく》になる。

ジギタリス

原産地《げんさんち》はヨーロッパ。心臓《しんぞう》のはたらきを回復《かいふく》させる成分《せいぶん》をふくむが、量《りょう》をまちがえると毒《どく》になる。花《はな》がきれいで、春《はる》の花壇《かだん》でさいばいされる。

セイヨウシロヤナギ

原産地《げんさんち》はヨーロッパからアジアにかけて。水辺《みずべ》にはえる。アスピリンという薬《くすり》は、この木にふくまれる成分《せいぶん》をもとに、ドイツでうみだされた。

ニチニチソウ

原産地《げんさんち》はアフリカのマダガスカル。血液《けつえき》などのがんにきく成分《せいぶん》をふくむ。花《はな》がつぎつぎにさき、夏《なつ》の花壇《だん》でさいばいされる。

命《いのち》をすくう植物《しょくぶつ》

植物《しょくぶつ》にふくまれる成分《せいぶん》は、むずかしい病気《びょうき》の治療《ちりょう》に必要《ひつよう》な、薬《くすり》のもとにもなっている。

アカキナノキにふくまれるキニーネという成分《せいぶん》は、マラリア（熱帯地域《ねったいちいき》の力にさされておきる病気《びょうき》）をなおす薬《くすり》につかわれる。

ケシにふくまれるモルヒネは、病気《びょうき》やけがや、虫歯《むしば》などの強《つよ》いいたみをやわらげる薬《くすり》になる。

ニチニチソウの成分《せいぶん》は、がんの薬《くすり》のひとつとして知《し》られている。

いたみをとめたり、熱《ねつ》をさましたりするアスピリンという薬《くすり》は、セイヨウシロヤナギの成分《せいぶん》をもとにうみだされた。

植物《しょくぶつ》をもとにした多《おお》くの薬《くすり》が、世界《せかい》じゅうでかぞえきれない人《ひと》びとを、病気《びょうき》からすくっている。

植物《しょくぶつ》とくらす　植物《しょくぶつ》を着《き》る

わたしたちは毎日《まいにち》服《ふく》を着《き》る。でかけるときは、スニーカーをはいたり、ぼうしをかぶったりする。その多《おお》くは布《ぬの》でできている。布《ぬの》の材料《ざいりょう》は、いったいなんだろう。

古代《こだい》エジプトの服《ふく》

アマ

すんだ空色《そらいろ》の花《はな》がさく。糸《いと》は茎《くき》の部《ぶ》分《ぶん》からとれる。

人《ひと》びとの服《ふく》は、アマという植《しょく》物《ぶつ》からとれる糸《いと》でつくられていた。

古《ふる》くから布《ぬの》の材料《ざいりょう》となった日本《にほん》の植物《しょくぶつ》

野山《のやま》から植物《しょくぶつ》をあつめ、糸《いと》をとりだし、布《ぬの》をおるには、たいへんな時間《じかん》と手間《てま》がかかる。

何千年《なんぜんねん》もまえの日本人《にほんじん》も、これらの植物《しょくぶつ》で布《ぬの》をつくり、身《み》につけていた。

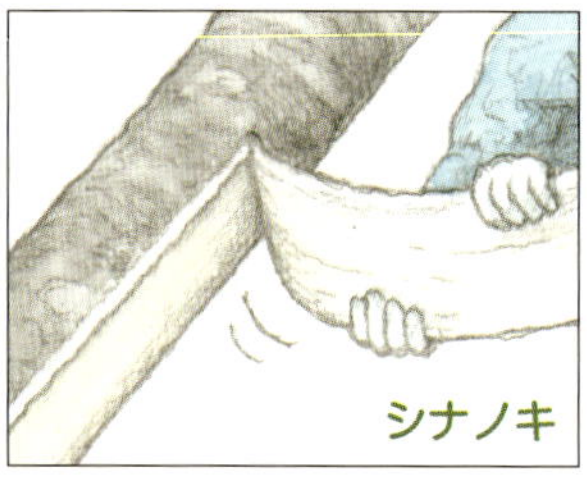

木《き》を切《き》って幹《みき》の皮《かわ》をはぎ、かたいすじから糸《いと》をとる。

長《なが》くのびた茎《くき》のすじから糸《いと》をとる。

チョマともいう。茎《くき》の皮《かわ》をはぎ、皮《かわ》のすじから糸《いと》をとる。

つるの皮《かわ》をはぎ、皮《かわ》のすじから糸《いと》をとる。

むかしはなにを着《き》ていたか

布《ぬの》はふつう糸《いと》をおってつくられる。糸《いと》をつくる材料《ざいりょう》は、大《おお》きく3つにわけられる。動物繊維《どうぶつせんい》（ヒツジなどの毛《け》や、カイコからとる絹《きぬ》など）と、石油《せきゆ》などからつくられる化学繊維《かがくせんい》、そして植物繊維《しょくぶつせんい》だ。

大《おお》むかしの人《ひと》が着《き》ていた服《ふく》は、どんな布《ぬの》でできていたのだろう。古代《こだい》エジプトでは、約《やく》3000年まえのミイラがつつまれていた布《ぬの》が、アマという植物《しょくぶつ》から糸《いと》をつむいで、おられていたことがわかっている。

日本《にほん》では、古《ふる》くは野山《のやま》にはえるフジやクズ、シナノキや、カラムシなどの植物《しょくぶつ》から糸《いと》をつむぎ、布《ぬの》をおっていた。

とてもたいへんな手仕事《てしごと》だが、いまでも一部《いちぶ》の地域《ちいき》でうけつがれている。

ほかにも、木綿《もめん》でできているものはたくさんある。さがしてみよう。

木綿糸《もめんいと》はワタからできる

ワタの種子《しゅし》のまわりの、ふわふわの綿毛《わたげ》から、木綿糸《もめんいと》はできる。現在《げんざい》では、ほとんどが機械《きかい》をつかい糸《いと》にされている。

③綿毛《わたげ》は、種子《しゅし》の表面《ひょうめん》をおおうように、びっしりとはえている。

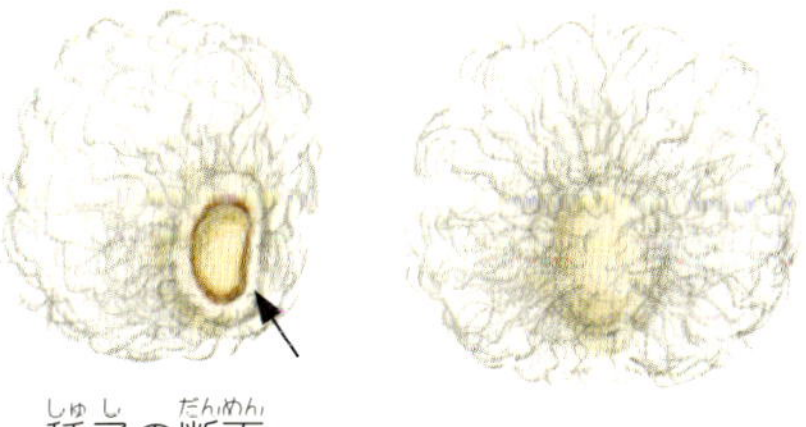

種子《しゅし》の断面《だんめん》

①ワタの花《はな》。花《はな》びらのつけ根《ね》は、えんじ色《いろ》。1日《にち》でしおれてしまう。

④種子《しゅし》からはずした綿毛《わたげ》を、ひっぱりながらよじる。これを長《なが》くのばして、つなげたのが木綿糸《もめんいと》。

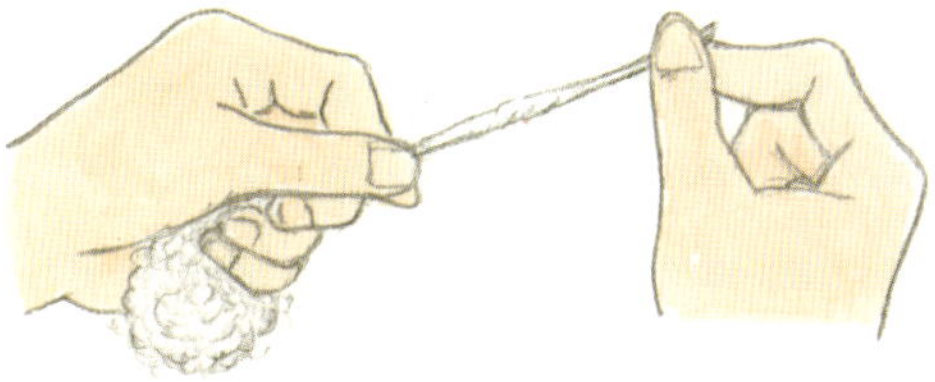

②ワタの果実《かじつ》。じゅくすとわれて、ふわふわの綿毛《わたげ》がでてくる。

メキシコ原産《げんさん》。葉《は》の部分《ぶぶん》のかたいすじを、糸《いと》にする。葉《は》の先《さき》は、するどくとがっている。

サイザルアサ

ジュート

インド原産《げんさん》。野菜《やさい》のモロヘイヤのなかまで、茎《くき》のそとがわの、かたいすじを糸《いと》にする。

イトバショウ

木《き》のようだが草《くさ》。幹《みき》のような部分《ぶぶん》の、かたいすじを糸《いと》にする。夏《なつ》の着物《きもの》や帯《おび》がつくられる。

身近《みぢか》な植物《しょくぶつ》の布《ぬの》

もっとも身近《みぢか》な植物《しょくぶつ》の糸《いと》は、木綿《もめん》だ。ティーシャツやジーンズ、下着《したぎ》などは、たいてい木綿《もめん》でできている。材料《ざいりょう》はワタという植物《しょくぶつ》。種子《しゅし》にはえた綿毛《わたげ》から糸《いと》をつむぎ、布《ぬの》をおる。

もうひとつの代表的《だいひょうてき》な植物《しょくぶつ》の糸《いと》が、麻《あさ》。右《みぎ》ページで紹介《しょうかい》したアマや、カラムシなどの茎《くき》からとれる繊維《せんい》なども、麻《あさ》としてあつかわれる。糸《いと》が太《ふと》く、風通《かぜとお》しがよくてすずしいため、おもに夏用《なつよう》の服《ふく》に利用《りよう》される。沖縄《おきなわ》では、バナナのなかまのイトバショウという植物《しょくぶつ》から、麻《あさ》にた糸《いと》がつくられる。

ジュートはコーヒー豆用《まめよう》の袋《ふくろ》などを、サイザルアサは、ロープや、じょうぶな敷物《しきもの》などをつくるのに役《やく》だっている。

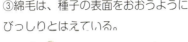

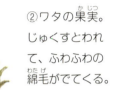

緑《みどり》のたいせつさ　木《き》のはたらき

木《き》はあついひざしをさえぎり、緑《みどり》の葉《は》の下《した》には、やさしい木《こ》かげができる。そこは、人《ひと》や動《どう》物《ぶつ》にとって、いごこちのいい場所《ばしょ》だ。

砂浜《すなはま》にくらべると、パラソルの下《した》はすずしい。マツ林《ばやし》のなかはもっとすずしい。

野生《やせい》のコアラは、あつい昼《ひる》のあいだユーカリの木《き》にだきついてじっとしている。少《すこ》しでもすずしくすごすためだ。

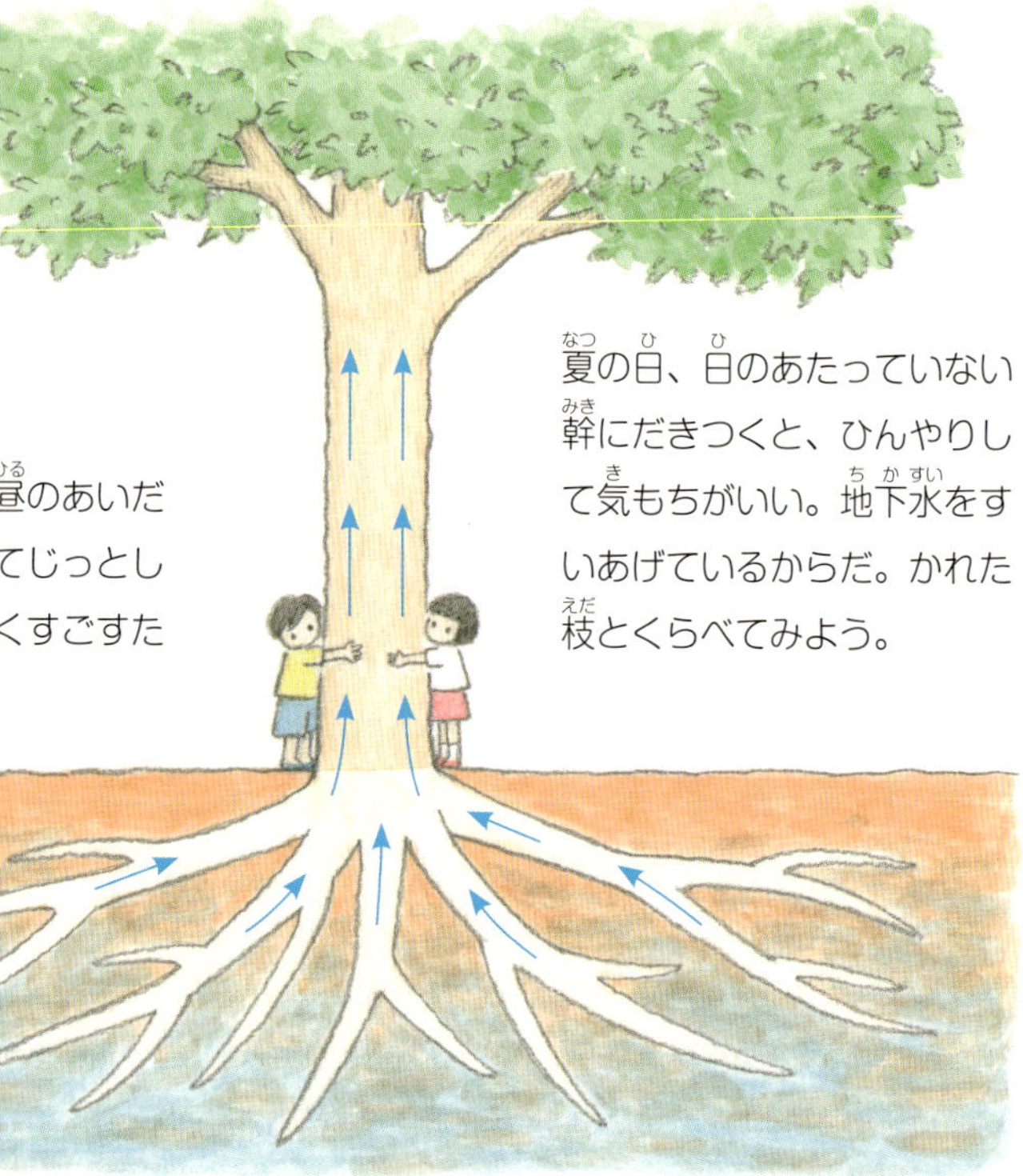

夏《なつ》の日《ひ》、日《ひ》のあたっていない幹《みき》にだきつくと、ひんやりして気《き》もちがいい。地下水《ちかすい》をすいあげているからだ。かれた枝《えだ》とくらべてみよう。

木《き》は自然《しぜん》の日《ひ》がさ

マツは塩分《えんぶん》に強《つよ》くてじょうぶな木《き》。海《うみ》の砂浜《すなはま》のそばには、よくマツ林《ばやし》がひろがっている。晴《は》れた夏《なつ》の日《ひ》、砂浜《すなはま》をはだしで歩《ある》くと、足《あし》のうらがやけどしそうにあつい。

そんなとき、マツ林《ばやし》にはいって地《じ》面《めん》にふれてみよう。木《こ》かげの地面《じめん》は、とてもひんやりしているはずだ。木《き》はひざしをさえぎり、大《おお》きな日《ひ》がさの役割《やくわり》をしてくれる。

また、太《ふと》い木《き》の幹《みき》にだきついてみよう。日《ひ》のあたっていない幹《みき》は、まわりの空気《くうき》より温度《おんど》がひくい。そのひみつは水《みず》にある。

木《き》は、地下《ちか》ふかくまで根《ね》をのばして、つめたい地下水《ちかすい》をすいあげる。その水《みず》が幹《みき》のうちがわを通《とお》っているため、木《き》に体《からだ》をくっつけると、ひんやりと感《かん》じられる。

さわって温度《おんど》をくらべよう

あつい夏《なつ》の日《ひ》、おなじように太陽《たいよう》の光《ひかり》をあびても、葉《は》っぱはほとんどあつくならない。

葉《は》のついた枝《えだ》にビニール袋《ぶくろ》をかぶせて、袋《ふくろ》の口《くち》をひもでしばってから水《みず》にさす。葉《は》からはきだされた水分《すいぶん》が、袋《ふくろ》のうちがわにたくさんつく。

葉《は》はあつくならない

　森《もり》や林《はやし》がすずしい理由《りゆう》は、ほかにもある。強《つよ》いひざしをあびたかべや、道路《どうろ》のアスファルトや車《くるま》は、どんどんあつくなる。ところが木《き》の葉《は》はどうだろう。日《ひ》なたでもほとんどあつくならない。

　ひみつは葉《は》のうらにある。目《め》に見《み》えない小《ちい》さなあなが、たくさんあいていて、見《み》えない霧《きり》のような水《みず》がはきだされる。その水《みず》といっしょに、まわりの熱《ねつ》も外《そと》にでていく。まるで1枚《まい》1枚《まい》の葉《は》が、小《ちい》さなクーラーのようだ。

　水《みず》がはきだされているのを、たしかめる方法《ほうほう》がある。葉《は》のついた枝《えだ》を、水《みず》のはいったコップにさしてみよう。ビニール袋《ぶくろ》をかぶせておくと、うちがわにびっしり水《みず》の粒《つぶ》がつくはずだ。

緑《みどり》のたいせつさ　1本《ぽん》の木《き》につどう生《い》きものたち

緑《みどり》のあるところには、たくさんの生《い》きものがあつまる。乾燥《かんそう》した土地《とち》にはえるバオバブは、そこにすむ人《ひと》や動物《どうぶつ》たちにとって、なくてはならないたいせつな存在《そんざい》だ。

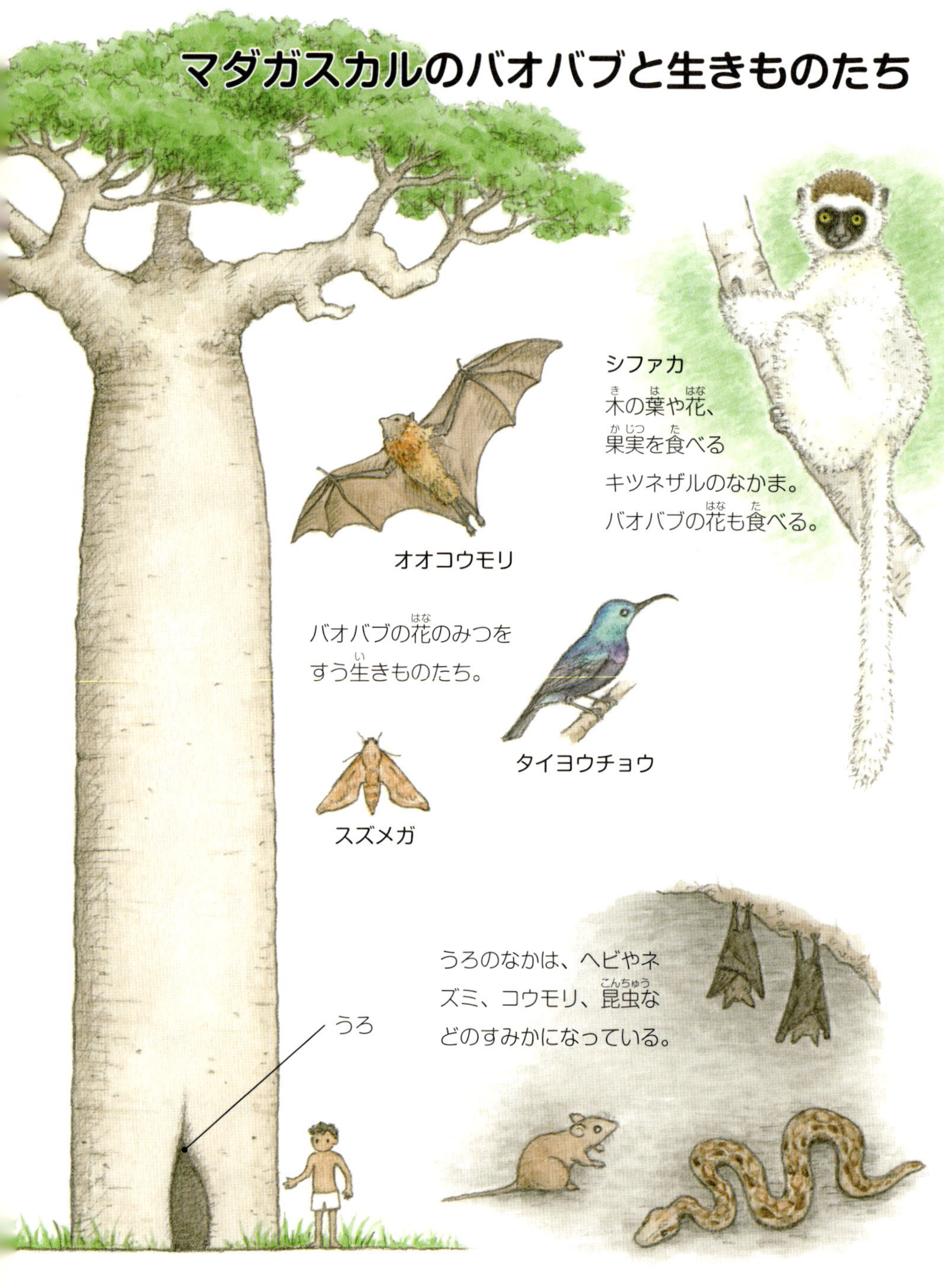
マダガスカルのバオバブと生きものたち
シファカ
木《き》の葉《は》や花《はな》、果実《かじつ》を食《た》べるキツネザルのなかま。バオバブの花《はな》も食《た》べる。
オオコウモリ
バオバブの花《はな》のみつをすう生《い》きものたち。
タイヨウチョウ
スズメガ
うろのなかは、ヘビやネズミ、コウモリ、昆虫《こんちゅう》などのすみかになっている。
うろ

木《き》にあつまる生《い》きもの

バオバブは、アフリカやオーストラリアにある大《おお》きな木《き》。『星《ほし》の王子《おうじ》さま』という本《ほん》のなかでは、小《ちい》さな星《ほし》に根《ね》をはって、ほうっておくと星《ほし》をこわしてしまう木《き》として登場《とうじょう》する。でもほんとうは、とても役《やく》だつすばらしい木《き》だ。

アフリカのマダガスカルという島国《しまぐに》にはえるバオバブの木《き》を見《み》てみよう。あまいかおりの花《はな》には、キツネザルのなかまやオオコウモリ、鳥《とり》や昆虫《こんちゅう》もあつまってくる。こずえには鳥《とり》たちの巣《す》があり、葉《は》を食《た》べる昆虫《こんちゅう》もいる。

ときには、幹《みき》に大《おお》きなあな（うろ）ができる。うろのなかには雨《あめ》や風《かぜ》がはいらないため、コウモリやネズミ、ヘビなど、小《ちい》さな動物《どうぶつ》たちのすみかになる。

果実《かじつ》をもつ男《おとこ》の子《こ》。まんまるや、少《すこ》し細長《ほそなが》いかたちがある。

ひとつの花《はな》に1000本《ぼん》ちかいおしべがあり、ふわっとしたお化粧《けしょう》のパフのよう。

マダガスカルの西部《せいぶ》にはえるグランディディエリー・バオバブの木《き》。高《たか》さ20メートルをこえる。

バオバブの木《き》の皮《かわ》

バオバブのロープ

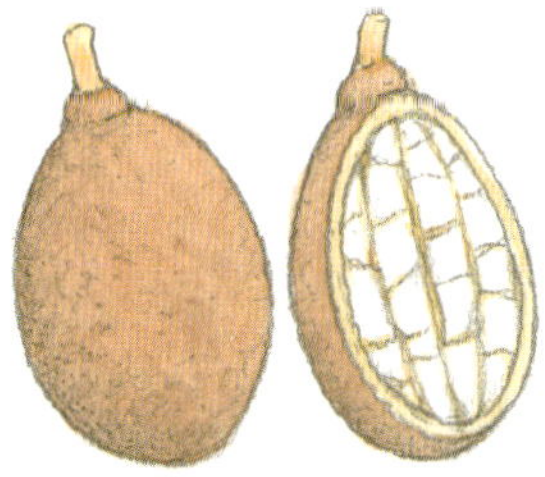

果実《かじつ》。かたくて、表面《ひょうめん》はビロードのよう。なかの白《しろ》い部分《ぶぶん》は、あまくておいしい。

木《き》の皮《かわ》で、家《いえ》の屋根《やね》やかべをつくる。やぶれたり、いたんだりしたら、新《あたら》しい皮《かわ》にとりかえる。

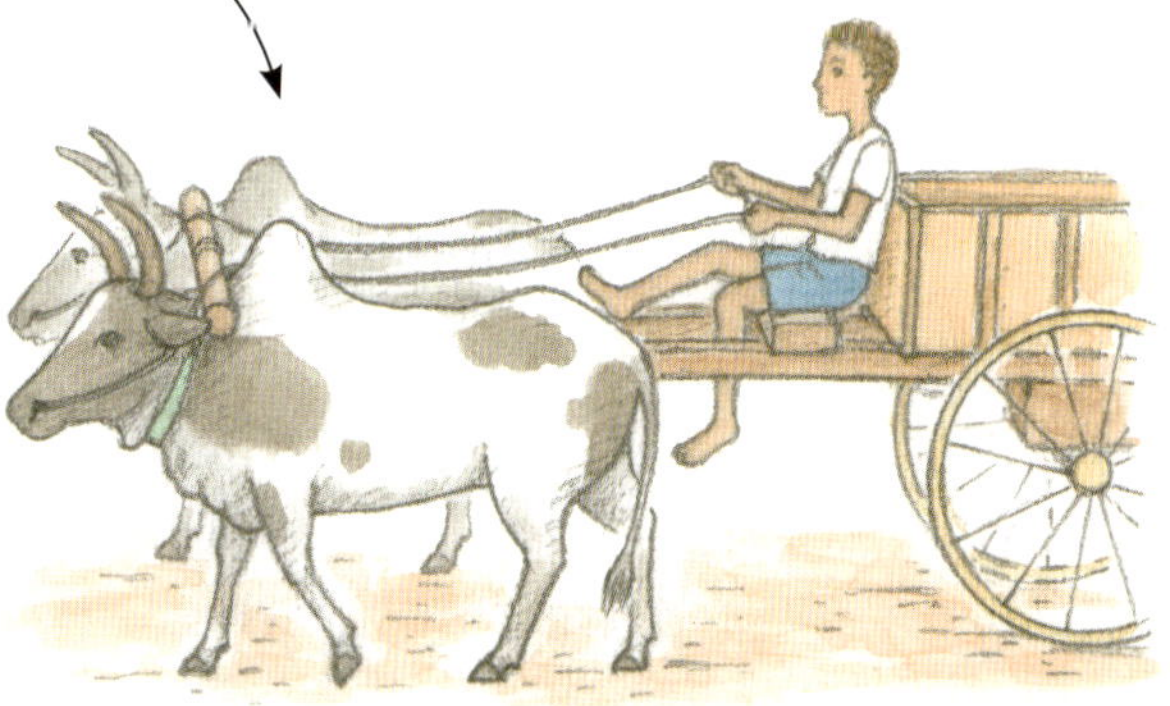

木《き》の皮《かわ》をさいて、つくったロープは、コブウシをつなぐのにかかせない。

人《ひと》のくらしにもかかせない

人《ひと》にとってもだいじな木《き》だ。葉《は》は野菜《やさい》になり、果実《かじつ》もおいしい。中身《なかみ》は乾燥《かんそう》しているが、ラムネ菓《が》子《し》のようなあじで、水《みず》にとかせばジュースになる。種子《しゅし》をしぼると油《あぶら》がとれる。

木《き》の皮《かわ》は幹《みき》からはいで、家《いえ》の屋《や》根《ね》やかべにする。細《ほそ》くさいてあんだロープは、ウシがひっぱっても切《き》れないほどじょうぶだ。

生《い》きているバオバブの皮《かわ》をはいでも、何年《なんねん》かすると新《あたら》しい皮《かわ》ができるため、かれることはない。

バオバブは、たくさんの水分《すいぶん》を幹《みき》や枝《えだ》にたくわえている。そして、半年《はんとし》以上《いじょう》雨《あめ》がふらない乾燥《かんそう》した時《じ》期《き》をのりこえる。川《かわ》や池《いけ》がかれたときには、枝《えだ》をウシに食《た》べさせれば、水《みず》のかわりにもなる。

緑《みどり》のたいせつさ　雑木林《ぞうきばやし》の生《い》きものたち

雑木林《ぞうきばやし》とは、おもに冬《ふゆ》に葉《は》が落《お》ちる木《き》（落葉樹《らくようじゅ》）がはえている林《はやし》のこと。人《ひと》がくらす近《ちか》くで、多《おお》くの生《い》きものが見《み》られる場所《ばしょ》のひとつだ。雑木林《ぞうきばやし》の植物《しょくぶつ》と生《い》きもののかかわりを見《み》よう。

オオムラサキの幼虫《ようちゅう》は、**エノキ**の木《き》の葉《は》でそだつ。

クヌギの葉《は》とヒメクロオトシブミ。卵《たまご》をうんだ葉《は》に切《き》れこみをいれ、クルクルまく。

卵《たまご》からかえった幼虫《ようちゅう》は、まいた葉《は》を食《た》べて成長《せいちょう》する。

クヌギのレストラン

クヌギの木《き》は虫《むし》たちで大《おお》にぎわい。あまい樹液《じゅえき》をもとめてたくさんの種類《しゅるい》があつまる。

生《い》きものでいっぱい

春《はる》のはじめ、落葉樹《らくようじゅ》が芽《め》ぶく。木《き》の葉《は》は昆虫《こんちゅう》たちのごちそうだ。

エノキの葉《は》は、オオムラサキというチョウの幼虫《ようちゅう》のえさになる。オトシブミのメスは、コナラなどの葉《は》に卵《たまご》をうみ、葉《は》をクルクルとまいてしまう。うまれた幼虫《ようちゅう》は、まわりの葉《は》を食《た》べてそだつ。

夏《なつ》、クヌギやコナラの幹《みき》から樹《じゅ》液《えき》がにじみでると、虫《むし》たちのレストランにはやがわり。樹液《じゅえき》がすきなカブトムシやクワガタ、カナブン、オオスズメバチ、オオムラサキ、スズメガなどで大《おお》にぎわいだ。

林《はやし》のかれ木《き》にも、くらしている生《い》きものがいる。クワガタやカミキリムシのなかま、キクイムシなどの幼虫《ようちゅう》は、かれ木《き》のなかにもぐりこんで、食《た》べながら成長《せいちょう》する。

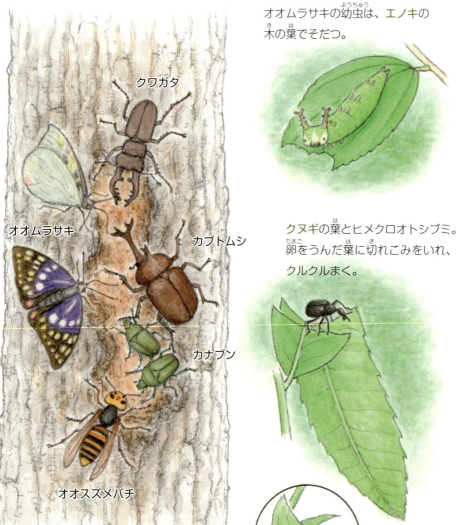

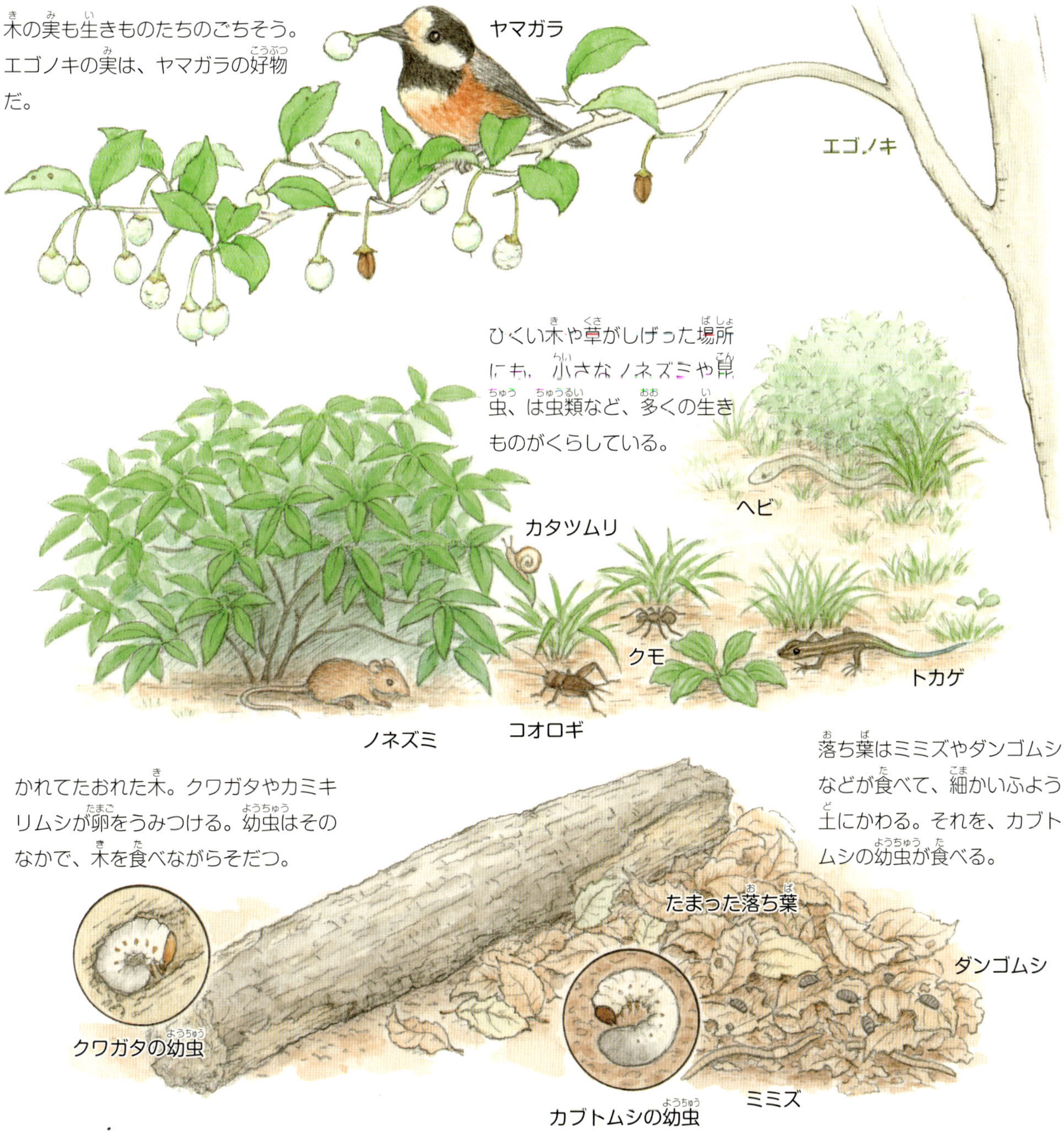

ヤマガラ
エゴノキ
カタツムリ
ヘビ
クモ
トカゲ
ノネズミ
コオロギ
たまった落《お》ち葉《ば》
ダンゴムシ
クワガタの幼虫《ようちゅう》
カブトムシの幼虫《ようちゅう》
ミミズ

木《き》の実《み》も生《い》きものたちのごちそう。エゴノキの実《み》は、ヤマガラの好物《こうぶつ》だ。

ひくい木《き》や草《くさ》がしげった場所《ばしょ》にも、小《ちい》さなノネズミや昆《こん》虫《ちゅう》、は虫類《ちゅうるい》など、多《おお》くの生《い》きものがくらしている。

かれてたおれた木《き》。クワガタやカミキリムシが卵《たまご》をうみつける。幼虫《ようちゅう》はそのなかで、木《き》を食《た》べながらそだつ。

落《お》ち葉《ば》はミミズやダンゴムシなどが食《た》べて、細《こま》かいふよう土《ど》にかわる。それを、カブトムシの幼虫《ようちゅう》が食《た》べる。

生《い》きもののえさで、すみか

たくさんの鳥《とり》が、木《き》の実《み》や昆虫《こんちゅう》を食《た》べ、木《き》のこずえやしげみに巣《す》をつくってヒナをそだてる。

木《き》の葉《は》は、秋《あき》に色《いろ》づいて落《お》ち、地面《じめん》にふりつもる。落《お》ち葉《ば》もむだにはならない。ミミズやヤスデのほか、目《め》に見《み》えないほど小《ちい》さな昆《こん》虫《ちゅう》や、ダニなどのえさになる。

食《た》べられて細《こま》かくなり、土《つち》のようにに変化《へんか》した落《お》ち葉《ば》を、ふよう土《ど》という。ふよう土《ど》は、カブトムシの幼虫《ようちゅう》のえさになる。

雑木林《ぞうきばやし》には、ひくい木《き》や草《くさ》のしげみもある。そこにもノネズミやヘビ、トカゲ、コオロギ、カタツムリ、バッタやクモなど、多《おお》くの生《い》きものがくらしている。植物《しょくぶつ》は動物《どうぶつ》のえさであり、ここちよいすみかもあたえてくれる。

緑《みどり》のたいせつさ　世界《せかい》の森《もり》がへっている

植物《しょくぶつ》がなければ、動物《どうぶつ》も生《い》きていけない。さまざまな植物《しょくぶつ》がおいしげる森《もり》には、かぞえきれないほどの生《い》きものがくらしている。その森《もり》がいま、世界《せかい》じゅうでへっている。

世界各地《せかいかくち》ですすむ森《もり》の破壊《はかい》

森《もり》をどんどん切《き》りひらいている地域《ちいき》を、上空《じょうくう》から見《み》たところ（南《みなみ》アメリカのアマゾン地域《ちいき》）。緑《みどり》の部分《ぶぶん》は森《もり》。土《つち》の色《いろ》の部分《ぶぶん》は、木《き》が切《き》られて開発《かいはつ》された場所《ばしょ》。

木《き》があらいざらい切《き》られた森《もり》。あいた土地《とち》は、畑《はたけ》や牧場《ぼくじょう》などにかえられる。

植物《しょくぶつ》が酸素《さんそ》をつくる

これまで見《み》てきたように、植物《しょくぶつ》は、食《た》べものや家《いえ》の材料《ざいりょう》、薬《くすり》など、人《ひと》にも多《おお》くのめぐみをもたらしてくれる。ほかにもうひとつ、植物《しょくぶつ》がつくりだしてくれるたいせつなものがある。それが酸素《さんそ》だ。

人《ひと》をふくめ、すべての動物《どうぶつ》は酸素《さんそ》をすって生《い》きている。植物《しょくぶつ》である森《もり》は、酸素《さんそ》をつくりだしてくれる工場《こうじょう》のようなものだ。

また、森《もり》は水《みず》をたくわえるダムのようなはたらきももっている。森《もり》が大《おお》きくへると、気温《きおん》があがってしまい、天候《てんこう》にさえ悪影響《あくえいきょう》がでてくる。

森《もり》は、かけがえのないたいせつなものだ。その森《もり》が、世界《せかい》じゅうでへりつづけている。それはいったいなぜだろう。

森《もり》がへる大《おお》きな理由《りゆう》

東南《とうなん》アジアの場合《ばあい》

インドネシアやマレーシアでは、アブラヤシの林《はやし》にかえられている。果肉《かにく》や種子《しゅし》から、油《あぶら》をとるのが目的《もくてき》だ。

電気《でんき》やガスがない地域《ちいき》の場合《ばあい》

アフリカや南《みなみ》アメリカ、東南《とうなん》アジアなどでは、料理《りょうり》などにつかうまきや炭《すみ》のために、森《もり》の木《き》がつかわれている。木《き》がそだつペースより、切《き》るペースがはやいため、森《もり》がどんどんへっている。

まきにする木《き》をはこぶ人《ひと》。

南《みなみ》アメリカのアマゾンの場合《ばあい》

おもにダイズやサトウキビの畑《はたけ》、牧場《ぼくじょう》などにかえられている。

地平線《ちへいせん》までつづくダイズ畑《ばたけ》。

牧場《ぼくじょう》では、肉《にく》にするためのウシがかわれる。

森《もり》はなぜへるのか

わたしたちは、ふだん電気《でんき》やガスをつかって料理《りょうり》したり、へやをあたためたりしている。でも、アフリカや南《みなみ》アメリカの熱帯《ねったい》地域《ちいき》などでは、いまもまずしさから、電《でん》気《き》やガス、石油《せきゆ》などがつかえない人《ひと》も多《おお》い。世界《せかい》の4人《にん》にひとりくらいの人《ひと》びとには、まきや炭《すみ》がかかせない。そのため、森《もり》の木《き》をつぎつぎに切《き》って利用《りよう》するしかない。

大《おお》きな森《もり》がいっきに開発《かいはつ》される地域《ちいき》もある。その原因《げんいん》は、地域《ちいき》によってさまざまだ。

森《もり》を切《き》りひらいて、収穫《しゅうかく》したダイズや肉《にく》も、アブラヤシの油《あぶら》も、多《おお》くは、日本《にほん》をふくむゆたかな国《くに》に輸出《ゆしゅつ》される。遠《とお》い国《くに》の森《もり》の破壊《はかい》と、わたしたちのくらしは、無関《むかん》係《けい》ではない。

緑《みどり》のたいせつさ　庭《にわ》の植物《しょくぶつ》

植物《しょくぶつ》は、その美《うつく》しさでも、わたしたちのくらしをゆたかにしてくれる。庭《にわ》は、植物《しょくぶつ》を身近《みぢか》に楽《たの》しむための、たいせつな場所《ばしょ》だ。

グリーンカーテン
アサガオ
ゴーヤー
（ニガウリ）
ヒャクニチソウ
クサキョウチクトウ
サルビア
ブルーサルビア

まどの外《そと》につる植物《しょくぶつ》を植《う》えると、生《い》きた緑《みどり》のカーテンになる。ゴーヤーなどの野菜《やさい》なら、そだてながら食《た》べられる。

夏《なつ》の日《ひ》の庭《にわ》

日《ひ》なたにはひざしに強《つよ》い植物《しょくぶつ》が、木《き》の下《した》には、日《ひ》かげをこのむ植物《しょくぶつ》が植《う》えられている。ときには鳥《とり》やチョウ、トンボやカエルなどの、小《ちい》さな生《い》きものもやってくる。

植物《しょくぶつ》いっぱいの庭《にわ》

人《ひと》ならではの植物《しょくぶつ》の利用法《りようほう》がある。それは、見《み》て楽《たの》しむこと。花《はな》がきれいだったり、すがたかたちがおもしろかったり、見《み》た目《め》が魅力的《みりょくてき》だったりする植物《しょくぶつ》は多《おお》い。植物《しょくぶつ》には人《ひと》をなごませ、わくわくさせる力《ちから》がある。

植物《しょくぶつ》を身近《みぢか》に楽《たの》しむため、どこの庭《にわ》にも、たいてい植物《しょくぶつ》が植《う》えられている。花壇《かだん》には花《はな》のきれいな草花《くさばな》を植《う》える。庭《にわ》のまわりは、何本《なんぼん》もの木《き》を植《う》えてかりこみ、生垣《いけがき》にしたてたりする。公園《こうえん》や校庭《こうてい》など、ひろい庭《にわ》には、大《おお》きな木《き》が植《う》えられることもある。

植物《しょくぶつ》は季節《きせつ》ごとに芽《め》ぶき、花《はな》をさかせ、色《いろ》づいて葉《は》を落《お》とし、わたしたちに四季《しき》のうつろいを教《おし》えてくれる。

サルスベリ
ヒマワリ
トクサ
インパチェンス
スイレン
ギボウシ
コリウス
ツワブキ
池《いけ》
小《ちい》さな池《いけ》があれば、スイレンなど水辺《みずべ》の植物《しょくぶつ》もそだてられる。
生垣《いけがき》
コンクリートや石《いし》のへいとちがって、風通《かぜとお》しがよくなる。1年《ねん》じゅう緑《みどり》の葉《は》がついている常緑樹《じょうりょくじゅ》をつかうことが多《おお》い。

生《い》きものたちもやってくる

庭《にわ》の植物《しょくぶつ》は、きれいなだけでなく、意外《いがい》な効果《こうか》ももたらす。

まどの下《した》に、アサガオやヘチマなどのつる植物《しょくぶつ》を植《う》えれば、どんどんのびて、夏《なつ》の強《つよ》いひざしをさえぎり、あつさをやわらげてくれる。見《み》た目《め》もすずしげだ。このためにそだられた植物《しょくぶつ》は、グリーンカーテンとよばれている。

たとえ都会《とかい》でも、植物《しょくぶつ》のある場《ば》所《しょ》は、生《い》きものたちのいこいの場《ば》。花《はな》のみつをすうチョウなどの昆虫《こんちゅう》や、木《き》の実《み》をもとめてとんでくる鳥《とり》もいる。小《ちい》さな池《いけ》があれば、トンボが卵《たまご》をうみにとんでくるかもしれない。カエルがきて、オタマジャクシがかえるかもしれない。

小《ちい》さな庭《にわ》でも、生《い》きものたちがくらすたいせつな場《ば》所《しょ》になる。

緑《みどり》のたいせつさ　ベランダや室内《しつない》の植物《しょくぶつ》

庭《にわ》がなくても、植物《しょくぶつ》はそだてられる。植木鉢《うえきばち》に植《う》えればよい。ベランダやへやのなかでも、そだつようすが楽《たの》しめる。

春《はる》のベランダ

色《いろ》のきれいな花《はな》やかおりのよい花《はな》、食《た》べられる野菜《やさい》やハーブ。
少《すこ》しずつ、いろんな植物《しょくぶつ》を植《う》えると楽《たの》しい。

ゼラニウム
チューリップ
パンジー
バラ
マーガレット
コマツナ
ハツカダイコン
（ラディッシュ）
ミント

ベランダでそだてる

植木鉢《うえきばち》やプランターに土《つち》をいれれば、そこは小《ちい》さな庭《にわ》になる。花《はな》屋《や》さんや園芸店《えんげいてん》で、苗《なえ》（そだっているとちゅうの小《ちい》さな植物《しょくぶつ》）を買《か》ってきて植《う》えれば、かんたんだ。

タネをまいたり球根《きゅうこん》（くわしくは84ページ）を植《う》えたりして、一《いち》からそだてるのも楽《たの》しい。

大《おお》きめの植木鉢《うえきばち》やプランターなら、ハーブや野菜《やさい》や、小《ちい》さな木《き》だってそだてられる。

ベランダの日《ひ》あたりや、風通《かぜとお》しなどのちがいで、そだてやすさはかわる。そこにてきした植物《しょくぶつ》から、すきな種類《しゅるい》をえらぶとよい。

鉢植《はちう》えの植物《しょくぶつ》は、土《つち》がカラカラに乾燥《かんそう》すると、かれてしまう。光《ひかり》のさす明《あか》るい場所《ばしょ》におき、水《みず》をやってせわをしよう。

冬《ふゆ》のへやのなか

花《はな》だけでなく、葉《は》の美《うつく》しさもだいじ。葉《は》の一部《いちぶ》が赤《あか》や白《しろ》などに色《いろ》づく種類《しゅるい》もある。

室内《しつない》でそだてる

へやのなかでも、植物《しょくぶつ》はそだてられる。明《あか》るいまどべや、光《ひかり》のはいる場所《ばしょ》ならだいじょうぶ。

外《そと》では花《はな》の少《すく》ない真冬《まふゆ》でも、鉢《はち》植《う》えの花《はな》をかざれば、へやは春《はる》のように明《あか》るくなる。

観葉植物《かんようしょくぶつ》（花《はな》よりも、葉《は》の色《いろ》やかたちを楽《たの》しむ植物《しょくぶつ》）も、室内《しつない》でそだてるのにむいている。緑《みどり》がへやにあると、気《き》もちがおだやかになり、ここちよい。

観葉植物《かんようしょくぶつ》には、あつい地方《ちほう》の植《しょく》物《ぶつ》が多《おお》いため、冬《ふゆ》にかれたり、いたんだりすることがある。へやのなかなら、その心配《しんぱい》はない。

植物《しょくぶつ》は光《ひかり》のほうにむかってのびる。何日《なんにち》かに1回《かい》、植木鉢《うえきばち》のむきをかえて、全体《ぜんたい》に光《ひかり》があたるようにせわをしよう。

ちょっとひと休《やす》み

桃太郎《ももたろう》のモモはとがってる？

モモからうまれた桃太郎《ももたろう》。どんぶらことながれてくるモモの絵《え》のかたちが、見《み》なれたモモとちがうのはなぜだろう。

桃太郎《ももたろう》のトレードマークのモモは、とがっている。

とがったモモとまるいモモ

絵本《えほん》などで見《み》る桃太郎《ももたろう》の絵《え》のモモは、たいてい先《さき》がとがったかたちをしている。ふだんみんなが食《た》べているモモはどうだろう。まるくてたてにすじがはいっているが、とがったところはない。

モモはもともと中国《ちゅうごく》のくだもの。日《に》本《ほん》へも、ごく古《ふる》い時代《じだい》に、中国《ちゅうごく》から小《ちい》さなモモがつたわっていた。

とがったモモの正体《しょうたい》

桃太郎《ももたろう》のむかし話《ばなし》が全国《ぜんこく》に知《し》られるようになったのは、百数十年《ひゃくすうじゅうねん》まえの明治時代《めいじじだい》、教科書《きょうかしょ》にのせられたことがきっかけだった。ちょうどそのころ中国《ちゅうごく》から、それまでになく大《おお》きくてまるいモモや、とがったモモがはいってきた。桃太郎《ももたろう》のモモは、めずらしいとがったほうのモモをモデルにえがかれた。

その後《ご》、品種改良《ひんしゅかいりょう》がすすみ、日本《にほん》のモモは、まるくて大《おお》きく、よりあまみの強《つよ》い種類《しゅるい》にかわっていった。いまでは、とがったモモはほとんど見《み》られないが、桃太《ももた》郎《ろう》の絵本《えほん》のなかにのこっている。

とがっている種類《しゅるい》（天津《てんしん》すいみつとう）は、いまではほとんど見《み》られない。

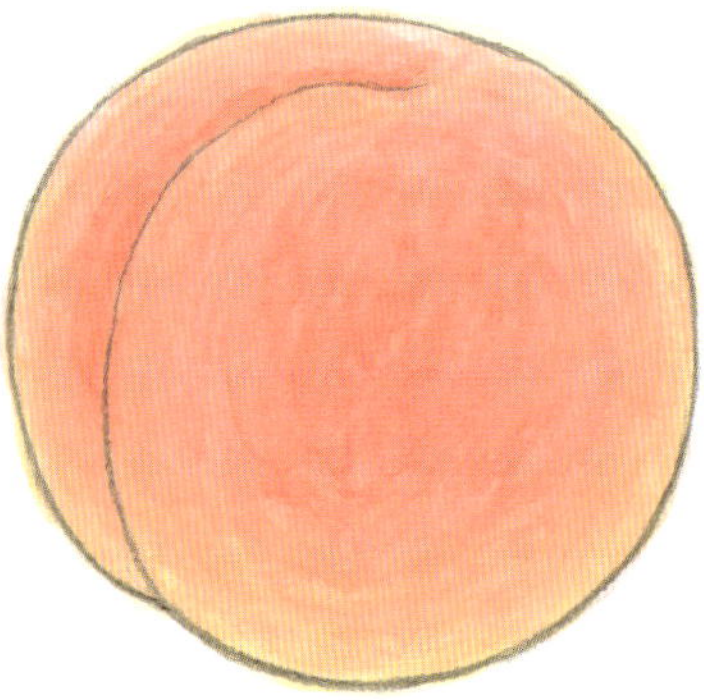

夏《なつ》になると、まるくて大《おお》きく、あまみの強《つよ》いモモがお店《みせ》にならぶ。

第《だい》3章《しょう》▼植物《しょくぶつ》を知《し》ろう・調《しら》べよう

つぎの問題《もんだい》に○か×でこたえてください。

・すべての花《はな》びらは、バラバラにちる。
・赤《あか》、青《あお》、黄《き》がそろった花《はな》はない。
・バナナは木《き》になる。
・タケはすべてササより大《おお》きい。
・卵《たまご》より大《おお》きいタネはない。

答《こた》えは、すべて×です。

植物《しょくぶつ》はたくさんの種類《しゅるい》があって、名《な》まえがおぼえにくいでしょう。でも、自分《じぶん》で調《しら》べて名《な》まえを知《し》るとわすれにくいです。この章《しょう》では、花《はな》、葉《は》、果実《かじつ》、タネなどのとくちょうやどこにはえているかなど、見《み》わけかたのコツをあげています。

図鑑《ずかん》の種類《しゅるい》と調《しら》べかた

名《な》まえやとくちょうを知《し》るために、図鑑《ずかん》はとても役《やく》にたつ。植物《しょくぶつ》の図鑑《ずかん》だけでも、おどろくほどたくさんの種類《しゅるい》がある。

図鑑《ずかん》をつかって調《しら》べよう

図鑑《ずかん》をつかいわけよう

こどもむけの植物図鑑《しょくぶつずかん》にもいろいろあるが、のっている種類《しゅるい》は、あまり多《おお》くない。ちょっとものたりなくなったら、こどもむけでない図鑑《ずかん》も見《み》てみるとよい。

読《よ》めない漢字《かんじ》や、わからないことばもあるだろう。でも、写真《しゃしん》やイラストを見《み》るだけでも楽《たの》しく、さまざまなことがわかるのが、図《ず》鑑《かん》のすてきなところだ。

植物《しょくぶつ》の図鑑《ずかん》には、かなり多《おお》くの種類《しゅるい》がある。どんな植物《しょくぶつ》を調《しら》べたいかによって、上手《じょうず》につかいわけよう。

学校《がっこう》や図書館《としょかん》、家《いえ》などでは、大《おお》きな図鑑《ずかん》が見《み》やすい。でも、外《そと》で植物《しょくぶつ》を観察《かんさつ》しながら見《み》るには、ポケットサイズのハンドブックが、かるくて便利《べんり》だ。

植物《しょくぶつ》の図鑑《ずかん》いろいろ

ここに紹介《しょうかい》したほかにも、たくさんの図鑑《ずかん》がある。
図書館《としょかん》や本屋《ほんや》さんでさがしてみよう。

●その他《た》

帰化植物《きかしょくぶつ》（日本《にほん》で野性化《やせいか》している外国《がいこく》の植物《しょくぶつ》）
山菜
薬草
毒草《どくそう》
雑草《ざっそう》
樹皮《じゅひ》
落《お》ち葉《ば》
冬芽《ふゆめ》
まつぼっくり
どんぐり
ひっつき虫《むし》（服《ふく》につくタネや果実《かじつ》）
世界《せかい》のふしぎな植物《しょくぶつ》　など

●園芸植物《えんげいしょくぶつ》の図鑑《ずかん》

草花《くさばな》
球根植物《きゅうこんしょくぶつ》
観葉植物
サボテン
多肉植物《たにくしょくぶつ》
ラン
バラ
サクラ
庭木《にわき》
花木《かぼく》（きれいな花《はな》がさく木《き》）
ハーブ
果樹《かじゅ》（くだものの木《き》）
街路樹《がいろじゅ》（道路《どうろ》ぞいの並木《なみき》）など

●場所《ばしょ》べつの図鑑《ずかん》

町《まち》なかの植物《しょくぶつ》
野山の植物
高山《こうざん》の植物《しょくぶつ》
水辺《みずべ》の植物《しょくぶつ》
校庭《こうてい》の植物《しょくぶつ》　など

●分野《ぶんや》べつの図鑑《ずかん》

樹木《じゅもく》
野草《やそう》
園芸植物《えんげいしょくぶつ》
水草《みずくさ》
コケ
キノコ
海藻《かいそう》
スミレ
タンポポ　など

たくさんの植物《しょくぶつ》図鑑《ずかん》

はえている場所《ばしょ》べつの図鑑《ずかん》もあれば、花《はな》がさく季節《きせつ》ごとの図鑑《ずかん》もある。樹木《じゅもく》、野草《やそう》（自然《しぜん》のなかにはえている草《くさ》）、園芸植物《えんげいしょくぶつ》（さいばいされる植物《しょくぶつ》）など、分野《ぶんや》べつの図鑑《ずかん》も数多《かずおお》い。専門的《せんもんてき》な図鑑《ずかん》ほど、種類《しゅるい》も多《おお》くのっていて、説明《せつめい》がくわしい。

かわったところでは、木《き》の葉《は》や冬芽《ふゆめ》、どんぐりなど、植物《しょくぶつ》の部分《ぶぶん》のかたちで見《み》わける図鑑《ずかん》から、山《さん》菜《さい》やハーブなどのくらしに役《やく》だつ植物《しょくぶつ》、毒《どく》のある植物《しょくぶつ》の図鑑《ずかん》までさまざまだ。図書館《としょかん》にいけば、もっと思《おも》いがけないおもしろい図鑑《ずかん》も、見《み》つかるだろう。

調《しら》べるだけでなく、図鑑《ずかん》で興味《きょうみ》をもった植物《しょくぶつ》を、外《そと》でさがしてみるのも楽《たの》しい。

花《はな》びらがくっついている花《はな》

花《はな》にはたくさんのかたちがあり、いろいろな見《み》わけかたがある。花《はな》びらがくっついているか、1枚《まい》ずつにわかれているかも、見《み》わけかたのひとつだ。

合弁花《ごうべんか》のいろいろ

合弁花《ごうべんか》は花《はな》びらがひとつにつながっている。茎《くき》についたまましおれるか、まるごと落《お》ちる。花《はな》びらが1枚《まい》ずつ、ちることはない。

キキョウ

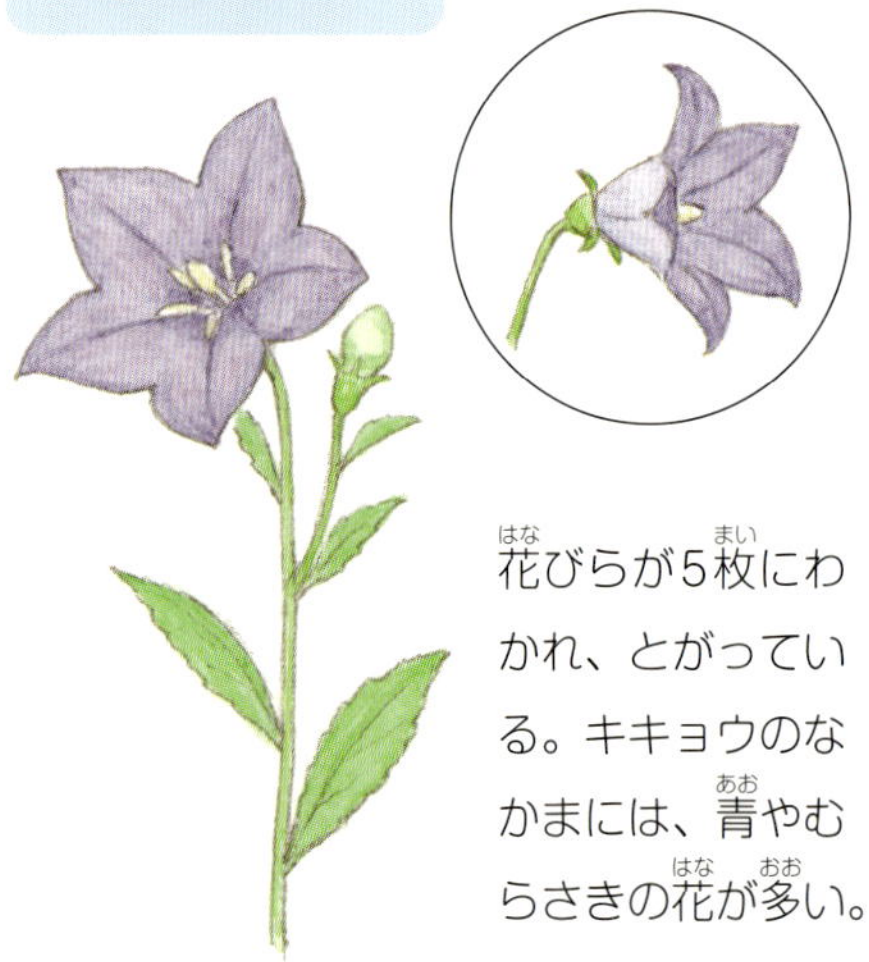

花《はな》びらが5枚《まい》にわかれ、とがっている。キキョウのなかまには、青《あお》やむらさきの花《はな》が多《おお》い。

アサガオ

花《はな》びら全体《ぜんたい》がラッパのようなかたち。ヒルガオやヨルガオもおなじなかま。

キンモクセイ

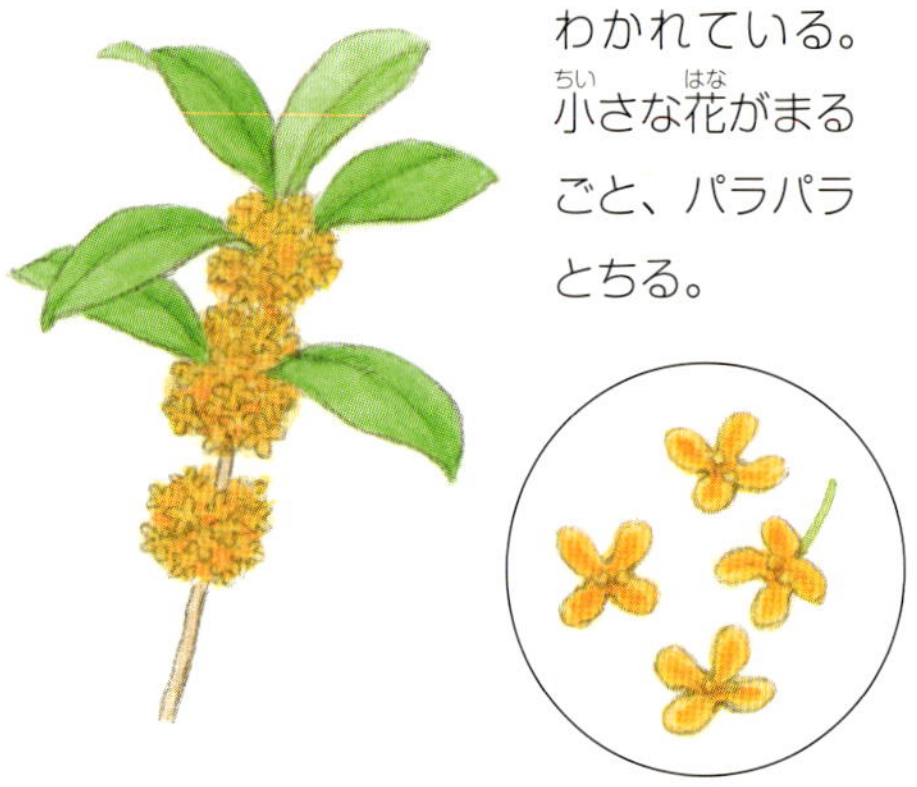

花《はな》びらは4枚《まい》にわかれている。小《ちい》さな花《はな》がまるごと、パラパラとちる。

サクラソウ

上《うえ》から見《み》るとサクラのようだが、5枚《まい》の花《はな》びらのつけ根《ね》が、筒《つつ》のようになっている。

くっついている花《はな》いろいろ

花《はな》びら（花弁《かべん》）が1枚《まい》1枚《まい》わかれずにくっついている花《はな》を、合弁《ごうべん》花《か》という。アサガオなどがわかりやすい例《れい》だ。花《はな》びら全体《ぜんたい》がくっついて、ラッパのようなかたちをしている。

花《はな》びらがとちゅうまでくっついている花《はな》で、代表的《だいひょうてき》なものが、キキョウのなかま。切《き》れこみがはいって5つにわかれ、花《はな》びらの先《さき》がとがっている。上《うえ》から見《み》ると星《ほし》のようなかたちだ。

サクラソウは、細長《ほそなが》い筒《つつ》の先《さき》が、5つの花《はな》びらにわかれている。

粒《つぶ》のように小《ちい》さいキンモクセイも、合弁花《ごうべんか》のひとつ。花《はな》びらは4枚《まい》にわかれ、つけ根《ね》でつながっている。ちり落《お》ちた花《はな》をひろって、ルーペで見《み》るとよくわかる。

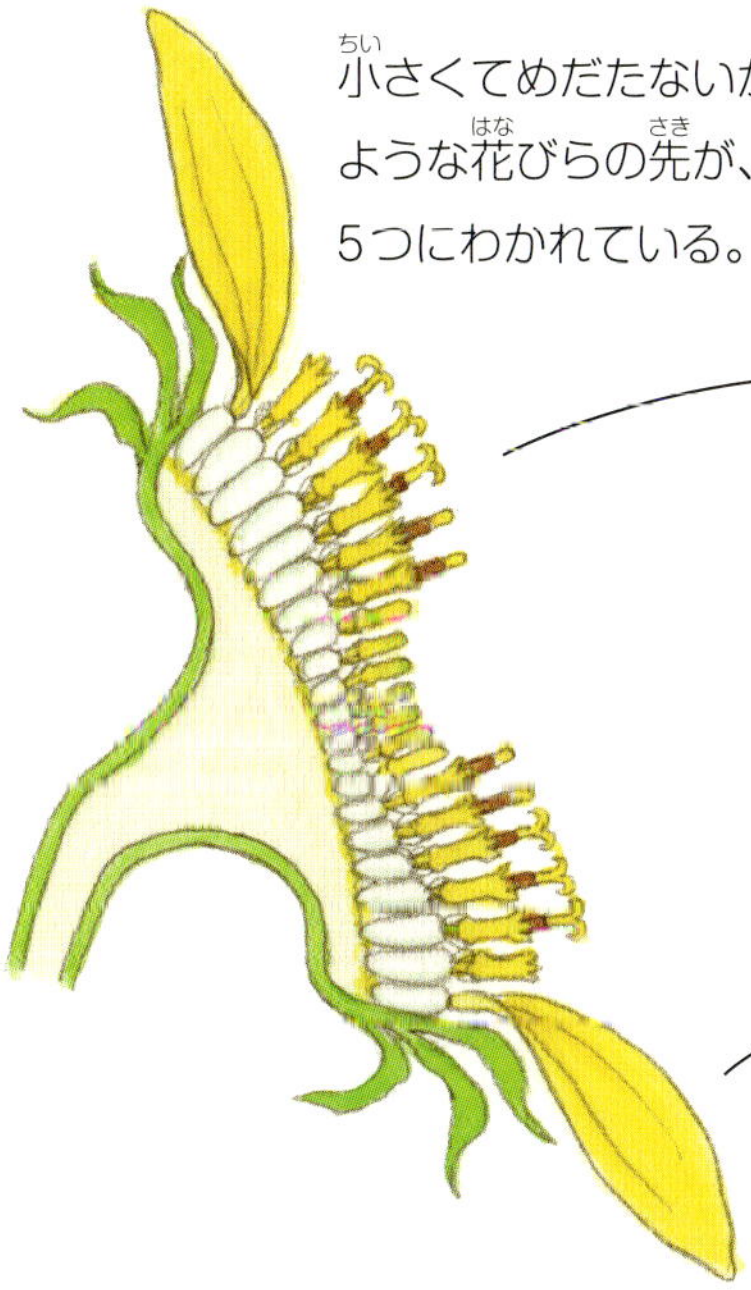

たてに切《き》った断面《だんめん》。たくさんの合弁花《ごうべんか》が、ぎっしりとならんでいる。そとがわの黄《き》色《いろ》い花《はな》から、真《ま》ん中《なか》にむかって、順《じゅん》に開《ひら》いていく。

小《ち》さくてめだたないが、筒《つつ》のような花《はな》びらの先《さき》が、小《ち》さく5つにわかれている。

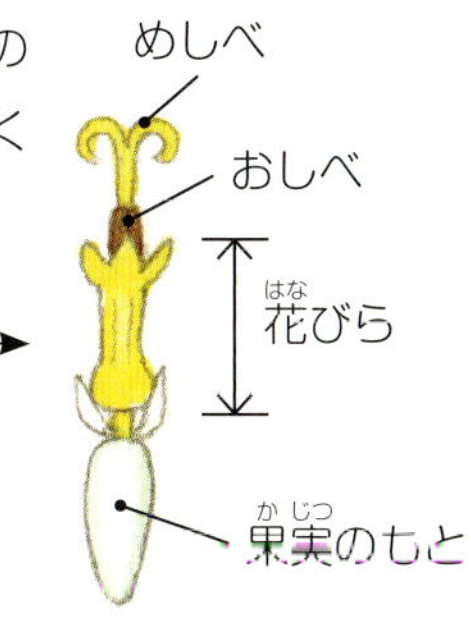
めしべ
おしべ
花《はな》びら
果実《かじつ》のもと

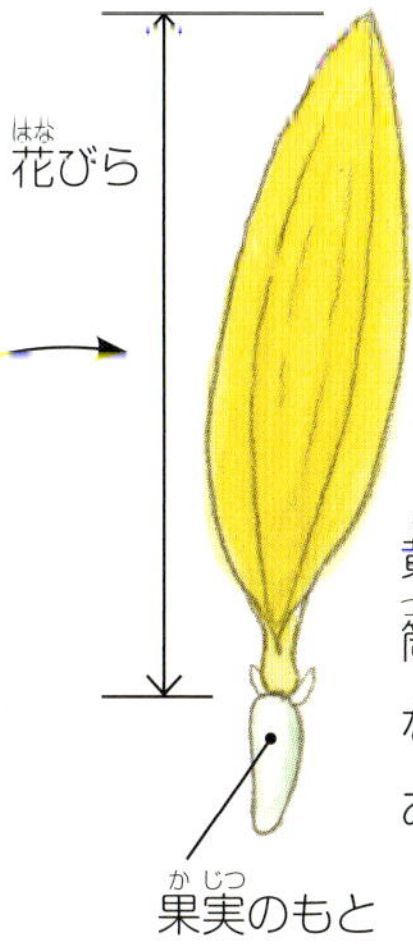
花《はな》びら
果実《かじつ》のもと

黄色《きいろ》い花《はな》びらの根《ね》もとは、筒《つつ》のようになっている。なかにおしべとめしべがある。

ヒマワリ

太陽《たいよう》のようなかたちをしたひとつの花《はな》のようだが、たくさんの小《ち》さな合弁花《ごうべんか》があつまってできている。ヒマワリの合弁花《ごうべんか》には、ふたつのかたちがある。

タンポポ

タンポポも、合弁花《ごうべんか》があつまってできている。ヒマワリとちがって、合弁花《ごうべんか》のかたちは1種類《しゅるい》だけ。

花《はな》のあつまりを、真上《まうえ》から見《み》たところ。そとがわの花《はな》から順《じゅん》に開《ひら》いていく。

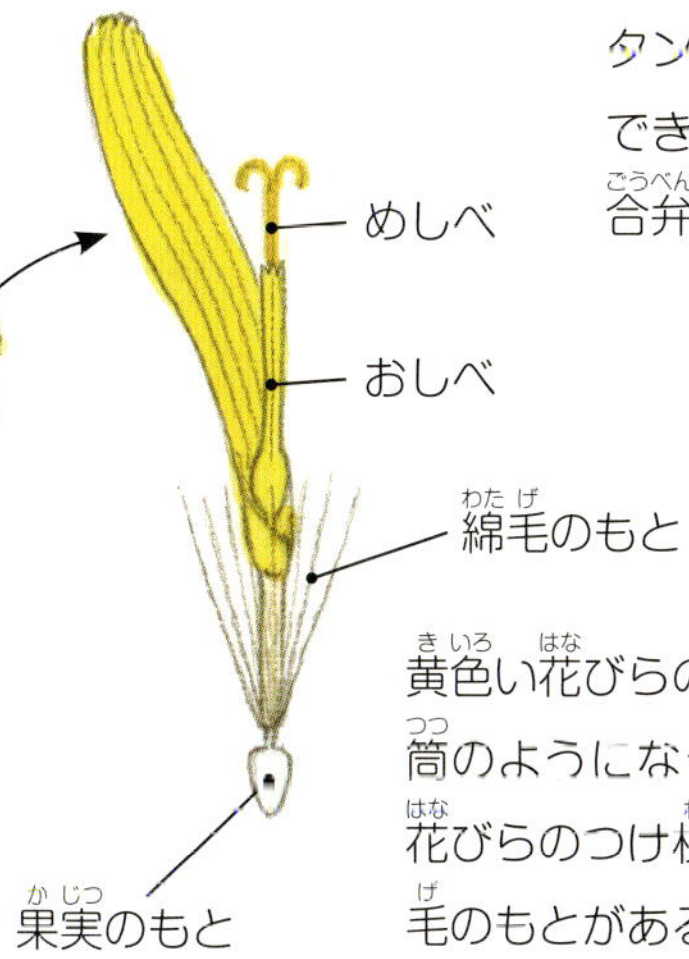
めしべ
おしべ
綿毛《わたげ》のもと
果実《かじつ》のもと

黄色《きいろ》い花《はな》びらの根《ね》もとは、筒《つつ》のようになっている。花《はな》びらのつけ根《ね》には、綿《わた》毛《げ》のもとがある。

たくさんの花《はな》のかたまり

ちょっと見《み》ただけでは、合弁花《ごうべんか》とはわからない花《はな》もある。ヒマワリやタンポポなど、キクのなかまがそうだ。

ヒマワリは、そとがわを黄色《きいろ》い花《はな》びらがとりまき、ひとつの大《おお》きな花《はな》に見《み》える。その花《はな》びらを1枚《まい》、ひっぱってはずしてみよう。ルーペで見《み》ると、つけ根《ね》が筒《つつ》のようで、なかにはおしべとめしべがある。

中心《ちゅうしん》のまるい部分《ぶぶん》からも、ひとつだしてみると、やはり筒《つつ》のようになっている。先《さき》は小《ち》さく5つにわかれ、さくとおしべとめしべがとびだしてくる。

黄色《きいろ》いそとがわもまるいうちがわも、小《ち》さな合弁花《ごうべんか》のあつまりだ。たくさんの花《はな》がぎっしりくっついて、ひとつの花《はな》のように見《み》える。

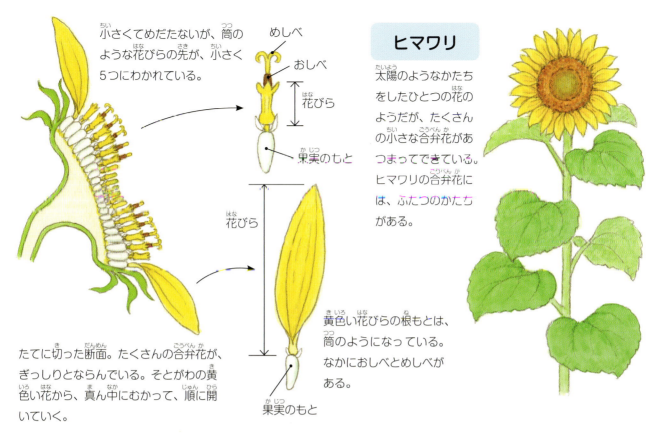

花《はな》びらがはなれている花《はな》

花《はな》びらが1枚《まい》ずつはなれている花《はな》は、大《おお》きくふたつのタイプにわけられる。おなじ花《はな》びらがぐるりとついている花《はな》と、右《みぎ》がわと左《ひだり》がわでおなじかたちの花《はな》だ。

放射相称《ほうしゃそうしょう》の離弁花《りべんか》

おしべやめしべのまわりに、おなじかたちの花《はな》びらが、ぐるりときれいについている。このような花《はな》びらのつきかたを、放射相称《ほうしゃそうしょう》という。

ポピー
花《はな》びら
サクラ
花《はな》びら

下《した》の3種類《しゅるい》はユリのなかま。うちがわについている3枚《まい》の花《はな》びらと、そとがわについている3枚《まい》のがくがそっくりで、6枚《まい》の花《はな》びらに見《み》える。

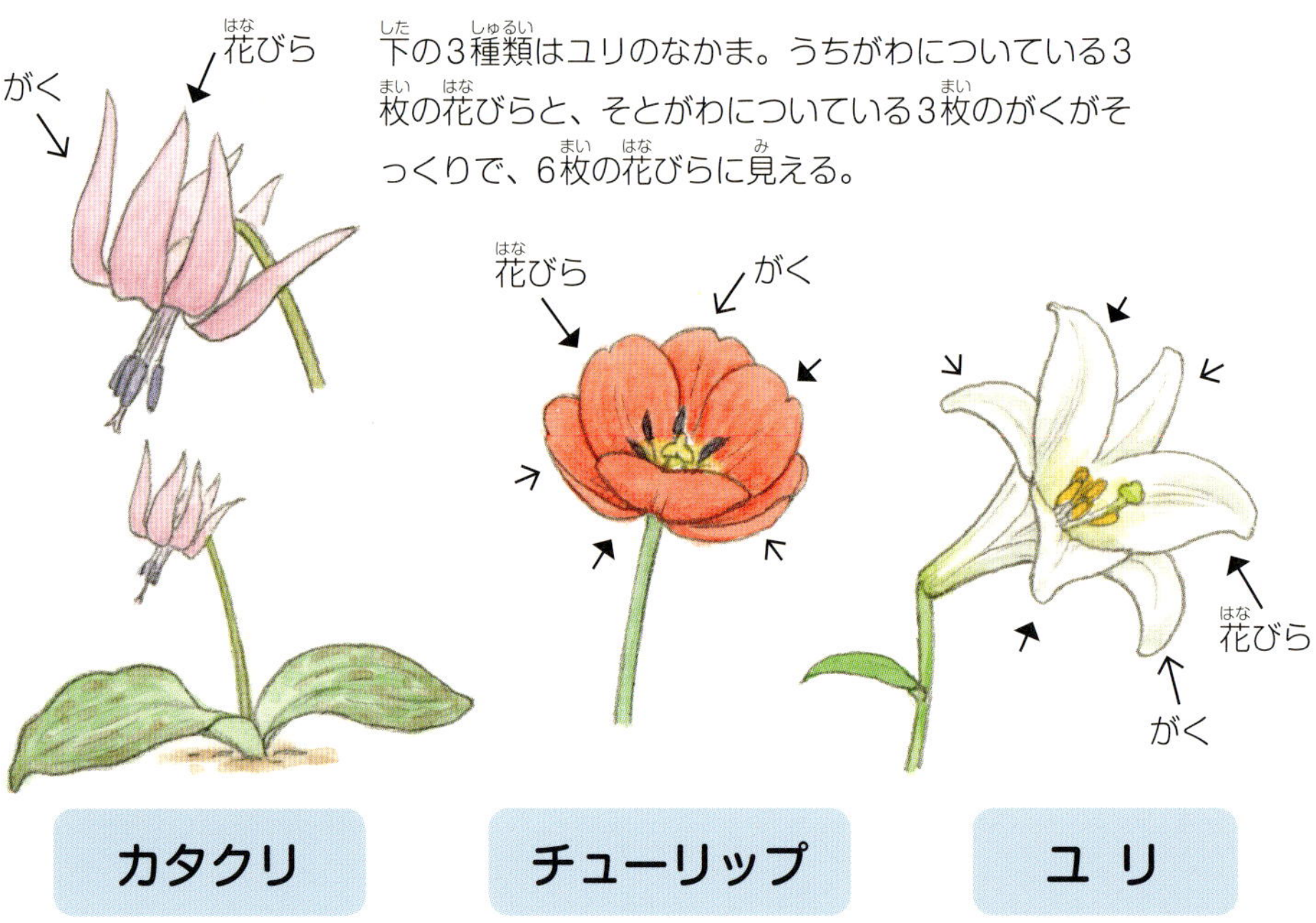
花《はな》びら
がく
花《はな》びら
がく
花《はな》びら
がく
カタクリ
チューリップ
ユリ

花《はな》びらがおなじかたち

花《はな》びら（花弁《かべん》）が、1枚《まい》ずつはなれてついている花《はな》のことを、離弁花《りべんか》という。サクラは、おなじ5枚《まい》の花《はな》びらが、おしべとめしべのまわりに、均等《きんとう》にならんでついている。ナノハナやポピーのなかまもおなじタイプの離弁花《りべんか》で、花《はな》びらは4枚《まい》だ。

ユリは、見《み》たところ花《はな》びらが6枚《まい》ある。どれもおなじに見《み》えるが、そとがわの3枚《まい》はじつは花《はな》びらではなく、がく。うちがわに花《はな》びらが、そとがわにがくが、3枚《まい》ずつついている。

花《はな》びらとがくの色《いろ》やかたちが、ほとんどおなじ離弁花《りべんか》は、ほかにもある。チューリップや、春《はる》の野《の》山《やま》にさくカタクリ、秋《あき》のヒガンバナなども、おなじしくみだ。

左右相称《さゆうそうしょう》の離弁花《りべんか》

右《みぎ》がわと左《ひだり》がわが、おなじかたちをしていることを、左右相称《さゆうそうしょう》という。
左右相称《さゆうそうしょう》の離弁花《りべんか》には、数種類《すうしゅるい》のかたちの花《はな》びらがついている。

豆《まめ》のなかま　（エンドウ）

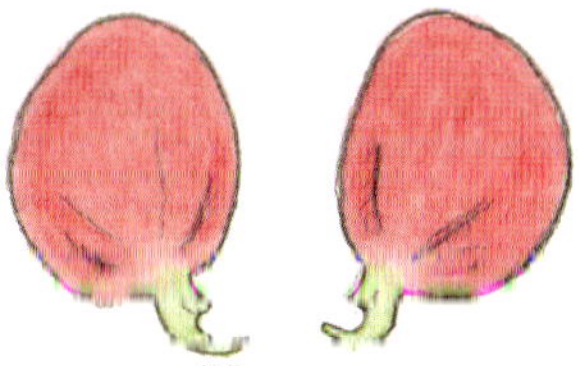

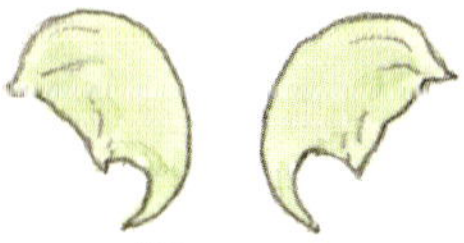

エンドウには、3種類《しゅるい》のかたちの5枚《まい》の花《はな》びらがある。

スミレのなかま　（スミレ）

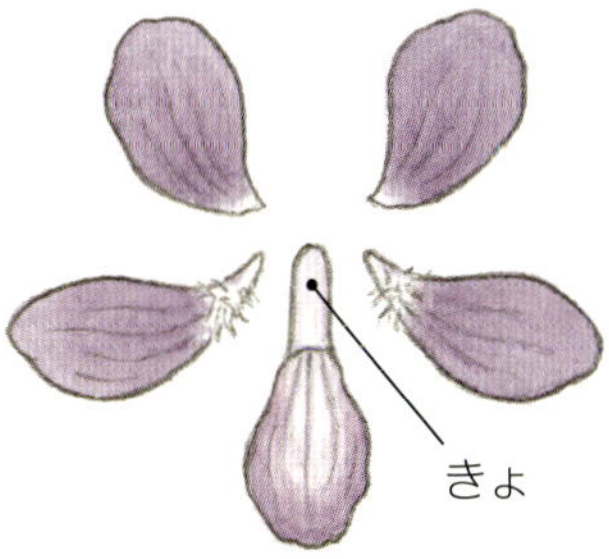

下《した》むきの花《はな》びらのつけ根《ね》は、袋《ふくろ》のようになっている。袋《ふくろ》の部分《ぶぶん》を「きょ」とよぶ。ここに、みつがためられている。

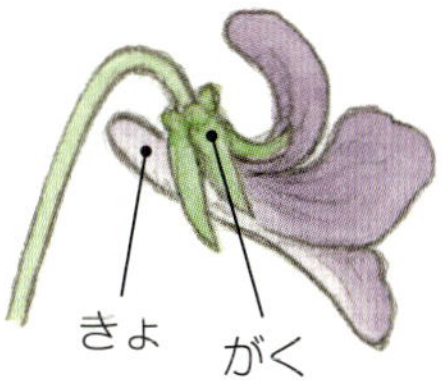

ランのなかま　（シンビジウム）

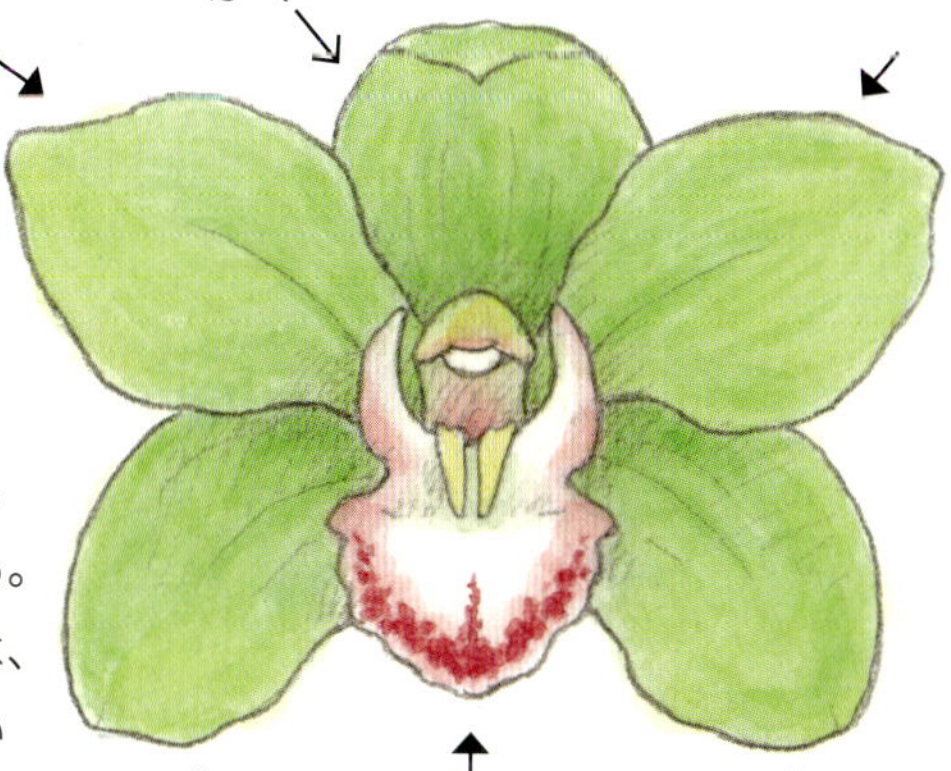

3枚《まい》の花《はな》びらと、3枚《まい》のがくがある。下《した》むきの花《はな》びらは、とくにかわったかたちで、唇弁《しんべん》とよばれている。

花《はな》びらのかたちがさまざま

ちがうかたちの花《はな》びらが、組《く》みあわさってできている花《はな》もある。花《はな》びらによって、色《いろ》のつきかたまで、ちがっていることもある。

たとえば豆《まめ》のなかまがそう。3つのかたちのちがう花《はな》びらが、組《く》みあわさってできている。重《かさ》なっていてわかりにくいので、分解《ぶんかい》してくらべてみよう。

ランのなかまは、くちびるのような花《はな》びら（唇弁《しんべん》）が、花《はな》の中心《ちゅうしん》につきでているのがとくちょうだ。

パンジーなどスミレのなかまも、上《うえ》むきの花《はな》びら、横《よこ》むきの花《はな》びら、下《した》むきの花《はな》びらで、少《すこ》しずつかたちがことなる。

花《はな》びらの数《かず》やかたちは、植物《しょくぶつ》によってきまっている。身近《みぢか》な植物《しょくぶつ》をよく見《み》て、くらべてみよう。

花《はな》びらとおしべの数《かず》の関係《かんけい》

花《はな》びらが、いっぱい重《かさ》なるさきかたのことを、八重《やえ》ざきという。花《はな》には、八重《やえ》ざきになりやすい種類《しゅるい》と、なりにくい種類《しゅるい》がある。その理由《りゆう》はなんだろう。

品種改良《ひんしゅかいりょう》でできたバラ

品種改良《ひんしゅかいりょう》とは、野生《やせい》の植物《しょくぶつ》をもとに、人《ひと》にとって、より役《やく》だつ種類《しゅるい》をつくりだすこと。色《いろ》とりどりで、かたちもさまざまな、美《うつく》しいバラがうみだされている。

美《うつく》しさをきそうように、毎年新《まいとしあたら》しいバラが、つくりだされている。小《ちい》さな植木《うえき》鉢《ばち》でそだてられる種類《しゅるい》（ミニバラ）もある。

野生《やせい》のバラ

かぞえきれないほどのバラの種類《しゅるい》も、もとは、世界各地《せかいかくち》の野生《やせい》のバラをかけあわせるなどして、つくられた。これらはその一部《いちぶ》。

ノイバラ

北海道《ほっかいどう》から九州《きゅうしゅう》にかけて、野山《のやま》にふつうにはえる。小《ちい》さな花《はな》が、かたまってさく。

ハマナス

日本《にほん》や東《ひがし》アジアで、おもにさむい地域《ちいき》の海岸《かいがん》ぞいにはえる。花《はな》はこいピンク色《いろ》。

ロサ・ギガンティア

インドやミャンマー、中国《ちゅうごく》など。野生《やせい》のバラではとくに花《はな》が大《おお》きく、花《はな》びらがとがる。

ロサ・フェティダ

中近東《ちゅうきんとう》の高原《こうげん》にはえる。あざやかな黄色《きいろ》の花《はな》がとくちょう。かおりはよくない。

地味《じみ》な花《はな》から、ごうかな花《はな》へ

花《はな》が美《うつく》しく、そだててながめたり、かざったりして楽《たの》しむための植物《しょくぶつ》がある。

花屋《はなや》さんのバラは、たいてい、たくさんの花《はな》びらがついている八《や》重《え》ざきだ。はなやかで、ごうかな感《かん》じがする。でも、自然《しぜん》のなかでさく野生《やせい》のバラの花《はな》びらは、ほとんどの場合《ばあい》、5枚《まい》しかない。ノイバラもそのひとつだ。

バラにかぎらず、一重《ひとえ》の地味《じみ》な花《はな》でも、八重《やえ》ざきになると、とても見《み》ばえがする。そのため、人《ひと》の手《て》による品種改良《ひんしゅかいりょう》で、たくさんの八重《やえ》ざきがうみだされてきた。

花屋《はなや》さんや庭《にわ》の花《はな》を、観察《かんさつ》してみよう。木《き》でも草《くさ》でも、八重《やえ》ざきの花《はな》が、たくさんあることに気《き》づくだろう。

八重《やえ》ざきの花《はな》いろいろ

一重《ひとえ》の花《はな》と、品種改良《ひんしゅかいりょう》でできた八重《やえ》ざきは、こんなにちがう。おしべが花《はな》びらに変化《へんか》しているため、おしべの数《かず》がへっていたり、まったくなくなったりすることも多《おお》い。

ボタン

一重《ひとえ》ざき

サクラ

一重《ひとえ》ざき

ラナンキュラス

一重《ひとえ》ざき

ツバキ

一重《ひとえ》ざき

おしべの多《おお》い花《はな》、少《すく》ない花《はな》

野生《やせい》のままの、花《はな》びらが少《すく》ないさきかたを、一重《ひとえ》という。八重《やえ》ざきの種類《しゅるい》が多《おお》いグループもあれば、一重《ひとえ》しかなかったり、八重《やえ》ざきが少《すく》なかったりするグループもある。

八重《やえ》ざきが多《おお》いのは、バラをはじめ、サクラ、ツバキ、ボタン、ラナンキュラスなど。いっぽう、ユリやスミレやランなどには、八《や》重《え》ざきはめずらしい。

くらべてみると、おしべの数《かず》に大《おお》きなちがいがあることがわかる。ユリのおしべは6本《ぽん》、スミレは5本《ほん》だけ。八重《やえ》ざきが多《おお》い植物《しょくぶつ》の共《きょう》通点《つうてん》は、おしべが数十本《すうじっぽん》から、数《すう》百本《ひゃっぽん》もあることだ。

おしべは花《はな》びらに変化《へんか》しやすい。だから、おしべの多《おお》い花《はな》から八重《やえ》ざきがたくさんうまれている。

花《はな》の色《いろ》のふしぎ

花《はな》は色《いろ》とりどり。さいてからも色《いろ》が変化《へんか》する花《はな》もあれば、色《いろ》のない白《しろ》い花《はな》もある。自然界《しぜんかい》にはない色《いろ》を、つくりだそうと努力《どりょく》をつづける人《ひと》たちもいる。

夜《よる》にさく白《しろ》い花《はな》

白《しろ》い花《はな》は、暗《くら》くても見《み》えやすい。ガなどの昆虫《こんちゅう》が、みつをすいにやってくる。さくのはひと晩《ばん》だけ。朝《あさ》にはしおれて、かれてしまう。

ヨルガオ

朝《あさ》だけさくアサガオや、昼《ひる》だけさくヒルガオと、おなじグループ。

ユウガオ（おばな）

おばなと、めばながある。果実《かじつ》は大《おお》きく、野菜《やさい》になる。

カラスウリ（おばな）

おばなと、めばながある。果実《かじつ》は赤《あか》く色《いろ》づき、よくめだつ。

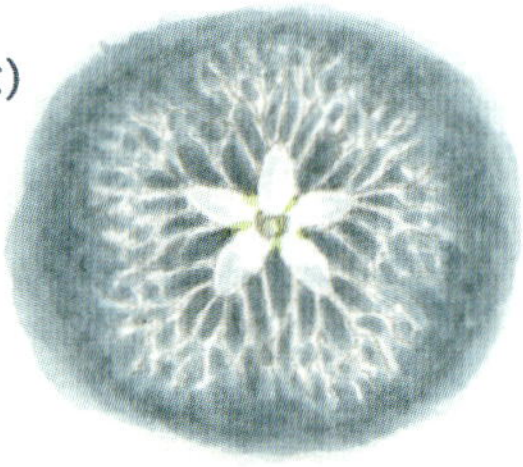

アジサイの色《いろ》の変化《へんか》

緑《みどり》のつぼみから、開《ひら》くにつれて少《すこ》しずつ色《いろ》がかわる。ピンクや赤《あか》むらさきになる種類《しゅるい》もある。

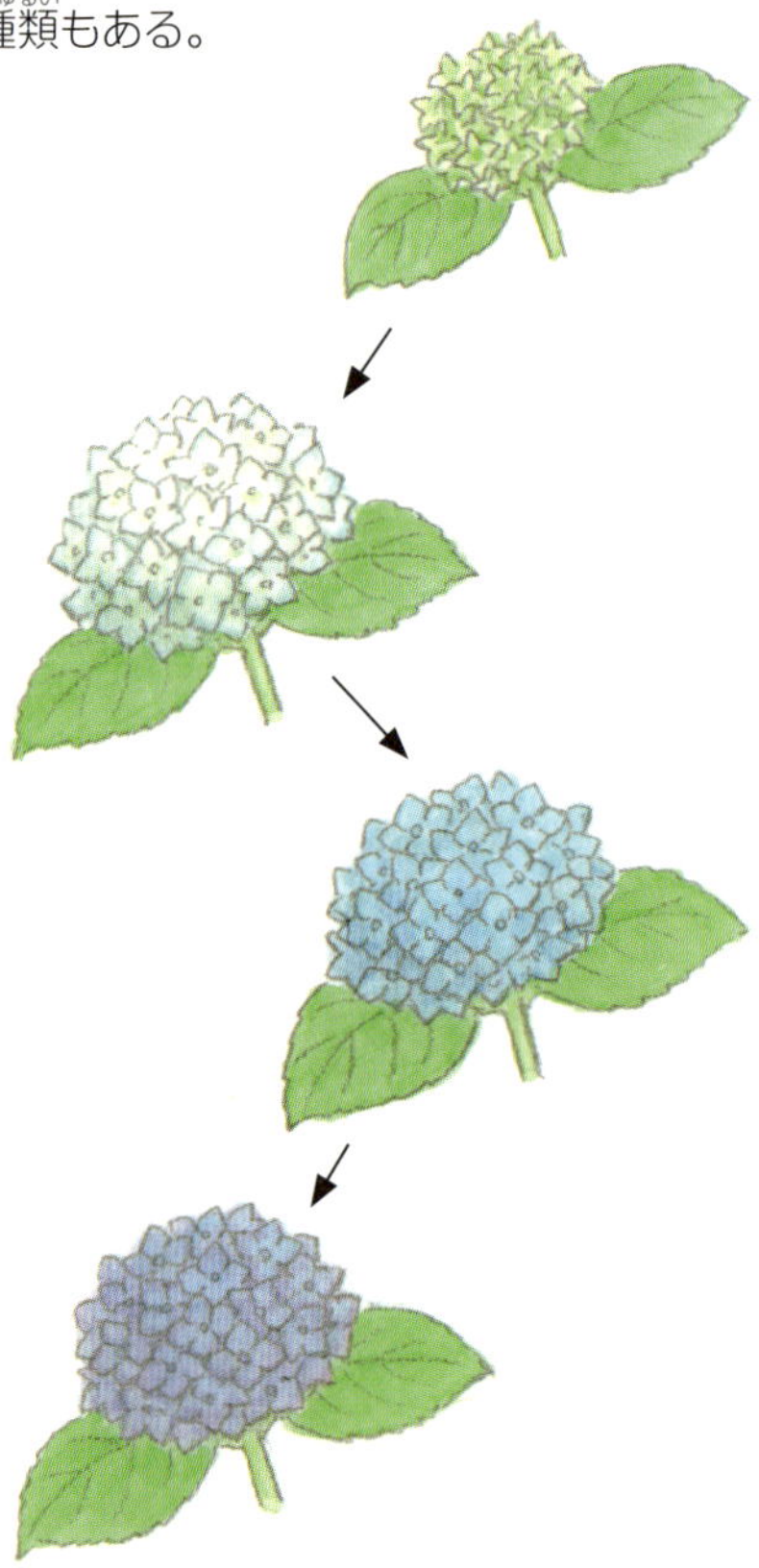

スイフヨウの色《いろ》の変化《へんか》

朝《あさ》、開《ひら》いたときは白《しろ》く、だんだんピンクがこくなり、夜《よる》までには赤《あか》っぽく色《いろ》づいてしぼむ。

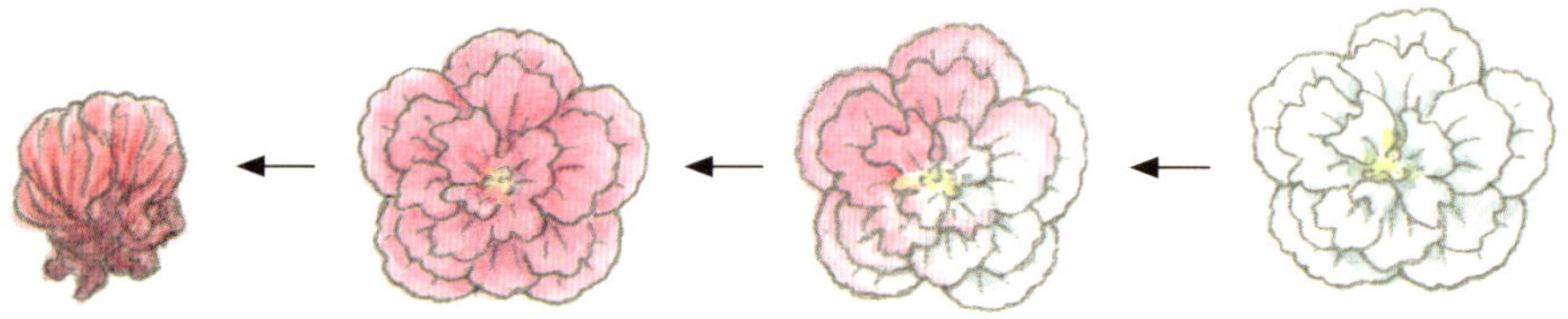

色《いろ》が変化《へんか》する花《はな》

アジサイは、つぼみのとき黄緑《きみどり》で、さきはじめるとだんだん白《しろ》っぽくなり、やがて少《すこ》しずつ色《いろ》づいていく。

たくさんの種類《しゅるい》があり、青《あお》やむらさき、ピンクなど、さまざまだ。また、植《う》える土《つち》の性質《せいしつ》（酸性《さんせい》かアルカリ性《せい》か）によって、本来《ほんらい》は青《あお》い花《はな》がむらさきにかわったりする。

スイフヨウは、1日《にち》のうちに色《いろ》が変化《へんか》する。朝《あさ》のさきはじめは白《しろ》、時間《じかん》とともにピンクになり、だんだん色《いろ》がこくなって、最後《さいご》は赤《あか》にちかくなる。そして夕方《ゆうがた》、花《はな》はしぼんでかれてしまう。

スイフヨウとはぎゃくに、夜《よる》にだけ花《はな》をさかせる植物《しょくぶつ》もある。夜《よる》さく花《はな》は白《しろ》が多《おお》い。暗《くら》やみのなかでも、よくめだつ。

「ふいり」の植物《しょくぶつ》

葉《は》の一部《いちぶ》が、もともと赤《あか》や黄《き》、白《しろ》などになっている「ふいり」の園《えん》芸植物《げいしょくぶつ》も多《おお》い。

ギボウシ

アイビー

コリウス

秋《あき》に色《いろ》づく落葉樹《らくようじゅ》

きれいに色《いろ》づいたあと、葉《は》はすべてちり落《お》ちる。冬《ふゆ》のあいだ、木《き》は枝《えだ》だけになる。

カツラ（あわい黄色《きいろ》）

イロハモミジ（赤《あか》やオレンジ）

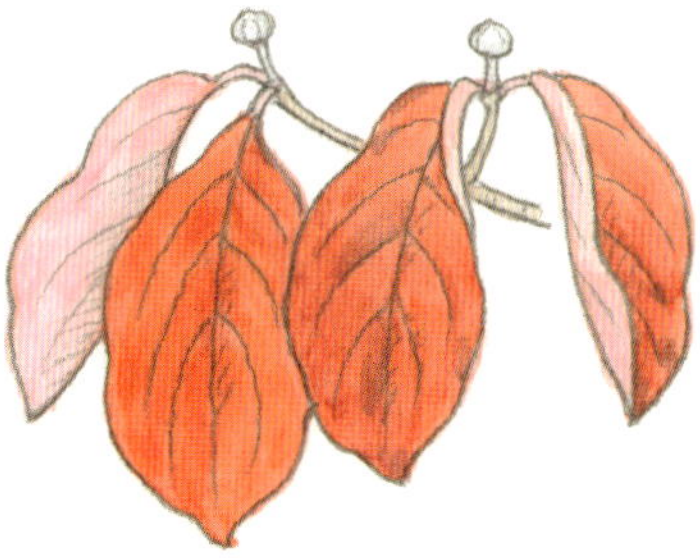

ハナミズキ（こい赤《あか》）

イチョウ（黄色《きいろ》）

コナラ（赤《あか》や黄色《きいろ》、または茶色《ちゃいろ》）

ドウダンツツジ（ふかみのある赤《あか》）

緑《みどり》から、赤《あか》や黄色《きいろ》へ

もともとは緑色《みどりいろ》の葉《は》が、秋《あき》のおわりに、あざやかに色《いろ》づく木《き》がある。イチョウやモミジなど、秋《あき》に葉《は》を落《お》とす落葉樹《らくようじゅ》（くわしくは76ページ）のなかまだ。

葉《は》のなかには、葉緑素《ようりょくそ》という小《ちい》さな緑《みどり》の粒《つぶ》があり、光《ひかり》をあびて、でん粉《ぷん》という栄養分《えいようぶん》をつくりだしている。でん粉《ぷん》は、枝《えだ》や幹《みき》や根《ね》まで、どんどんおくられる。

冬《ふゆ》がちかづき、朝晩《あさばん》の気温《きおん》がひくくなると、そのはたらきはとまる。でん粉《ぷん》と葉緑素《ようりょくそ》は分解《ぶんかい》され、葉《は》の色《いろ》が赤《あか》や黄色《きいろ》に変化《へんか》する。

園芸植物《えんげいしょくぶつ》には、葉《は》の一部《いちぶ》が、はじめから白《しろ》や黄色《きいろ》、赤《あか》などに変化《へんか》している種類《しゅるい》がある。このような葉《は》は、「ふいり」とよばれ、花《はな》のように色《いろ》あざやかな種類《しゅるい》も多《おお》い。

果実《かじつ》の種類《しゅるい》

花《はな》をさかせる植物《しょくぶつ》は、そのあとに果実《かじつ》（実《み》）ができる。果実《かじつ》は、なかに種子《しゅし》をふくんでいる。子孫《しそん》をのこすために、なくてはならない、たいせつなものだ。

リンゴの場合《ばあい》

ひとつの花《はな》が、ひとつの大《おお》きな果《か》実《じつ》になる。じゅくしていくと、重《おも》さで上下《じょうげ》がぎゃくになる。ナシやカキ、ミカンなどもおなじ。

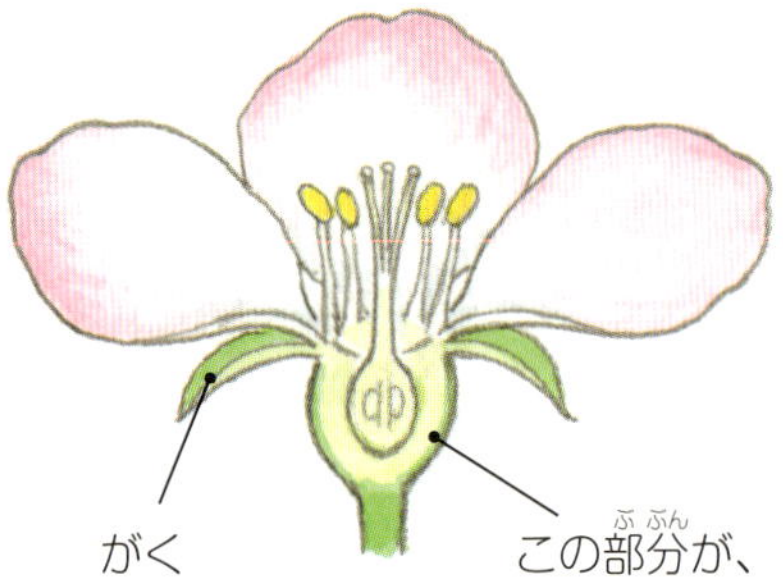
がく
この部分《ぶぶん》が、ふくらむ。

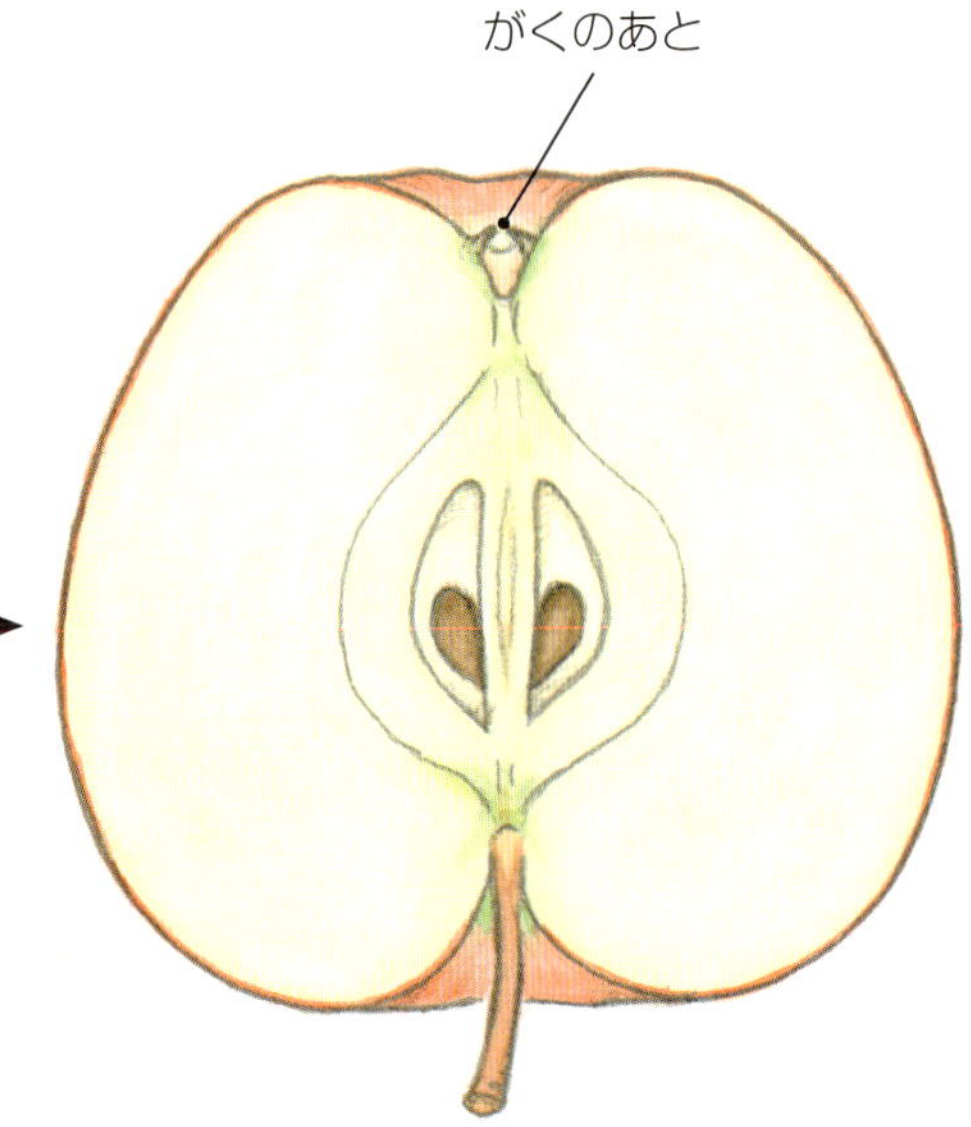
がくのあと

イチジクの場合《ばあい》

うちがわについている小《ちい》さなつぶつぶの、ひとつひとつが花《はな》。花《はな》のかたまり全体《ぜんたい》がふくらんで、ひとつの果実《かじつ》のようになっている。

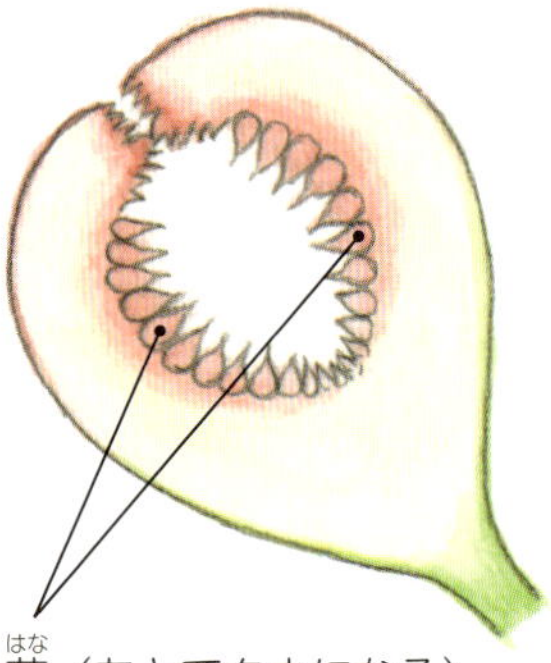
花《はな》（あとでタネになる）

ラズベリーの場合《ばあい》

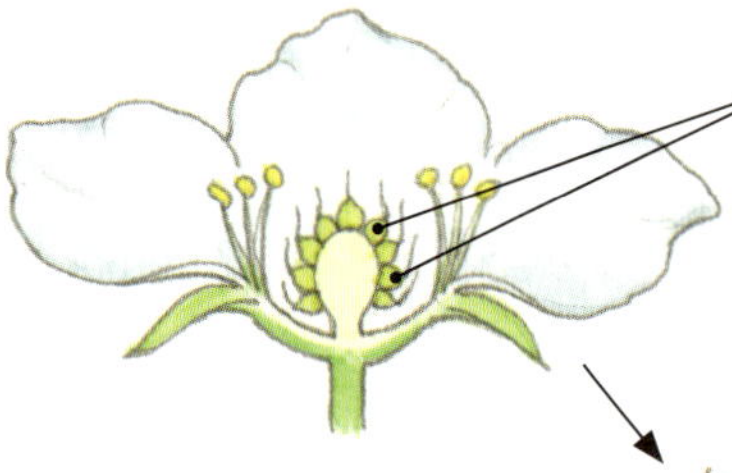
この部分《ぶぶん》が、ふくらむ。

多《おお》くのつぶつぶ（果《か》実《じつ》）があつまって、ひとつの果実《かじつ》のように見《み》えている。ブラックベリーや、クワの実《み》などもおなじ。

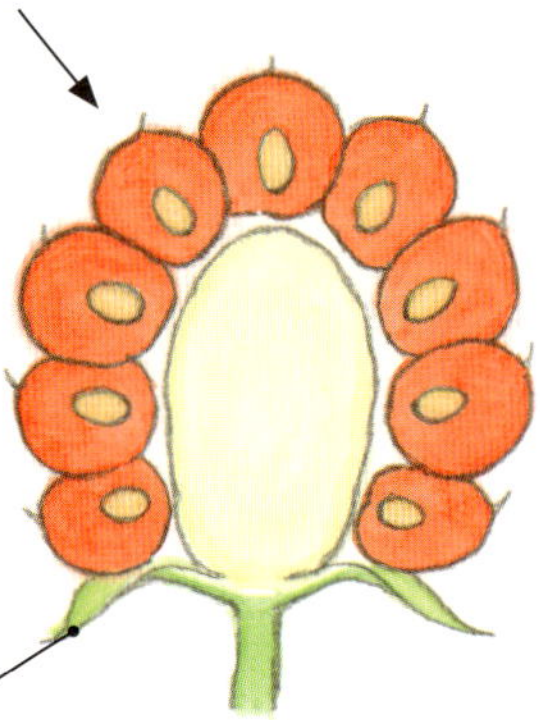
がく

果実《かじつ》とくだものは、ちがう

果実《かじつ》はくだものと、まったくおなじではない。果実《かじつ》のなかで、みずみずしくておいしいものが、くだものとよばれている。

リンゴやナシ、ミカンなどは、ひとつのかたまりが1個《こ》の果実《かじつ》だ。なかには、たくさんの果実《かじつ》があつまって、1個《こ》に見《み》えているくだものもある。ラズベリーやブラックベリーなど、木《き》イチゴのなかまや、クワの実《み》がそう。でこぼこしたひとつひとつに、小《ちい》さな種子《しゅし》がはいっている。

イチジクはとてもかわっていて、まるいかたまりのうちがわに、たくさんの花《はな》がつく。ひとつひとつは、とても花《はな》には見《み》えないほど小《ちい》さい。そのかたまり全体《ぜんたい》がふくらんで、ひとつの果実《かじつ》になっている。

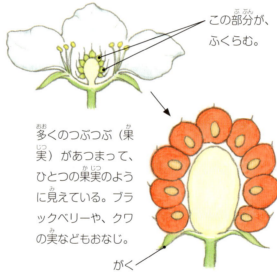

世界《せかい》のびっくり果実《かじつ》

ふしぎなかたちや、きみょうなかたちにも、意味《いみ》がある。

バンクシア（オーストラリア）

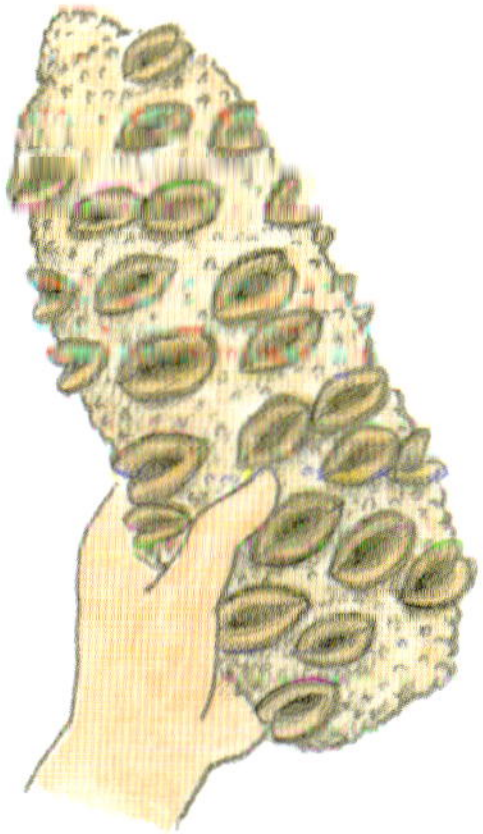

石《いし》のようにかたい。森《もり》で火事《かじ》がおこって果実《かじつ》がやけると、目《め》のような部分《ぶぶん》が開《ひら》き、種子《しゅし》を落《お》とす。木《き》はもえてしまっても、種子《しゅし》から新《あたら》しい命《いのち》が芽《め》ぶく。

ジャックフルーツ（熱帯《ねったい》アジア）

世界一大《せかいいちおお》きい果実《かじつ》。重《おも》さ50キログラムにたっすることもある。あまみがあり、おいしい。

太《ふと》い幹《みき》に直接《ちょくせつ》みのるので、果実《かじつ》が重《おも》くても、おれることはない。

人《ひと》にはもちあげられないほど、大《おお》きい実《み》もある。

ライオンゴロシ（アフリカ）

するどいかぎづめがある。これが口《くち》についてしまったライオンは、いたみでえさを食《た》べられなくなり、死《し》んでしまうこともあるという。大《おお》きさは10センチ前後《ぜんご》。

サラッカヤシ（熱帯《ねったい》アジア）

表面《ひょうめん》がうろこのようで、英語《えいご》の名《な》まえはスネークフルーツ（ヘビの果実《かじつ》）。アルマジロという動物《どうぶつ》ににている。皮《かわ》をむくと食《た》べられる。

アルマジロ

大《おお》きさは、てのひらにのるくらい。

ツノゴマ（北《きた》アメリカ南部《なんぶ》）

英語《えいご》の名《な》まえはデビルズ・クロウ（悪魔《あくま》のツメ）。とがったツメのような部分《ぶぶん》で、動物《どうぶつ》の毛《け》にからみつき、遠《とお》くまではこばれる。長《なが》さは10～15センチ。

世界《せかい》のびっくり果実《かじつ》

果実《かじつ》は、みずみずしいものだけではない。もみがついたままのイネや、なかに豆《まめ》がはいっているさやも果実《かじつ》だし、まつぼっくりや、綿毛《わたげ》のついたタンポポの「タネ」も、じつは果実《かじつ》だ。

生《い》きものの食《た》べものになる果実《かじつ》は多《おお》い。果実《かじつ》によっては、まるごと食《た》べられ、移動《いどう》した先《さき》で、ふんにまじって種子《しゅし》がまかれる。

世界《せかい》には、さわったらケガをしそうな果実《かじつ》や、動物《どうぶつ》ににている果《か》実《じつ》、楽《たの》しいかたちや、なんだかモンスターみたいでぎょっとするかたちの果実《かじつ》もある。

その場所《ばしょ》の気候《きこう》や、動物《どうぶつ》とのかかわりなどから、長《なが》い長い時間《じかん》をかけ、ふしぎなかたちや、おもしろいかたちがうまれてきた。

木《き》と草《くさ》のちがい

木《き》と草《くさ》のちがいはなんだろう。人《ひと》の背《せ》たけより高《たか》くなる草《くさ》もあれば、地面《じめん》にはうようにのびる小《ちい》さな木《き》もある。かんたんに、大《おお》きさでわけることはできない。

世界一高い木《せかいいちたかいき》

セコイヤ

アメリカのカリフォルニア州《しゅう》にあるヒノキのなかま。約《やく》115メートルの木《き》が見《み》つかっている。

世界一太い木《せかいいちふとき》

メキシコラクウショウ

メキシコのオアハカ州《しゅう》の町《まち》なかにあるスギのなかま。教会《きょうかい》の庭《にわ》に、はえている。幹《みき》の直径《ちょっけい》11メートル以上《いじょう》、幹《みき》まわり36メートル以上《いじょう》。

小《ちい》さくても木《き》

チングルマ

高山《こうざん》にはえる高《たか》さ10～20センチの小《ちい》さな木《き》。幹《みき》がマッチ棒《ぼう》の太《ふと》さになるのに、10年《ねん》くらいかかるといわれている。

世界一長生きな木《せかいいちながいき》

イガゴヨウ

アメリカのカリフォルニア州《しゅう》にあるマツのなかま。標高《ひょうこう》3000メートルくらいの高《たか》い山《やま》にはえている。約《やく》5000歳《さい》の木《き》が見《み》つかっている。

年輪《ねんりん》

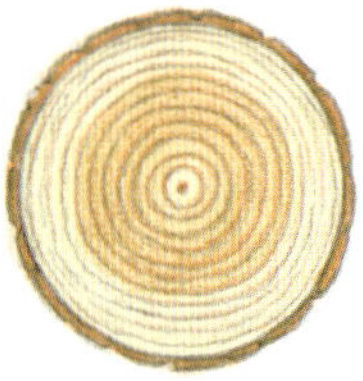

木《き》の幹《みき》を、真横《まよこ》に切《き》ったところ。1年《ねん》に1本《ぽん》ずつ年輪《ねんりん》ができる。熱帯《ねったい》の木《き》や、ヤシのなかまには、年輪《ねんりん》ができない種類《しゅるい》もある。

長生《ながい》きの木《き》、大《おお》きな木《き》

木《き》はかたい。何十年《なんじゅうねん》も、ときには何千年《なんぜんねん》も生《い》きる。幹《みき》を横《よこ》に切《き》るとあらわれる年輪《ねんりん》は、1年《ねん》に1本《ぽん》ずつふえる。草《くさ》に年輪《ねんりん》はない。

現在《げんざい》わかっている世界一長生《せかいいちながい》きな木《き》は、約《やく》5000歳《さい》だ。

世界一太《せかいいちふと》い木《き》は、直径《ちょっけい》11メートル以上《いじょう》、幹《みき》まわりは36メートル以《い》上《じょう》。枝《えだ》は、さらに大《おお》きくひろがっている。もしこの木《き》が学校《がっこう》にあったら、1本《ぽん》で校庭《こうてい》がいっぱいになってしまうだろう。

世界一高《せかいいちたか》い木《き》は、約《やく》115メートル。ビルでいうと、30階《かい》くらいの高《たか》さになる。過去《かこ》には、もっと高《たか》い木《き》の記録《きろく》ものこされている。

小《ちい》さな小《ちい》さな木《き》もある。チングルマは高《たか》さ10センチくらいだが、何十年《なんじゅうねん》も生《い》きるりっぱな木《き》だ。

木《き》のように大《おお》きな草《くさ》

人《ひと》の背《せ》たけよりはるかに高《たか》くそだつ草《くさ》も、けっこうある。でも、木《き》のようにはかたくならず、材木《ざいもく》にもならない。

ジャイアント・セネシオ

タンザニア、キリマンジャロ山《さん》などにはえているキクのなかま。高《たか》さ5メートル以上《いじょう》。かれた葉《は》が落《お》ちずにのこり、茎《くき》がコートを着《き》たようになる。

バナナ

世界《せかい》じゅうのあつい地域《ちいき》でさいばいされている。高《たか》さは2〜10メートル。花《はな》がさき、実《み》がなると、茎《くき》はかれてしまう。

幹《みき》のような部分《ぶぶん》をナイフで切《き》ると、葉《は》の根《ね》もとが重《かさ》なって、できていることがわかる。

タケは木《き》より草《くさ》にちかい

タケはかたく、かごなど、さまざまな道具《どうぐ》の材料《ざいりょう》にされるが、木《き》ではない。木《き》とちがって数十年《すうじゅうねん》に一度《いちど》花《はな》がさくと、林全体《はやしぜんたい》が、かれてしまう。

たてにわったところ。20センチおきくらいに、節《ふし》でしきられている。

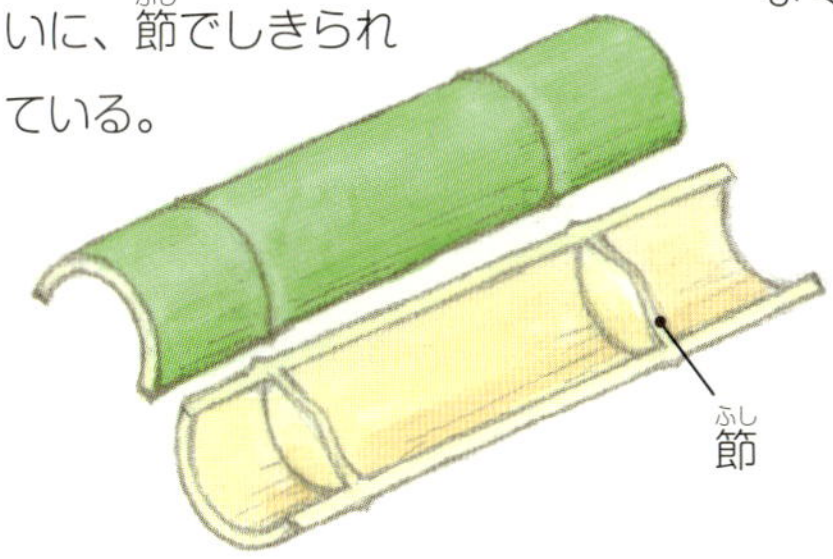

横《よこ》に切《き》ったところ。年輪《ねんりん》はなく、なかは空洞《くうどう》。

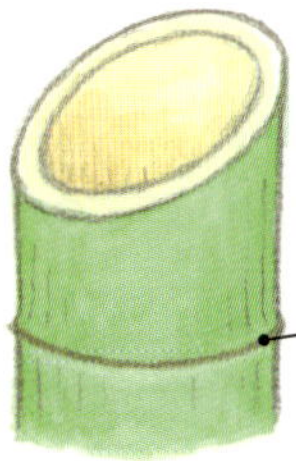

モウソウチク

代表的《だいひょうてき》なタケのひとつ。高《たか》さ25メートルになる。春《はる》、地面《じめん》にでたばかりのわかいタケが、タケノコ。

タケは木《き》か草《くさ》か

草《くさ》は、木《き》のようにかたくならない。タネから芽《め》がでて、花《はな》をさかせたあと、かれてしまうグループ（一年草《いちねんそう》）と、花《はな》をさかせても、何年《なんねん》も生《い》きるグループ（多年草《たねんそう》）にわけられる。木《き》のように、何百《なんびゃく》年《ねん》も生《い》きつづけることはない。

いっぱんに草《くさ》は木《き》より小《ちい》さいが、かなり大《おお》きい草《くさ》もある。バナナは高《たか》さが2メートルをこえ、木《き》のように見《み》えるが、実際《じっさい》には草《くさ》。幹《みき》のような部分《ぶぶん》は、葉《は》のつけ根《ね》が、重《かさ》なりあってできている。実《み》がなったあと、かれてしまう。

タケは木《き》のようにかたいが、うちがわが空洞《くうどう》で年輪《ねんりん》はない。木《き》はそだちつづけるが、タケは一定《いってい》の大《おお》きさになると、それ以上《いじょう》のびない。木《き》より草《くさ》にちかい存在《そんざい》だ。

葉《は》のかたちとつきかた

花《はな》にさまざまなかたちがあるように、葉《は》のかたちやつきかたも、千差万別《せんさばんべつ》だ。身近《みぢか》な草《くさ》や木《き》の葉《は》をあつめたら、ちがったかたちが、何種類《なんしゅるい》見《み》つかるだろう。

単葉《たんよう》のいろいろ

草《くさ》も木《き》も、葉《は》のかたちや大《おお》きさはさまざまだ。

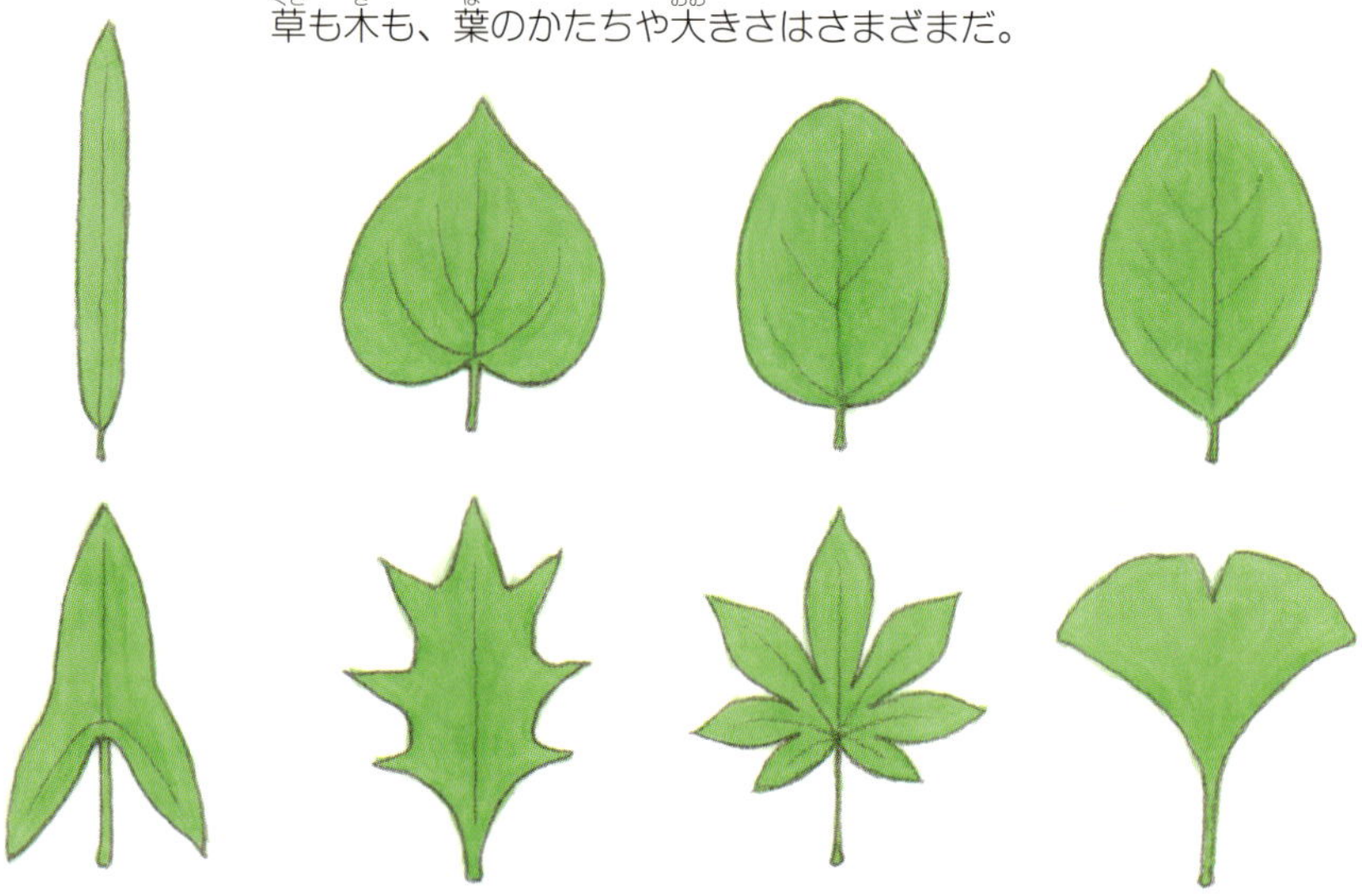

複葉《ふくよう》のいろいろ

細《こま》かくわかれていても、全体《ぜんたい》で1枚《まい》の葉《は》。

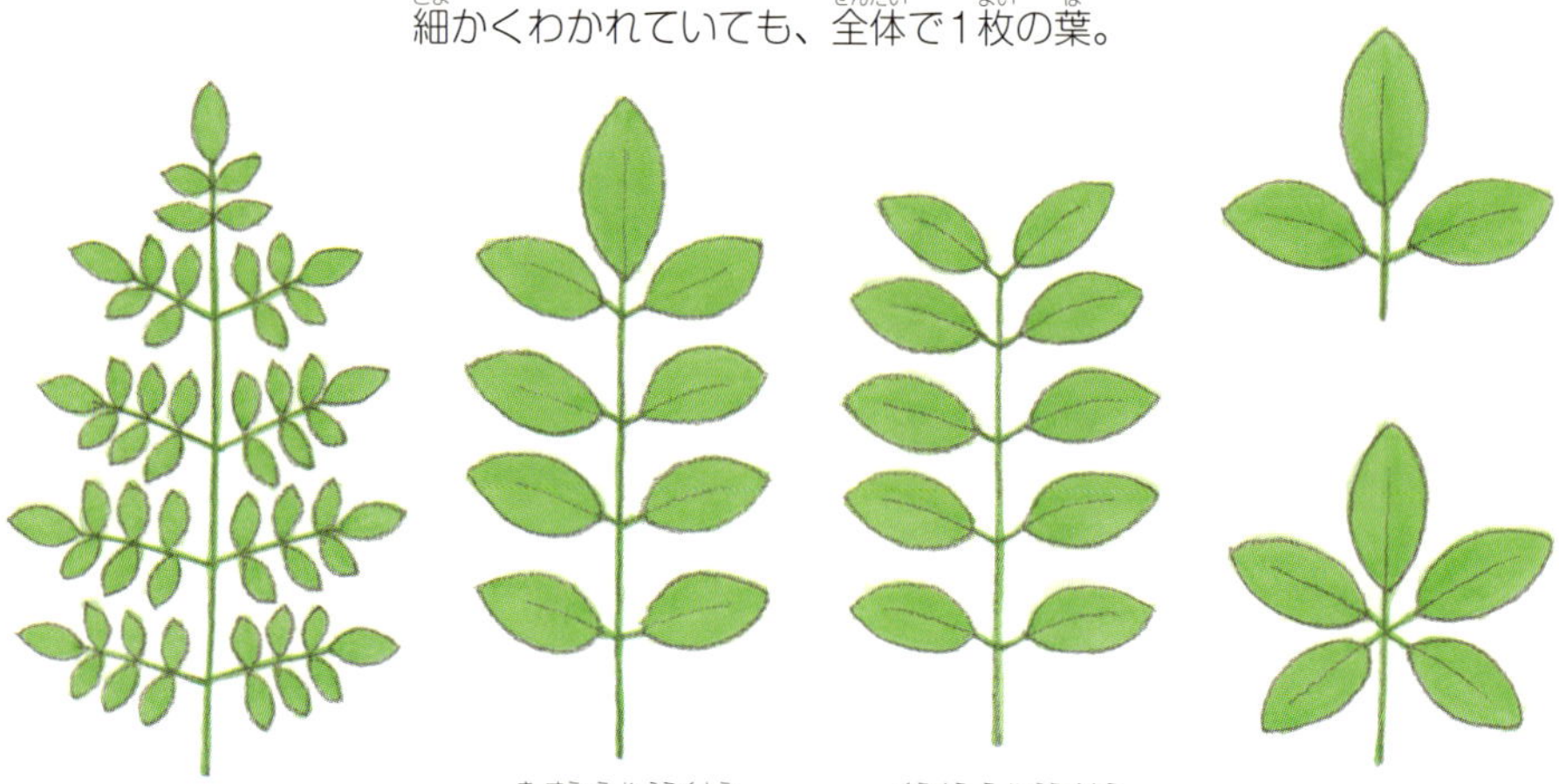

奇数羽状複葉《きすううじょうふくよう》　偶数羽状複葉《ぐうすううじょうふくよう》

このページで紹介《しょうかい》した葉形《はがた》は、ごく一部《いちぶ》。ほかにもいろんな葉形《はがた》がある。

葉《は》のかたち、いろいろ

葉《は》には、大《おお》きくわけて、単葉《たんよう》と複葉《ふくよう》がある。単葉《たんよう》は、すぐ1枚《まい》の葉《は》とわかるが、複葉《ふくよう》は、1枚《まい》の葉《は》でありながら、小《ちい》さな葉《は》（小葉《しょうよう》）があつまってできている。

単葉《たんよう》は、中央《ちゅうおう》がふくらみ、先《さき》がとがったかたちがもっとも多《おお》い。てのひらのような葉《は》や、おうぎをひろげたような葉《は》、ハート形《がた》や、線《せん》のように細《ほそ》い葉《は》もある。

複葉《ふくよう》も、小葉《しょうよう》が数枚《すうまい》のものから、かぞえきれないほどついている複《ふく》雑《ざつ》なかたちまで、さまざまだ。

よく見《み》ると、葉《は》のふちも、かなりちがう。ギザギザがあったり、なめらかだったり、とげのようにとがっていたり、波形《はけい》だったり、切《き》れこんでいたりする。あつめてくらべてみよう。

葉《は》のつきかた（ヒマワリ）

植物《しょくぶつ》の葉《は》は、すべてに光《ひかり》があたりやすいように、具合《ぐあい》よくならんでいる。

横《よこ》から見《み》たところ

上《うえ》から見《み》たところ

葉《は》のつきかた

茎《くき》や枝《えだ》に、どのように葉《は》がつくかによって、いくつかのタイプにわけられる。

ロゼット
地際《じぎわ》から四方八方《しほうはっぽう》に葉《は》がでる。

輪生《りんせい》
3枚以上《まいいじょう》の葉《は》が、輪《わ》のようにつく。

互生《ごせい》
葉《は》はたがいちがいにつく。

対生《たいせい》
葉《は》はむかいあわせにつく。

茎《くき》をだく
葉《は》が茎《くき》をかかえこむようにつく。

つきぬき
葉《は》の中央《ちゅうおう》に茎《くき》がつきぬけるようにつく。

葉《は》のつきかた、いろいろ

葉《は》は、枝《えだ》や茎《くき》についている。そのつきかたには、いくつかの種類《しゅるい》がある。

2枚《まい》ずつ、むきあったつきかたを対生《たいせい》、たがいちがいのつきかたを互生《ごせい》、3枚以上《まいいじょう》の葉《は》が、茎《くき》や枝《えだ》の1かしょをかこんでつくつきかたを、輪生《りんせい》という。

また、タンポポのように、地面《じめん》から直接《ちょくせつ》、四方八方《しほうはっぽう》にむかってでるような葉《は》のでかたを、ロゼットという。

葉《は》の中心《ちゅうしん》を茎《くき》がつきぬけるようなかわったつきかたや、茎《くき》をかかえこむような、つきかたもある。

つきかたはいろいろだが、真上《まうえ》から見《み》ると、すべての葉《は》にまんべんなく光《ひかり》があたるしくみになっていることが、よくわかる。

常緑樹《じょうりょくじゅ》と落葉樹《らくようじゅ》

木《き》にはふたつのタイプがある。1年《ねん》じゅう緑《みどり》の葉《は》をつけている常緑樹《じょうりょくじゅ》と、1年《ねん》のうちのきまった時期《じき》に、葉《は》をすべて落《お》として、はだか木《ぎ》になる落葉樹《らくようじゅ》だ。

さむい地方《ちほう》の常緑樹《じょうりょくじゅ》

葉《は》が線《せん》のように細《ほそ》い針葉樹《しんようじゅ》が多《おお》い。

ウラジロモミ
本州《ほんしゅう》や四国《しこく》の山《やま》にはえる。高《たか》さは20～35メートル。葉《は》の長《なが》さは約《やく》1センチ。葉《は》のうらが白《しろ》い。

コメツガ
本州《ほんしゅう》、四国《しこく》、九州《きゅうしゅう》の高《たか》い山《やま》にはえる。高《たか》さは20～30メートルになる。葉《は》の長《なが》さは約《やく》1センチ。幅《はば》は約《やく》2ミリ。

エゾマツ
北海道《ほっかいどう》の山《やま》にはえる。針《はり》のような葉《は》がびっしりつく。高《たか》さは25メートル以上《いじょう》になる。葉《は》の長《なが》さは1～2センチ。

あたたかい地方《ちほう》の常緑樹《じょうりょくじゅ》

葉《は》がたいらで、つやがある照葉樹《しょうようじゅ》が多《おお》い。

ヤマモモ
本州《ほんしゅう》のあたたかい地域《ちいき》、四国《しこく》、九州《きゅうしゅう》、沖縄《おきなわ》にはえる。高《たか》さは5～10メートル。果実《かじつ》は食《た》べられる。葉《は》の長《なが》さは4～8センチ。

ユズリハ
本州《ほんしゅう》、四国《しこく》、九州《きゅうしゅう》、沖縄《おきなわ》にはえる。高《たか》さ10～15メートル。春《はる》に新《あたら》しい葉《は》がでてから、古《ふる》い葉《は》が落《お》ちる。葉《は》の長《なが》さは5～12センチ。

クスノキ
本州《ほんしゅう》、四国《しこく》、九州《きゅうしゅう》のあたたかい地域《ちいき》にはえる。高《たか》さ20メートル以上《いじょう》になる。葉《は》の長《なが》さは6～11センチ。葉《は》にはかおりがある。

常緑樹《じょうりょくじゅ》

常緑樹《じょうりょくじゅ》は、1年《ねん》じゅう、緑《みどり》の葉《は》でおおわれている。ひとくちに常緑樹《じょうりょくじゅ》といっても、あたたかい地域《ちいき》とさむい地域《ちいき》とでは、種類《しゅるい》に大《おお》きなちがいがある。

北国《きたぐに》や高《たか》い山《やま》など、さむいところには、葉《は》のかたちが線《せん》のように細《ほそ》い常緑樹《じょうりょくじゅ》（針葉樹《しんようじゅ》）が多《おお》い。あたたかい地域《ちいき》では、葉《は》がひらたくて、つやがある常緑樹《じょうりょくじゅ》（照葉樹《しょうようじゅ》）が、よく見《み》られる。

常緑樹《じょうりょくじゅ》は、おなじ葉《は》がずっとついているわけではない。枝《えだ》から新《あたら》しい芽《め》がでてくると、1年《ねん》から数《すう》年《ねん》たった古《ふる》い葉《は》から、じょじょに落《お》ちて、新《あたら》しい葉《は》にいれかわる。

でも、すべての葉《は》がいっぺんになくなることはないので、つねに緑《みどり》がたもたれている。

日本《にほん》の落葉樹《らくようじゅ》

秋《あき》のおわりに葉《は》が色《いろ》づき、1枚《まい》のこらず、ちってしまう。

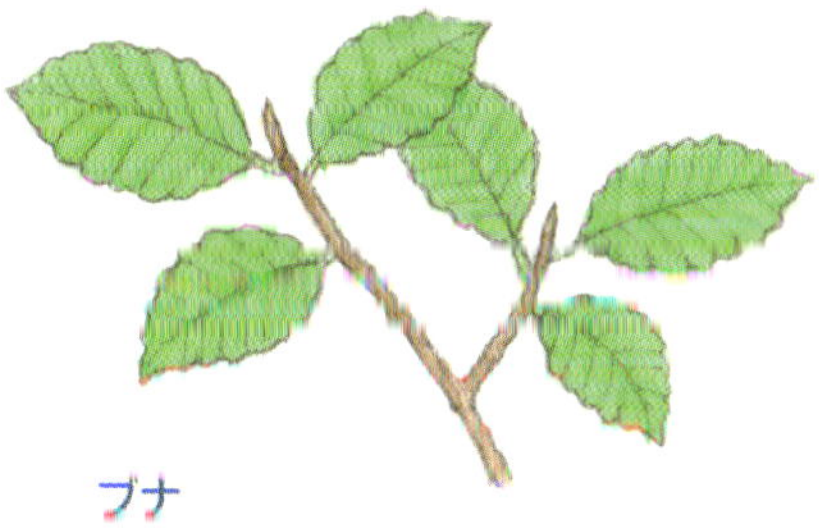

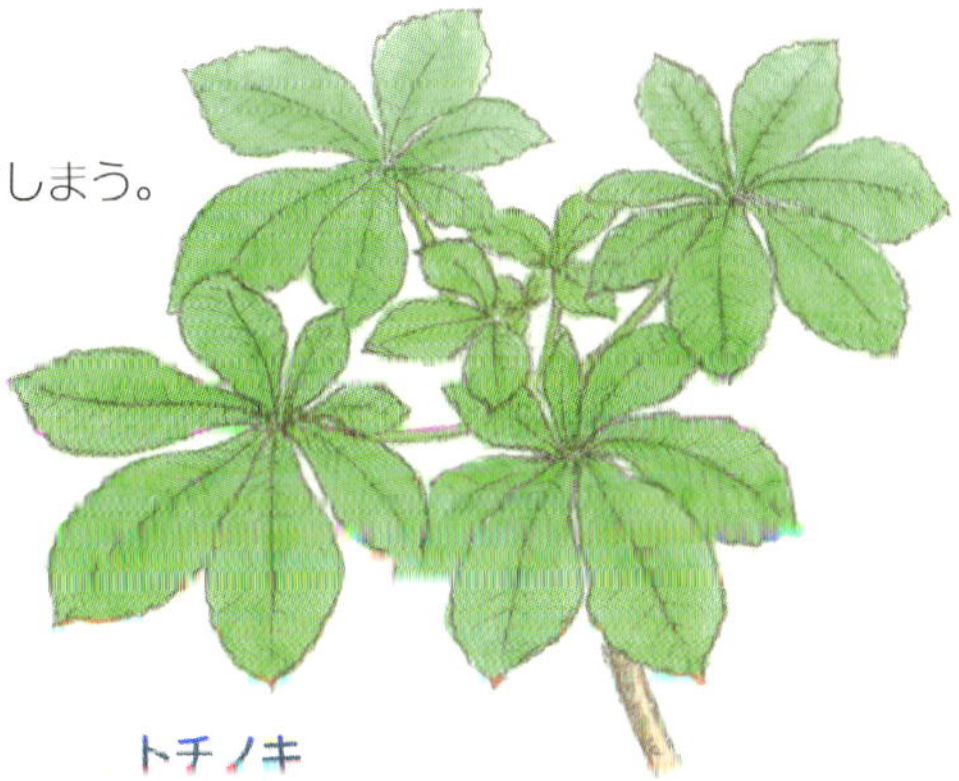

ケヤキ
本州《ほんしゅう》、四国《しこく》、九州《きゅうしゅう》にはえる。高さは約25メートル。並木などにも、よくつかわれる。葉《は》の長《なが》さは3～14センチ。

ブナ
北海道《ほっかいどう》、本州《ほんしゅう》、四国《しこく》、九州《きゅうしゅう》のさむい地方では平地に、あたたかい地方では山《やま》にはえる。高《たか》さは20～30メートル。葉《は》の長《なが》さは5～10センチ。

トチノキ
北海道《ほっかいどう》、本州《ほんしゅう》、四国《しこく》、九州《きゅうしゅう》の山《やま》にはえる。沢《さわ》のながれの近《ちか》くに多《おお》い。高《たか》さは20～30メートル。小葉《しょうよう》の長《なが》さは15～40センチ。

あつい地域《ちいき》の落葉樹《らくようじゅ》

雨《あめ》の少《すく》ない季節《きせつ》（乾季《かんき》）になると、葉《は》を落《お》とす種類《しゅるい》が多《おお》い。

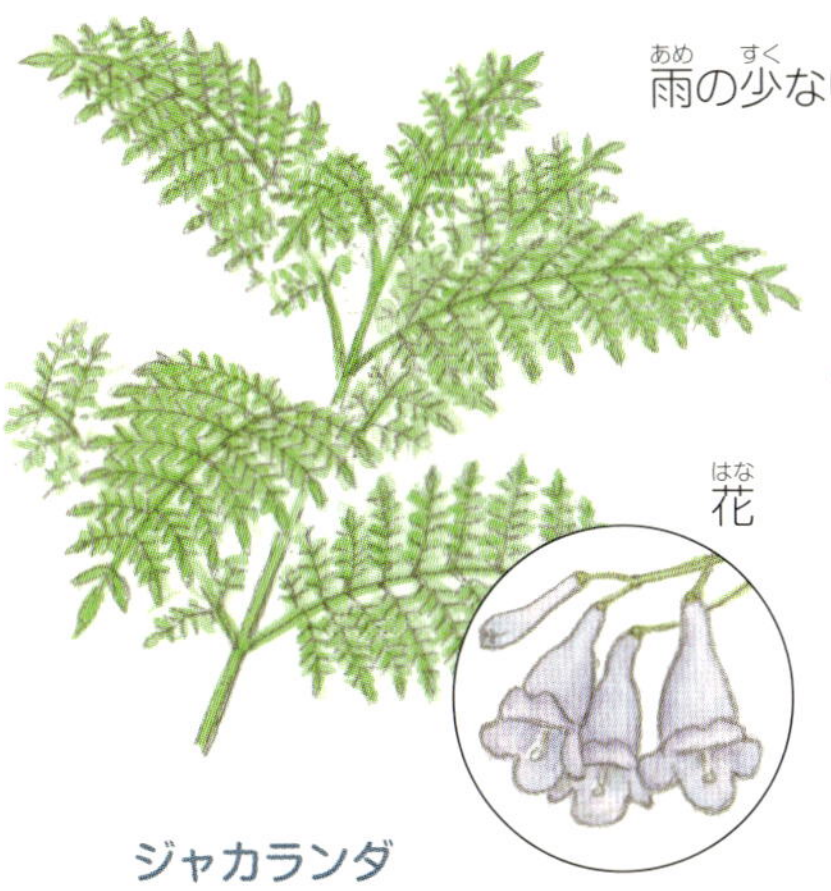

花《はな》

花《はな》

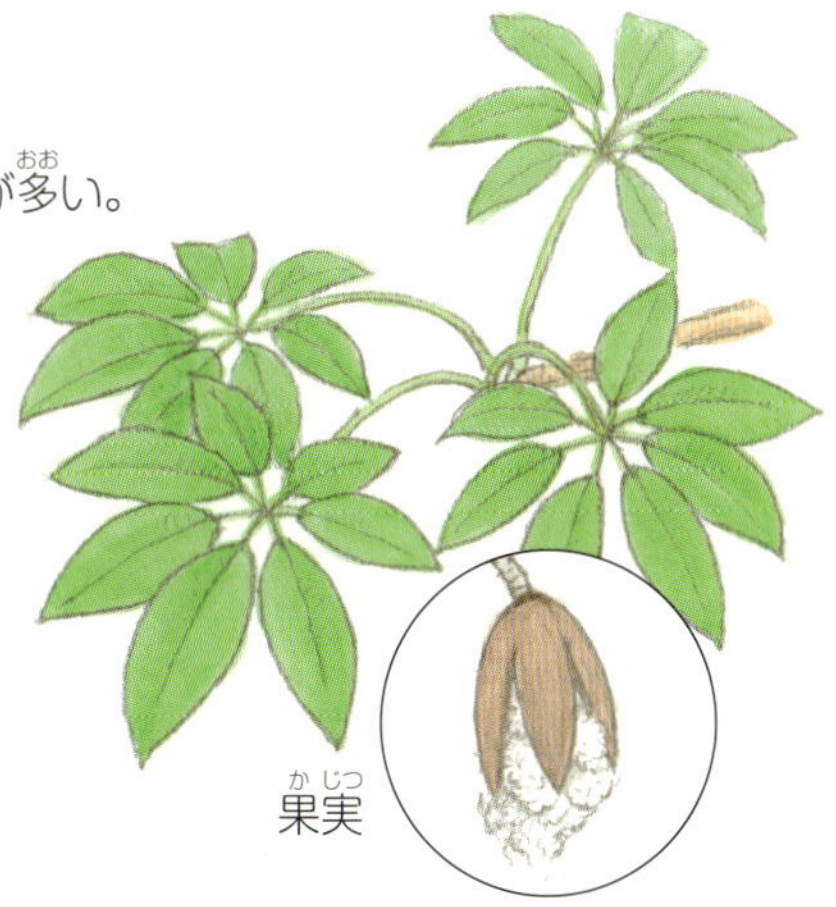

果実《かじつ》

ジャカランダ
南《みなみ》アメリカの熱帯地域《ねったいちいき》にはえる。高《たか》さは10～30メートルになる。花《はな》がきれいで、世界《せかい》じゅうのあたたかい地域《ちいき》で、並木《なみき》につかわれる。葉《は》の長《なが》さは20～40センチ。

デイゴ
アジアの熱帯地域《ねったいちいき》にはえる豆《まめ》のなかま。高《たか》さは10～20メートル。花《はな》がきれいで、世界《せかい》じゅ うのあたたかい地域《ちいき》で並木《なみき》につかわれる。小葉《しょうよう》の長《なが》さは5～15センチ。

キワタノキ（パンヤ）
アジアの熱帯地域《ねったいちいき》にはえる。果実《かじつ》の綿毛《わたげ》は、クッションのつめものなどに利用《りよう》される。高《たか》さは10～30メートル。小葉《しょうよう》の長《なが》さは10～20センチ。

落葉樹《らくようじゅ》

身近《みぢか》にある多《おお》くの落葉樹《らくようじゅ》は、さむくなるといっせいに色《いろ》づき、葉《は》を落《お》とす。冬《ふゆ》のあいだは、はだか木《ぎ》ですごし、春《はる》に芽《め》ぶいて新《あたら》しい葉《は》をのばす。1年《ねん》ごとに、これをくりかえす。

でも世界《せかい》には、日本《にほん》のようにはっきりした春夏秋冬《しゅんかしゅうとう》がなかったり、さむい時期《じき》のなかったりする地域《ちいき》もある。そのような場所《ばしょ》にも、落葉樹《らくようじゅ》は見《み》られる。なにをきっかけに、葉《は》を落《お》とすのだろう。

1年《ねん》じゅう気温《きおん》が高《たか》い熱帯《ねったい》や亜《あ》熱帯地域《ねったいちいき》では、雨《あめ》が多《おお》くふりやすい季節《きせつ》（雨季《うき》）と、ほとんどふらない季節《きせつ》（乾季《かんき》）にわかれていることが多《おお》い。落葉樹《らくようじゅ》は、乾季《かんき》になると葉《は》を落《お》とし、雨季《うき》がはじまるとふたたび芽《め》ぶく。

タケとササ

タケとササは、よくにている。大《おお》きさでは、区別《くべつ》できない。そのちがいはなんだろう。

ササのなかま

成長《せいちょう》しても、新芽《しんめ》の皮《かわ》がはがれず、いつまでものこっている。小《ちい》さい種類《しゅるい》が多《おお》いが、7～8メートルになる種類《しゅるい》もある。

メダケ

高《たか》さ3～8メートル、太《ふと》さ1～3センチになる。「タケ」の名《な》がつくが、ササのなかま。笛《ふえ》や、筆《ふで》の軸《じく》などの材料《ざいりょう》となる。

クマザサ

高《たか》さ1～2メートル。葉《は》が大《おお》きく、長《なが》さ20センチ、幅《はば》4～5センチになる。冬《ふゆ》になると葉《は》のふちがかれ、ふちどりをしたようになる。

タケのなかま

新芽《しんめ》の皮《かわ》がすぐにはがれ落《お》ち、表面《ひょうめん》がつるつるになる。大《おお》きい種類《しゅるい》が多《おお》いが、かなり小《ちい》さい種類《しゅるい》もある。

マダケ

高《たか》さは10～20メートル、太《ふと》さは5～10センチになる。タケノコは梅雨《つゆ》のころにでる。かごなどの材料《ざいりょう》となる。

オカメザサ

高《たか》さ1～1.5メートルと小《ちい》さいので「ササ」の名《な》がついたが、タケのなかま。植《う》えこみなどにつかわれる。

タケとササのちがい

ふつうは、タケは大《おお》きく、ササは小《ちい》さいと思《おも》われている。でも実際《じっさい》には、大《おお》きさではわけられない。高《たか》さが1メートルていどのタケもあれば、7～8メートルに成長《せいちょう》するササもある。

タケやササは、新《あたら》しい芽《め》が地面《じめん》からでるとき、ごわごわした皮《かわ》でおおわれている。種類《しゅるい》によっては、皮《かわ》をむいて、タケノコとして食《た》べられている。

成長《せいちょう》するにつれて、この皮《かわ》がはがれ落《お》ち、かたい表面《ひょうめん》があらわれる種類《しゅるい》と、成長《せいちょう》しても、皮《かわ》がついたままで、のこる種類《しゅるい》とがある。

はがれる種類《しゅるい》がタケのなかま、ついたままの種類《しゅるい》がササのなかまとして区別《くべつ》される。どちらにも、たくさんの種類《しゅるい》がある。

モウソウチクの地下《ちか》のようす

横《よこ》にのびる地下茎《ちかけい》から、タケノコがはえ、つぎつぎにタケに成長《せいちょう》する。モウソウチクの地下茎《ちかけい》は、成長《せいちょう》する力《ちから》がとくに強《つよ》く、どんどん竹林《ちくりん》をひろげていく。

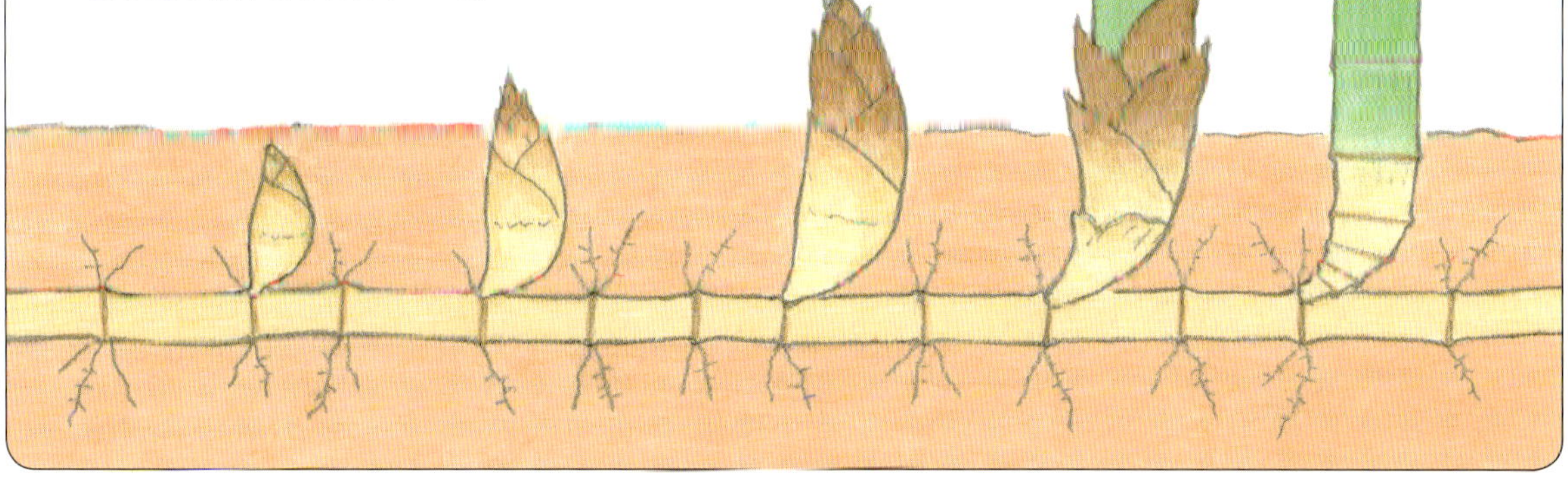

タケでつくられる道具《どうぐ》

くまで（落《お》ち葉《ば》をあつめる道具《どうぐ》）
タケとんぼ
くし
タケばし
かご
せんす
尺八《しゃくはち》（笛《ふえ》）
ざる
タケぼうき

タケやササは役《やく》にたつ

タケやササは、あっというまに成長《せいちょう》する。地下《ちか》から芽《め》がでてから、おとなの大《おお》きさにそだつまで、たいてい数週間《すうしゅうかん》しかかからない。

タケやササは、地面《じめん》の下《した》にある茎《くき》（地下茎《ちかけい》）でつながっている。種類《しゅるい》によっては、地下茎《ちかけい》が四方八《しほうはっ》方《ぽう》にどんどんのびる。とくにモウソウチクは、ひろがる力《ちから》が強《つよ》すぎて、まわりの森《もり》の木《き》を弱《よわ》らすなど、さまざまな問題《もんだい》がおきている。

タケやササは、かごやざる、尺《しゃく》八《はち》、せんす、釣《つ》りざおなど、むかしからさまざまな道具《どうぐ》の材料《ざいりょう》として、かかせない植物《しょくぶつ》だった。

現代《げんだい》では、プラスチックをはじめ、タケにかわる材料《ざいりょう》がたくさんあるため、利用《りよう》されることがへっている。

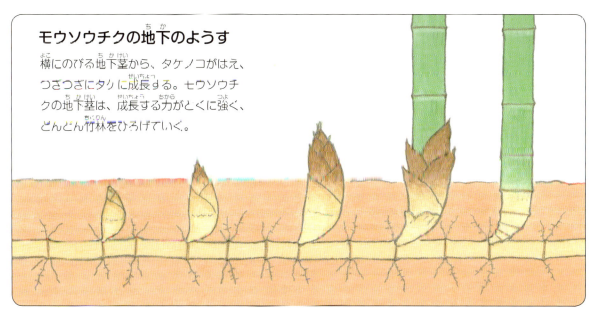

1年《ねん》でかれる草《くさ》〈一年草《いちねんそう》〉

芽《め》がでてから1年以内《ねんいない》にタネをみのらせ、一生《いっしょう》をおえる草《くさ》を、一年草《いちねんそう》という。花壇《かだん》や鉢植《はちう》えでそだてられる草花《くさばな》には、これがけっこう多《おお》い。

春《はる》まき一年草《いちねんそう》のいろいろ

春《はる》にタネをまいてそだてる草花《くさばな》。おなじ種類《しゅるい》でも、花《はな》の色《いろ》やかたちがさまざまで楽《たの》しい。

ホウセンカ

アサガオ

ヒマワリ

コスモス

春《はる》まき一年草《いちねんそう》

春《はる》にタネをまくと、どんどんそだって夏《なつ》から秋《あき》に花《はな》をさかせ、冬《ふゆ》がくるまえにかれる植物《しょくぶつ》を、とくに春《はる》まき一年草《いちねんそう》という。

アサガオやヘチマ、ヒマワリ、ホウセンカ、コスモス、ニチニチソウなどが、このなかま。もともとあつい国《くに》うまれの植物《しょくぶつ》が多《おお》い。

野菜《やさい》では、トマト、ナス、キュウリ、カボチャ、オクラ、インゲンなどがふくまれる。

もともとはえていた地域《ちいき》では、かれずに何年《なんねん》も生《い》きている種類《しゅるい》もある。でも、日本《にほん》では、ほとんどの地域《ちいき》で冬《ふゆ》にかれてしまうため、春《はる》まき一年草《いちねんそう》としてさいばいされている。

春《はる》に芽《め》ぶき、成長《せいちょう》し、秋《あき》になるとかれてしまう野草《やそう》も多《おお》い。

秋《あき》まき一年草《いちねんそう》いろいろ

秋《あき》にタネをまいてそだてる草花《くさばな》。冬《ふゆ》のあいだは小《ちい》さいままだが、春《はる》になるといっきにそだつ。

キンセンカ

ヤグルマギク

スイートピー

ワスレナグサ

秋《あき》まき一年草《いちねんそう》

一年草《いちねんそう》には、秋《あき》にタネをまくと、小《ちい》さな苗《なえ》のまま冬《ふゆ》をこし、よく年《ねん》の春《はる》に大《おお》きくそだって、花《はな》をさかせる種類《しゅるい》もある。たいていは、あつくなるまでにタネをみのらせ、かれてしまう。このような植物《しょくぶつ》を、秋《あき》まき一年草《いちねんそう》という。

パンジーやヤグルマギク、キンセンカ、ワスレナグサ、キンギョソウ、スイートピー、ヒナゲシなどが、このなかま。

野菜《やさい》では、いっぱんにハクサイ、サヤエンドウ、ナバナ、シュンギクなどが、秋《あき》まきだ。冬《ふゆ》に成長《せいちょう》する野菜《やさい》は、さむさにあうことで、あまみが強《つよ》くなるといわれている。

秋《あき》に芽《め》をだし、よく年夏《ねんなつ》ごろまでに花《はな》をさかせてかれる野草《やそう》も、たくさんある。

何年《なんねん》も生《い》きる草《くさ》〈多年草《たねんそう》〉

多年草《たねんそう》には、あるきまった季節《きせつ》には、かれたように見《み》えるタイプと、1年《ねん》じゅう緑《みどり》のタイプとがある。それは、庭《にわ》の植物《しょくぶつ》も野草《やそう》もおなじだ。

冬《ふゆ》に休眠《きゅうみん》する多年草《たねんそう》

冬《ふゆ》のあいだ、地上《ちじょう》にでている部分《ぶぶん》が、かれてしまう多年草《たねんそう》のなかま。地下《ちか》にある根《ね》や茎《くき》は生《い》きている。

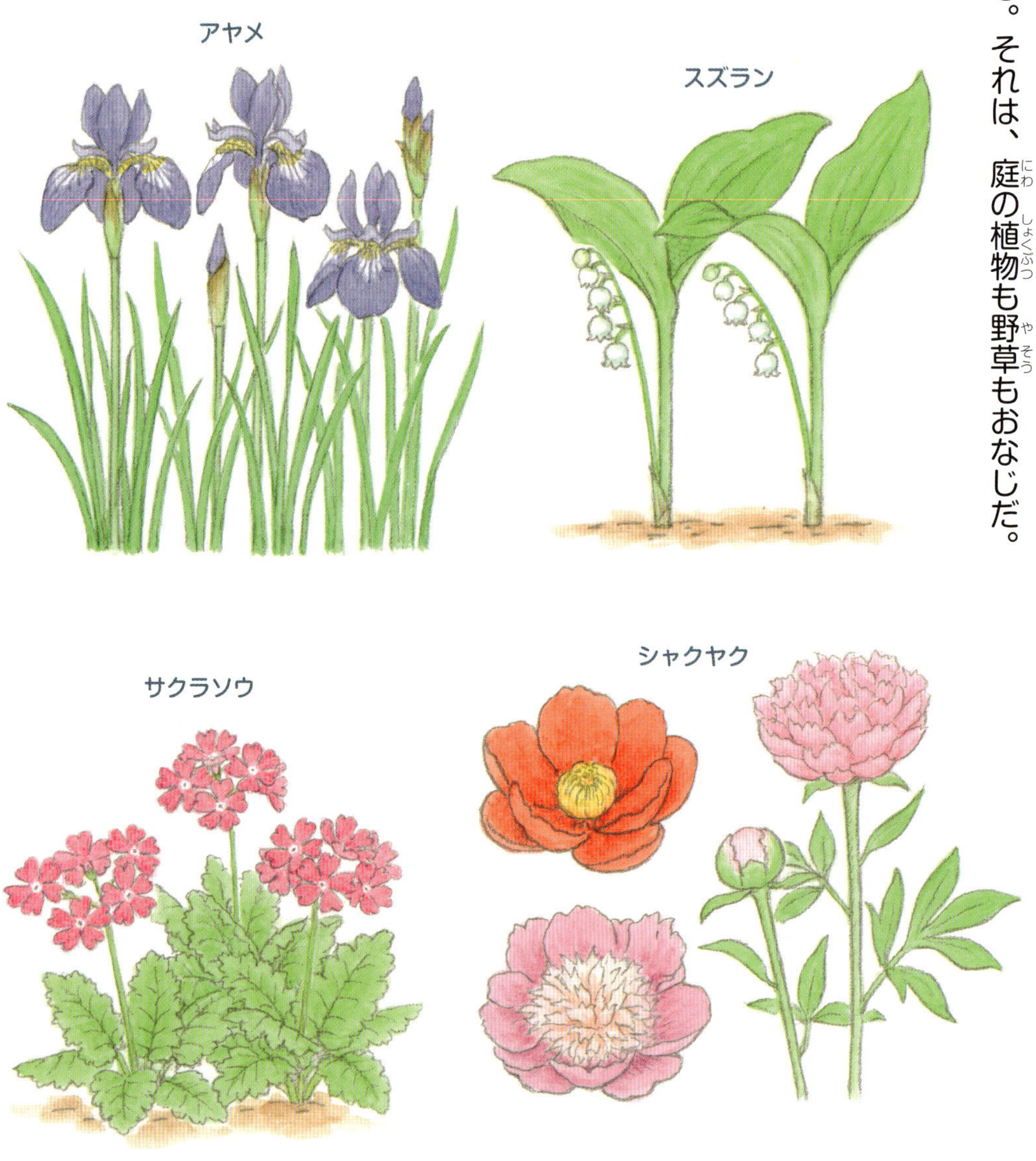
アヤメ
スズラン
サクラソウ
シャクヤク

かれたようでも生《い》きている

一年草《いちねんそう》は、タネをみのらせたあとにかれてしまうが、何年《なんねん》も生《い》きつづける草《くさ》もある。多年草《たねんそう》（または宿根草《しゅっこんそう》）とよばれ、毎年《まいとし》くりかえし花《はな》をさかせ、タネをつける。

多年草《たねんそう》には、1年《ねん》のたいはんは、地上部《ちじょうぶ》がかれているように見《み》える種類《しゅるい》がある。フクジュソウは、まださむい時期《じき》に芽《め》をだして花《はな》をさかせ、すっかりあたたかくなるころには、葉《は》も茎《くき》もかれてしまう（休眠《きゅうみん》という）。でも、地下《ちか》の茎《くき》や根《ね》は生《い》きていて、よく年《ねん》ふたたび芽《め》ぶく。

スズランやシャクヤク、アヤメやサクラソウなども、冬《ふゆ》のあいだは地上《ちじょう》になにもない。でも、地面《じめん》の下《した》では、春《はる》に芽《め》をだす準備《じゅんび》が、ちゃくちゃくとすすんでいる。

1年《ねん》じゅう緑《みどり》の多年草《たねんそう》

花《はな》がさきおわっても、茎《くき》や葉《は》は緑《みどり》のまま。何年《なんねん》も生《い》きつづけて成長《せいちょう》し、茎《くき》の数《かず》をふやしていく。

シャガ

クリスマスローズ

シバザクラ

ツルニチニチソウ

常緑《じょうりょく》の多年草《たねんそう》

1年《ねん》じゅう緑《みどり》をたやさない多年《たねん》草《そう》もある。庭《にわ》や公園《こうえん》でよく見《み》られるクリスマスローズやツルニチニチソウ、シャガ、シバザクラなどは、春《はる》にさく多年草《たねんそう》だが、さきおわっても緑《みどり》のまま生《い》きている。

鉢《はり》植《う》えのシンビジウムやカトレアなどランのなかまや、クンシランやゼラニウムなども、つねに緑《みどり》をたもっている。

もちろん、野草《やそう》にも多年草《たねんそう》はある。セイヨウタンポポ、ドクダミ、オオバコ、セイタカアワダチソウ、ヨモギなどは、道《みち》ばたや、空《あ》き地《ち》などにふえすぎて、よくきらわれる。冬《ふゆ》はかれたように見《み》えるが、夏《なつ》から秋《あき》にかけてはいきおいよくのび、草《くさ》かりを何回《なんかい》しても、すぐに復活《ふっかつ》してしまう。

球根植物《きゅうこんしょくぶつ》

球根《きゅうこん》は、栄養《えいよう》と水分《すいぶん》がつまったタンクのようなもの。茎《くき》や根《ね》の一部《いちぶ》が、変化《へんか》してできている。

アマリリスの場合《ばあい》

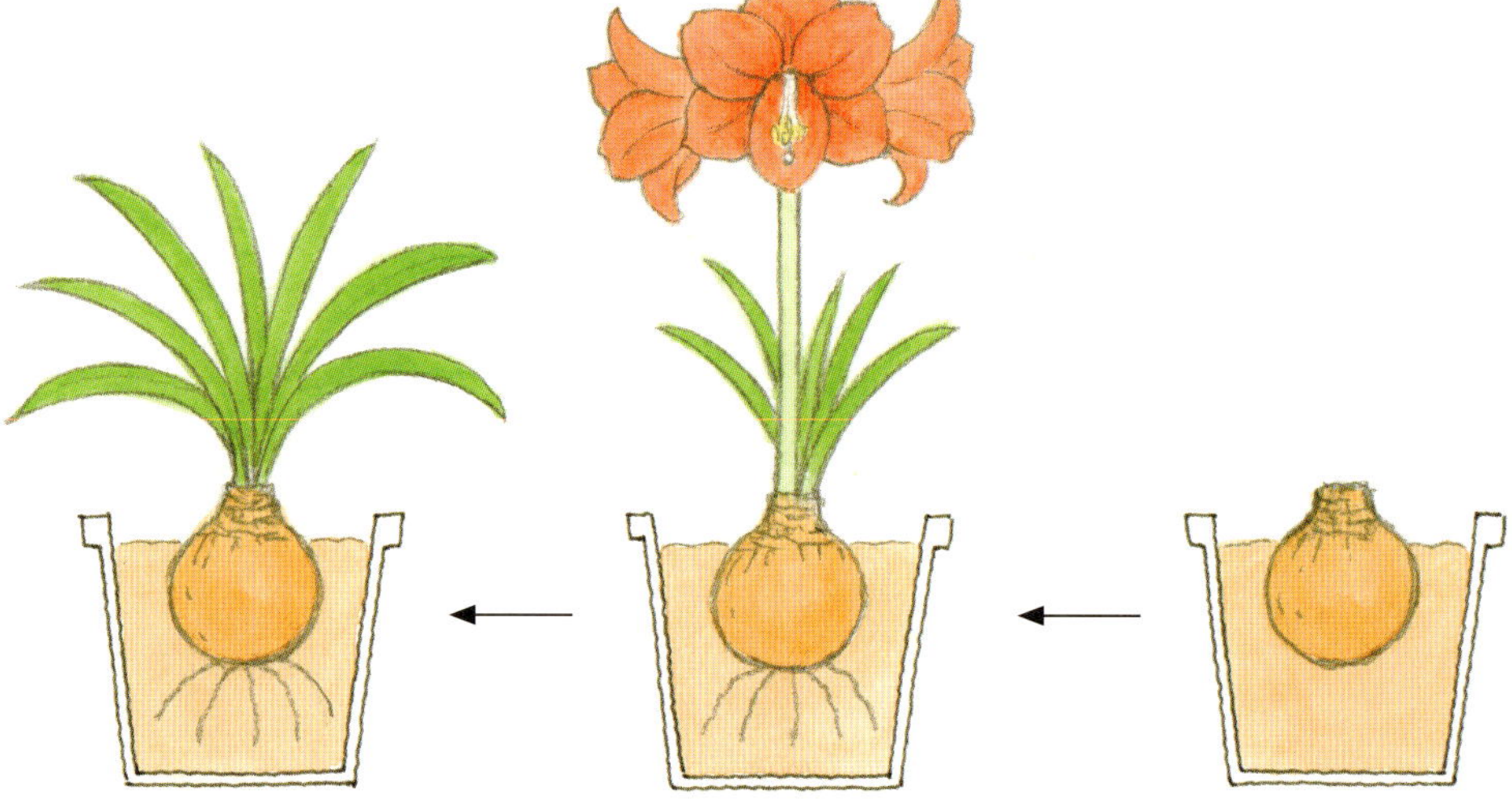

〈11～3月《がつ》ごろ〉
冬《ふゆ》のあいだは球根《きゅうこん》だけになる。

〈5～6月《がつ》ごろ〉
花《はな》をさかせる。

〈7～10月《がつ》ごろ〉
花《はな》がかれたあと、葉《は》をしげらせる。

クロッカスの場合《ばあい》

〈6～1月《がつ》ごろ〉
夏《なつ》から早春《そうしゅん》まで、球根《きゅうこん》だけになる。

〈2～3月《がつ》ごろ〉
花《はな》をさかせる。

〈4～5月《がつ》ごろ〉
花《はな》がかれたあと、葉《は》をしげらせる。

球根植物《きゅうこんしょくぶつ》は多年草《たねんそう》のなかま

茎《くき》や根《ね》は、たいていは細《ほそ》い線《せん》のようなかたちをしている。しかし、多年草《たねんそう》のなかには、地下《ちか》にある茎《くき》や根《ね》が、かたまりになっている植《しょく》物《ぶつ》がある。

玉《たま》のようにまるかったり、でこぼこしていたり、そのかたちはさまざま。このようなかたまりを、球根《きゅうこん》という。

球根《きゅうこん》をもつ植物《しょくぶつ》は、なかに養分《ようぶん》や水分《すいぶん》をたっぷりとためこんでいる。あつすぎたり、さむすぎたり、乾燥《かんそう》しすぎたりするきびしい季節《きせつ》には、地上《ちじょう》の葉《は》や茎《くき》がかれて球根《きゅうこん》だけになる。

球根《きゅうこん》は、地下《ちか》でねむったようになり、きびしい季節《きせつ》をやりすごす。成長《せいちょう》にてきした季節《きせつ》のおとずれとともに、ふたたび芽《め》をだす。

球根《きゅうこん》のいろいろ

まるかったり、つぶれたようなかたちだったり、でこぼこしていたり、細長《ほそなが》かったり。球根《きゅうこん》のかたちも、植物《しょくぶつ》によってさまざまだ。

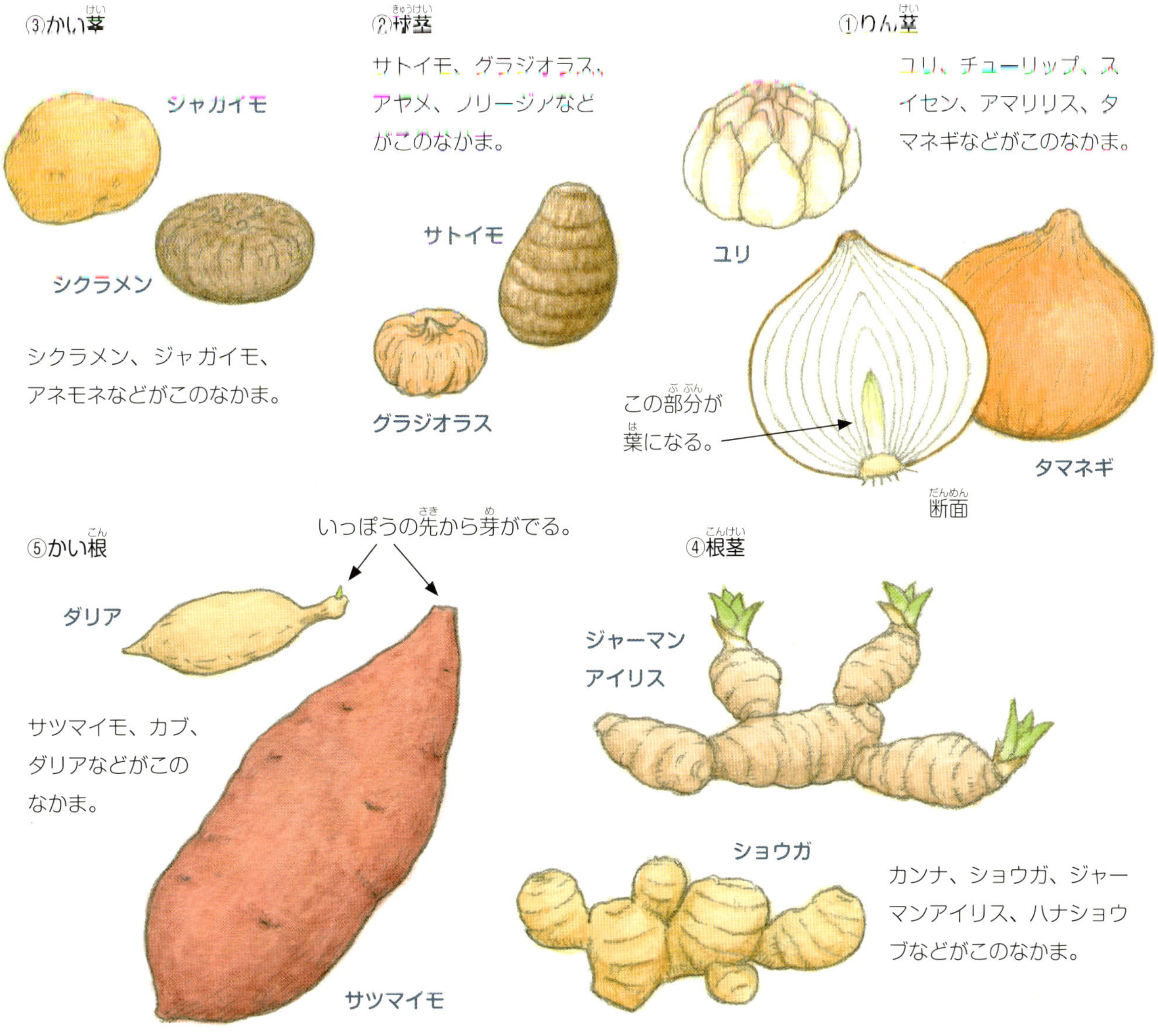
③かい茎《けい》
ジャガイモ
シクラメン
シクラメン、ジャガイモ、アネモネなどがこのなかま。
②球茎《きゅうけい》
サトイモ、グラジオラス、アヤメ、フリージアなどがこのなかま。
サトイモ
グラジオラス
①りん茎《けい》
ユリ、チューリップ、スイセン、アマリリス、タマネギなどがこのなかま。
ユリ
この部分《ぶぶん》が葉《は》になる。
タマネギ
断面《だんめん》
⑤かい根《こん》
いっぽうの先《さき》から芽《め》がでる。
ダリア
サツマイモ、カブ、ダリアなどがこのなかま。
サツマイモ
④根茎《こんけい》
ジャーマンアイリス
ショウガ
カンナ、ショウガ、ジャーマンアイリス、ハナショウブなどがこのなかま。

球根《きゅうこん》の種類《しゅるい》

球根《きゅうこん》は、つぎのように、いくつかの種類《しゅるい》にわけられている。

①りん茎《けい》　葉《は》の下《した》のほうにあつみができ、たくさん重《かさ》なって、まるいかたちになる。むくと、しんのような葉《は》や茎《くき》がでてくる。

②球茎《きゅうけい》　茎《くき》の下《した》のほうがふくらんでできている。表面《ひょうめん》をとりさると、いくつもの横《よこ》すじがあらわれる。

③かい茎《けい》　地下《ちか》の茎《くき》がふくらんで、まるくなっている。横《よこ》すじがないのが、球茎《きゅうけい》とのちがい。

④根茎《こんけい》　地下《ちか》の茎《くき》が横《よこ》にのびて、かたまり状《じょう》になっている。ゴツゴツと枝《えだ》わかれし、それぞれの先《さき》に芽《め》がでる。

⑤かい根《こん》　根《ね》の一部《いちぶ》がふくらんでできている。細長《ほそなが》く、芽《め》はいっぽうの先《さき》からしかでない。

つる植物《しょくぶつ》

自分《じぶん》の力《ちから》では、まっすぐにたてない草《くさ》や木《き》がある。茎《くき》や枝《えだ》は細《ほそ》く、ひ弱《よわ》なようだが、まきついたり、よりかかったり、はりついたりしながら、どんどんそだつ。

①茎《くき》や枝《えだ》でまきつく

ふつう、上《うえ》から見《み》て時計《とけい》まわりにまいているのを右《みぎ》まき、時計《とけい》と反対《はんたい》まわりを左《ひだり》まきとして区別《くべつ》する。下《した》から見《み》ると、むきはぎゃくに見《み》える。

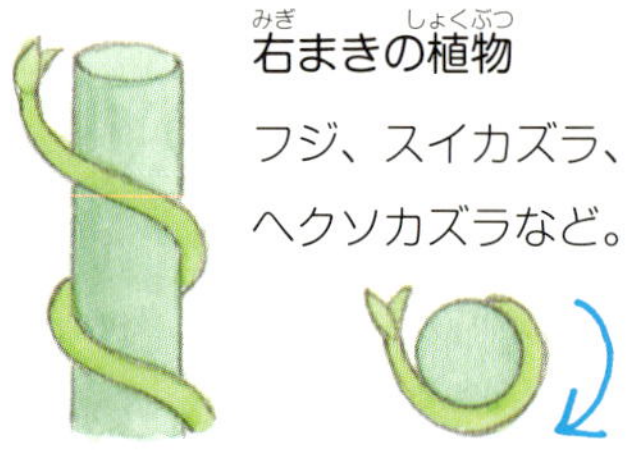

右《みぎ》まきの植物《しょくぶつ》
フジ、スイカズラ、ヘクソカズラなど。

左《ひだり》まきの植物《しょくぶつ》
アサガオ、クズ、ヤマフジなど。

アサガオのつるのまきかた
目《め》に見《み》えないくらいゆっくりとつるを回転《かいてん》させながら、からみつく場所《ばしょ》をさがす。つるの先《さき》がふれたところに、まきつきはじめる。

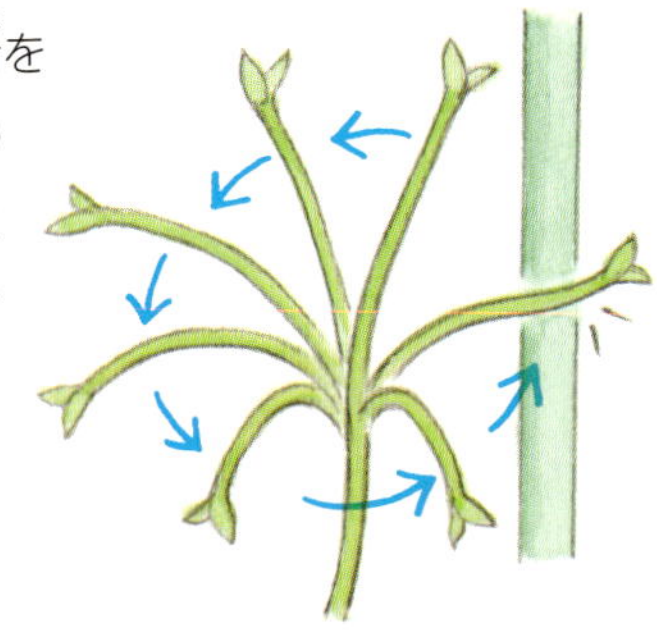

③地《ち》をはう

つるがはうようにのびて、地面《じめん》をおおいつくす。

サツマイモ

②まきひげなどでまきつく

葉《は》の先《さき》からのびるまきひげで、まきつく。

エンドウ

クレマチス
葉《は》の柄《え》の部分《ぶぶん》で、まきつく。

キュウリ
葉《は》のつけ根《ね》からでるまきひげで、まきつく。

まきついて上《うえ》へのびる

①茎《くき》や枝《えだ》でまきつく

アサガオやフジなどは、茎《くき》の先《さき》をふりこのように回転《かいてん》させながらのばし、なにかにふれると、ぐるぐるとまきつきはじめる。その後《ご》、まきつきながら上《うえ》へ上《うえ》へと成長《せいちょう》する。

②まきひげなどでまきつく

キュウリやエンドウなどのように、小《ちい》さなまきひげでまきつく植《しょく》物《ぶつ》もある。

クレマチスのなかまは、葉《は》の柄《え》の部分《ぶぶん》をつかって、がっちりとまきつく。

③地《ち》をはう

サツマイモのつるには、まきつくしくみもよじのぼるしくみもないが、いきおいよくのびて、地面《じめん》をおおいつくすように成長《せいちょう》する。

④よりかかる

まわりによりかかりながら、のびるつる植物《しょくぶつ》には、茎《くき》にトゲや、細《こま》かい毛《け》のはえている種類《しゅるい》が多《おお》い。

つるバラ

アーチ型《がた》の支柱《しちゅう》に、からめるようにてだてると、バラの門《もん》ができあがる。

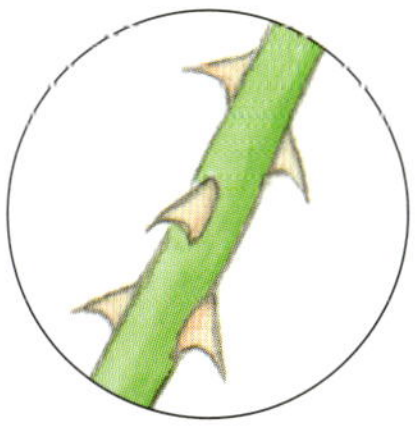

トゲの先《さき》はやや下《した》むきで、支柱《しちゅう》にひっかかりやすい。

カナムグラ

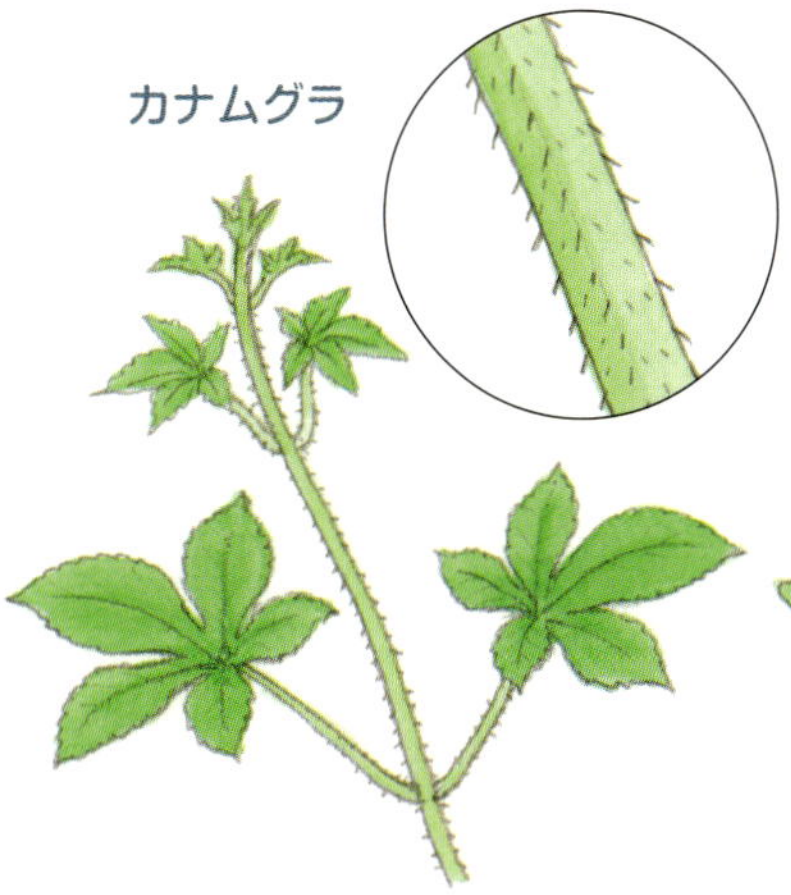

アカネ

⑤はりつく

木《き》の幹《みき》やかべに、べったりとはりつきながら、上《うえ》へとのびひろがる。

ツタ（ナツヅタ）

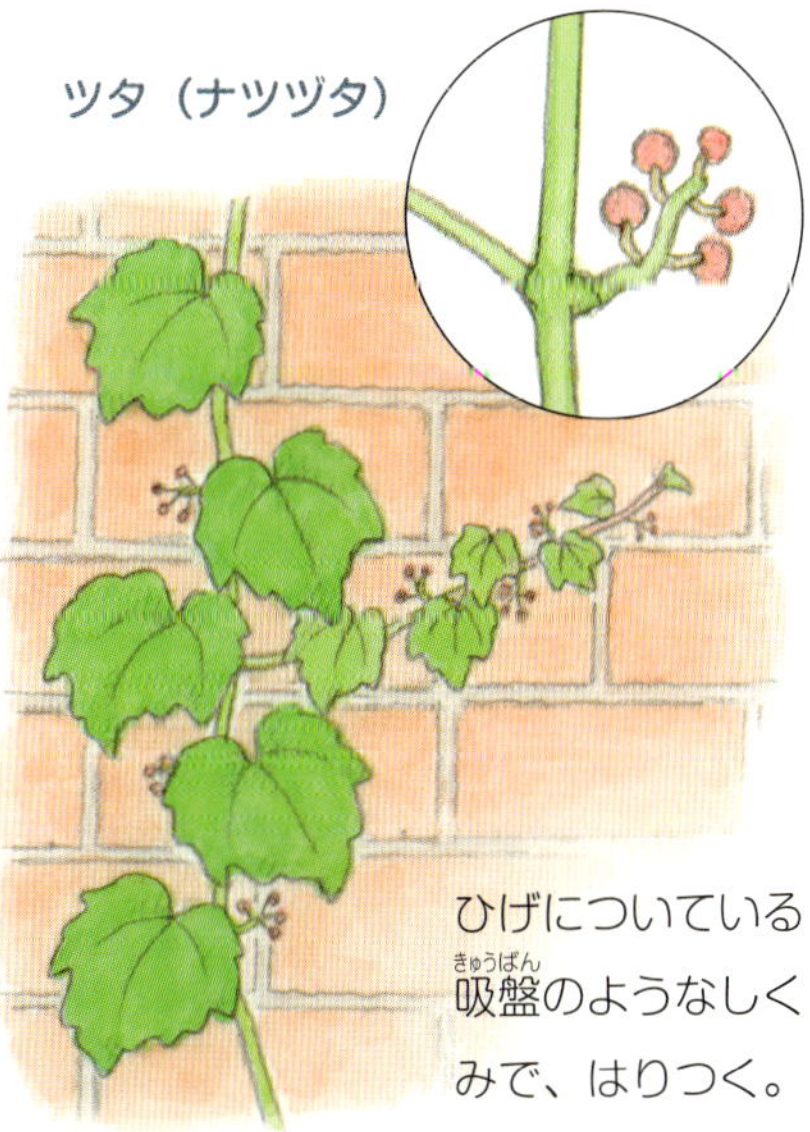

ひげについている吸盤《きゅうばん》のようなしくみで、はりつく。

キヅタ（フユヅタ）

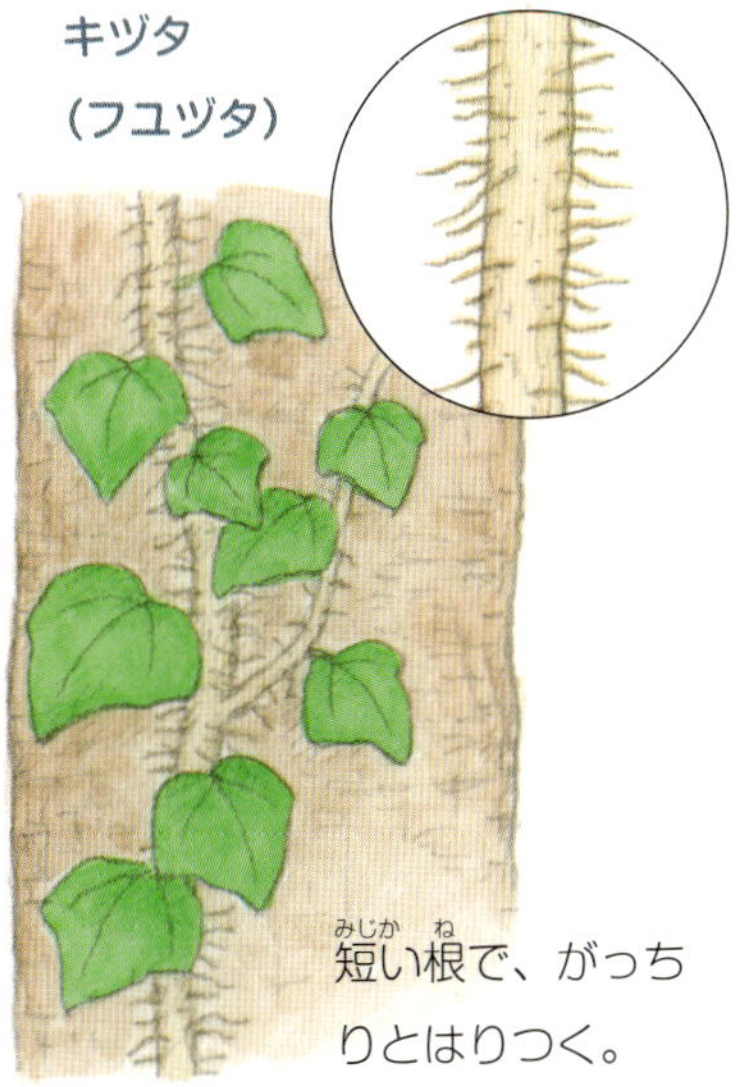

短《みじか》い根《ね》で、がっちりとはりつく。

トゲや吸盤《きゅうばん》をつかって

④よりかかる

つるバラにはトゲがある。まわりのものによりかかり、トゲをひっかけて、よじのぼるようにのびていく。

アカネやカナムグラの茎《くき》は、さわるとザラザラしている。ルーペでのぞくと、かたいトゲのような毛《け》が見《み》える。毛《け》は、つるバラのトゲとおなじ役割《やくわり》をしている。

⑤はりつく

ツタ（ナツヅタ）は、まきひげについた吸盤《きゅうばん》のようなしくみで、木《き》の幹《みき》や建物《たてもの》のかべなどにはりつき、成長《せいちょう》する。

キヅタ（フユヅタ）やアイビーは、短《みじか》い根《ね》で木《き》の幹《みき》やかべなどに、はりつきながらのびていく。ノウゼンカズラなどもこのタイプ。

着生《ちゃくせい》と寄生《きせい》

植物《しょくぶつ》のなかには、地面《じめん》に根《ね》をおろさず、木《き》や岩《いわ》の上《うえ》にくっついて成長《せいちょう》するものや、ほかの植《しょく》物《ぶつ》から栄養分《えいようぶん》をわけてもらいながら、生《い》きているかわり者《もの》がいる。

熱帯《ねったい》アメリカの森《もり》の大《おお》きな木《き》
幹《みき》や枝《えだ》に、かぞえきれないほどの植物《しょくぶつ》が、着生《ちゃくせい》する。
1本《ぽん》の木《き》が、植物《しょくぶつ》たちのマンションのようだ。
カトレア
ランのなかま。ごうかな花《はな》で知《し》られる。
クジャクサボテン
花《はな》は、羽《はね》をひろげたクジャクのようにはなやか。
アナナス
パイナップルのなかまで、花《はな》もきれいな種類《しゅるい》が多《おお》い。
オンシジウム
ランのなかま。小《ちい》さな花《はな》がたくさんつく。
サルオガセモドキ
たれさがるコケのようだが、パイナップルのなかま。
アナナスの葉《は》
重《かさ》なりあった葉《は》の中心《ちゅうしん》やすきまに、雨水《あまみず》がたまりやすいしくみになっている。
シダやコケ
たくさんの種類《しゅるい》のシダやコケが、幹《みき》や枝《えだ》をおおっている。

着生植物《ちゃくせいしょくぶつ》

木《き》の上《うえ》や岩《いわ》の上《うえ》など、地面《じめん》でない場所《ばしょ》にくっついてくらしている植物《しょくぶつ》を、着生植物《ちゃくせいしょくぶつ》という。あたたかい地域《ちいき》にはえる大《おお》きな木《き》では、しばしば、かぞえきれないほどたくさんの植物《しょくぶつ》が、枝《えだ》や幹《みき》の上《うえ》でくらしている。

着生植物《ちゃくせいしょくぶつ》は小《ちい》さな根《ね》ではりつくが、木《き》から養分《ようぶん》をすいとることはない。枝《えだ》の表面《ひょうめん》をながれる雨水《あまみず》や、そこにとけこんでいる栄養分《えいようぶん》を、吸収《きゅうしゅう》して生《い》きている。

ランのなかまや、アナナスなどには、葉《は》のすきまに雨水《あまみず》がたまりやすい種類《しゅるい》がある。たまった水《みず》も、乾燥《かんそう》をふせぐのに役《やく》だつ。

シダの一部《いちぶ》や、クジャクサボテンなども着生植物《ちゃくせいしょくぶつ》。コケのように、地味《じみ》でめだたない種類《しゅるい》も多《おお》い。

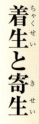

寄生植物《きせいしょくぶつ》

寄生《きせい》する相手《あいて》がきまっている種類《しゅるい》と、とくにきまっていなくて、多《おお》くの植物《しょくぶつ》に寄生《きせい》する種類《しゅるい》とがある。寄生《きせい》される植物《しょくぶつ》は、養分《ようぶん》をとられて弱《よわ》ることもある。

ラフレシア

東南《とうなん》アジアの森《もり》にはえている。花《はな》の直径《ちょっけい》は、最大《さいだい》で90センチくらい。ブドウのなかまの太《ふと》い根《ね》に寄生《きせい》する。

ナンバンギセル

ススキやミョウガなどの根《ね》に寄生《きせい》する。長《なが》さは15～20センチ。横《よこ》むきにさくかたちが、たばこをすう道具《どうぐ》の「きせる」ににている。

ヤドリギ

常緑《じょうりょく》でまるくそだつ。おもに落葉《らくよう》樹《じゅ》に寄生《きせい》する。冬《ふゆ》になると落葉樹《らくようじゅ》は葉《は》を落《お》とすので、ヤドリギがとくにめだつ。

ネナシカズラ

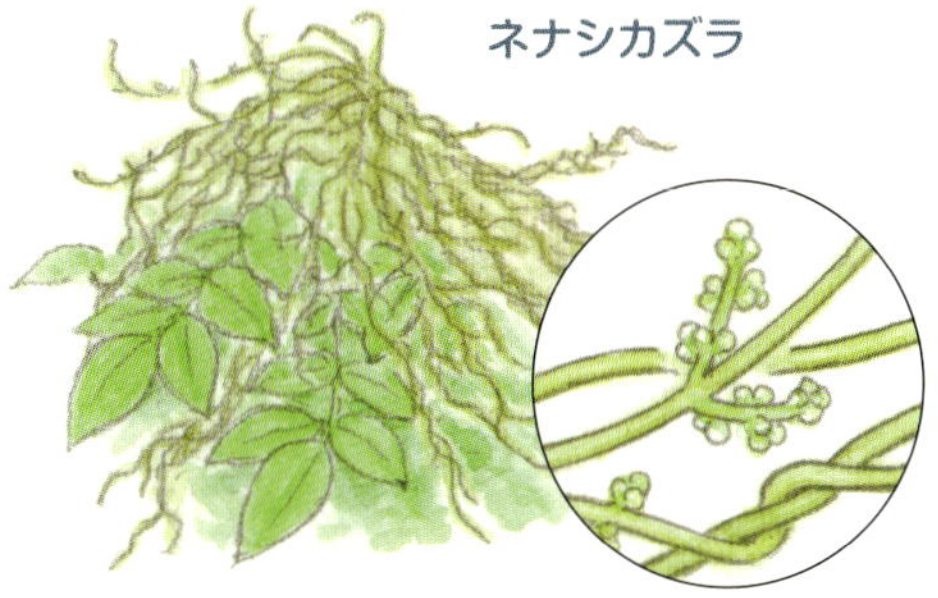

べつの植物《しょくぶつ》にまきつきながら、小《ち》さな根《ね》をくいこませ、養分《ようぶん》を吸収《きゅうしゅう》する。寄《き》生《せい》された植物《しょくぶつ》は、弱《よわ》り、ときにかれてしまうこともある。

ツチトリモチ

ハイノキのなかまの根《ね》に寄生《きせい》する。ニワトリの卵《たまご》くらいのまるい部分《ぶぶん》は、たくさんの花《はな》があつまったかたまり。高《たか》さ6～10センチ。

ヤッコソウ

シイノキのなかまの根《ね》に寄生《きせい》する。バンザイした小人《こびと》のようなかたち。全体《ぜんたい》がひとつの花《はな》で、白《しろ》っぽい。高《たか》さは2～4センチ。

寄生植物《きせいしょくぶつ》

ほかの植物《しょくぶつ》から養分《ようぶん》をすって生《い》きる植物《しょくぶつ》を、寄生植物《きせいしょくぶつ》という。

落葉樹《らくようじゅ》の枝《えだ》などにつくヤドリギや、ススキの根《ね》などにつくナンバンギセルは、よく知《し》られた寄生植物《きせいしょくぶつ》だ。身近《みぢか》な場所《ばしょ》で見《み》られないか、さがしてみよう。

世界一大《せかいいちおお》きな花《はな》をさかせることで有名《ゆうめい》なラフレシアもそのひとつ。葉《は》も茎《くき》もなく、地面《じめん》から直接《ちょくせつ》、花《はな》だけが顔《かお》をだす。

かたちや色《いろ》がおもしろい寄生植物《きせいしょくぶつ》は、日本《にほん》にもある。小人《こびと》のようなヤッコソウ。まっ赤《か》なツチトリモチは、ふしぎなキノコのようだ。

ネナシカズラは、細《ほそ》く黄色《きいろ》っぽい茎《くき》がおいしげってからみあい、まるでラーメンをまきちらしたように見《み》える。

毒《どく》のある植物《しょくぶつ》

まちがえて食《た》べて命《いのち》を落《お》としたり、さわってひどくかぶれてしまったり……。植物《しょくぶつ》のなかには、強《つよ》い毒《どく》をもつ種類《しゅるい》がある。とくちょうを知《し》って注意《ちゅうい》しよう。

ドクウツギ

まっ赤《か》な実《み》はあまそうだが、食《た》べたこどもがなくなったこともある。

ハシリドコロ

全体《ぜんたい》に毒《どく》がある。根《ね》にふくまれる毒《どく》が、とくに強《つよ》い。

マンドラゴラ（マンドレイク）

ヨーロッパなどにはえる毒草《どくそう》。根《ね》が人《ひと》のかたちをしているといわれるが、実《じっ》際《さい》は、ごつごつしているだけ。

トリカブト

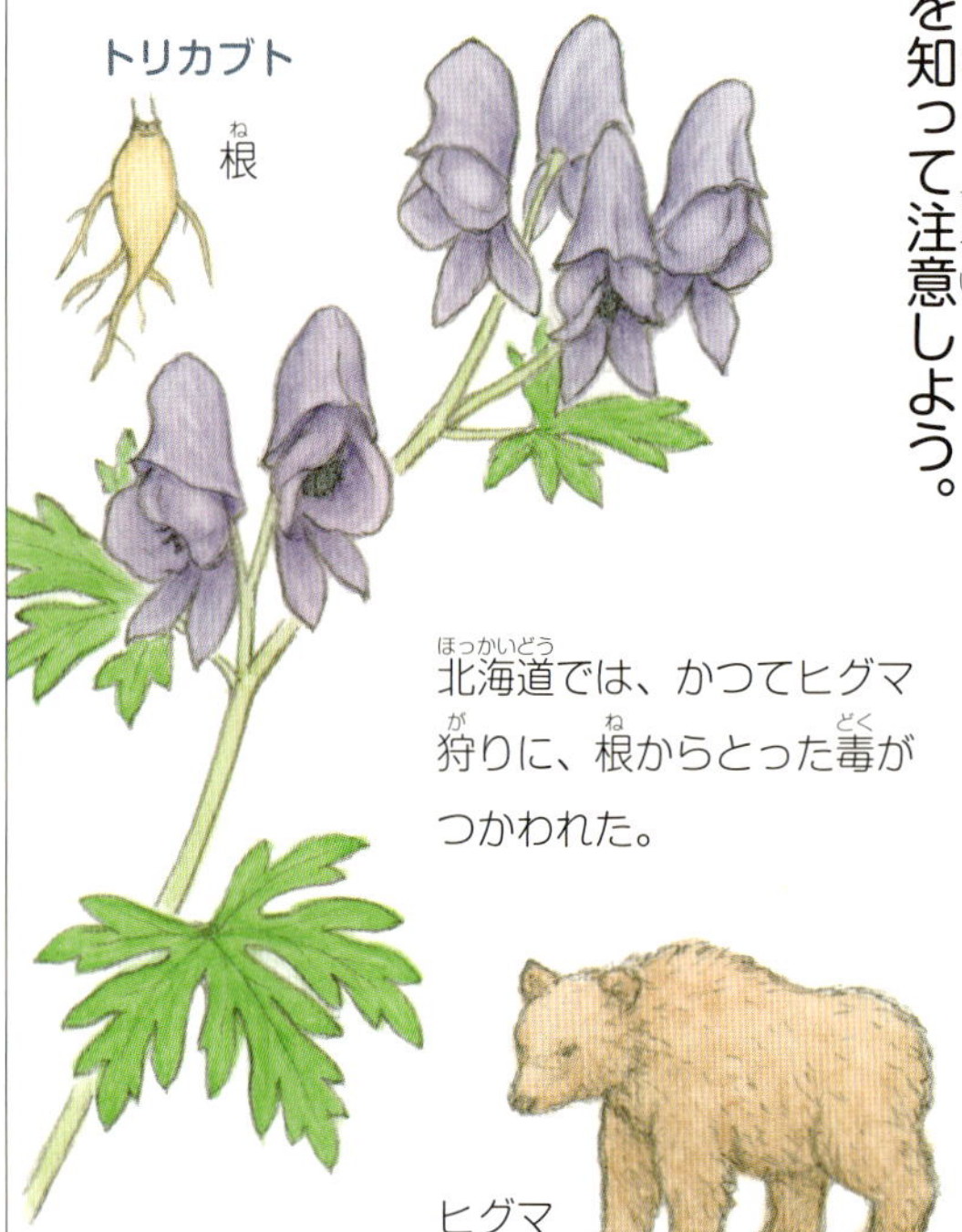

根《ね》

北海道《ほっかいどう》では、かつてヒグマ狩《が》りに、根《ね》からとった毒《どく》がつかわれた。

ヒグマ

かぶれる植物《しょくぶつ》

森《もり》のなかでは、長《なが》そでを着《き》て、ふれないように気《き》をつけよう。

ヤマウルシの葉《は》

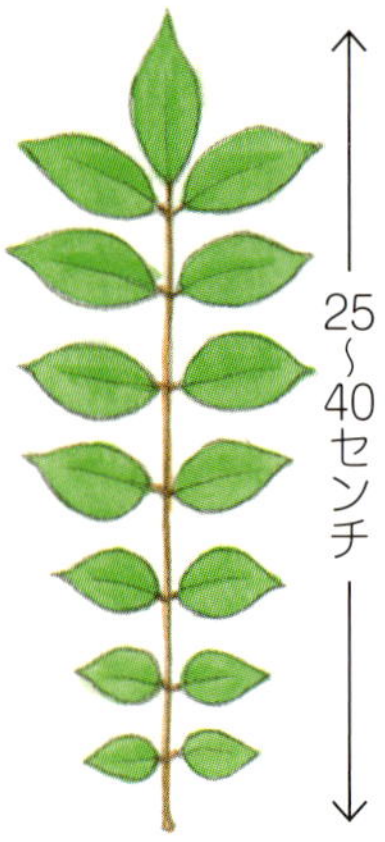

25〜40センチ

ツタウルシの葉《は》

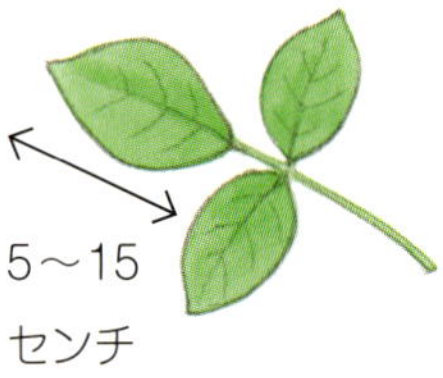

5〜15センチ

高《たか》さ30〜50センチ

イラクサの葉《は》や茎《くき》のトゲ

きけんな植物《しょくぶつ》たち

魔法使《まほうつか》いがでてくる物語《ものがたり》などに、ときどき登場《とうじょう》するマンドラゴラ（マンドレイク）という草《くさ》。根《ね》が人《ひと》のかたちで、ぬくとさけび声《ごえ》をあげるなどといわれるが、実際《じっさい》にはそんなことはない。ただし、猛《もう》毒《どく》がある。

ハシリドコロは、食《た》べると気《き》が変《へん》になり、走《はし》りまわるといういつたえがある。ドクウツギはまっ赤《か》な実《み》をつけ、いかにもおいしそうだが、口《くち》にすると命《いのち》にかかわる。トリカブトは、かつて根《ね》の毒《どく》を弓《ゆみ》矢《や》にぬり、クマをたおすのにつかわれた。

ふれると害《がい》になる植物《しょくぶつ》もある。ウルシのなかまやイラクサなどは、人《ひと》によっては強《つよ》いかゆみがでたり、ひどくはれたりする。

身近《みぢか》な野菜《やさい》や木《き》の実《み》にも

ジャガイモ

保存《ほぞん》してあったイモから芽《め》がでてきたら、包丁《ほうちょう》でえぐるようにして、ていねいにとりさる。

光《ひかり》をあびると、皮《かわ》の表面《ひょうめん》が緑《みどり》っぽくなる。緑《みどり》が見《み》えなくなるまで、あつめに皮《かわ》をむく。

ウメ

じゅくすまえの青《あお》い実《み》に毒《どく》がある。

食《た》べられる植物《しょくぶつ》にそっくり

食《た》べるために利用《りよう》されるわかい葉《は》がにているため、しばしばまちがえられる。そだってからのすがたや花《はな》は、たいてい、にてもにつかない。

ニラとスイセン

ニラは葉《は》をきずつけると、ニラ特有《とくゆう》の強《つよ》いにおいがする。収穫《しゅうかく》の時期《じき》には、どちらもさいていないが、花《はな》はまるでにていない。

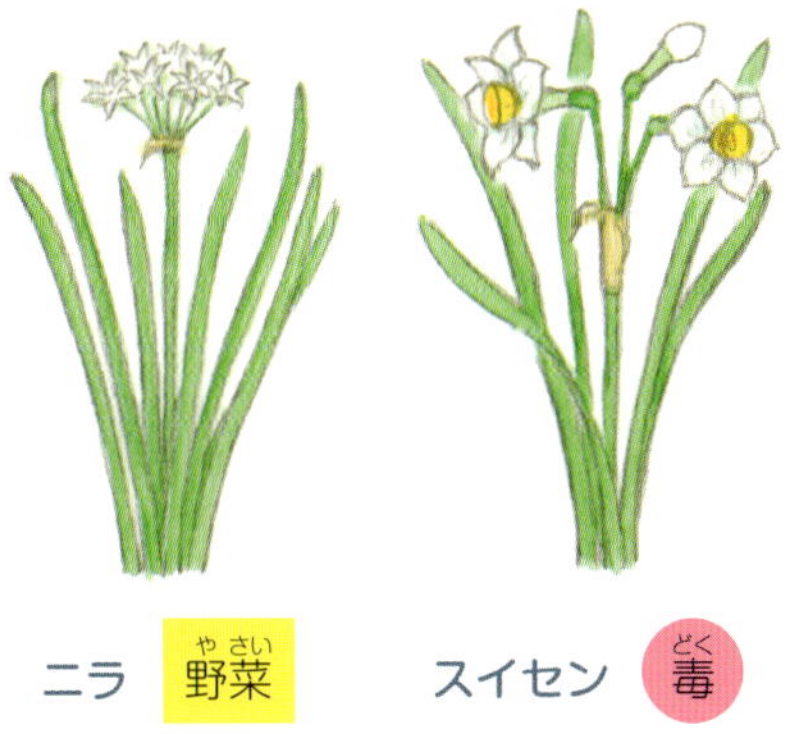
ニラ
野菜《やさい》
スイセン
毒《どく》

ニリンソウとトリカブト

ニリンソウの葉《は》には、まばらに白《しろ》いはんてんがあり、山菜《さんさい》として利用《りよう》する春《はる》には、白《しろ》い花《はな》がさいている。トリカブトは秋《あき》にさく（花《はな》は右《みぎ》ページ）。

ニリンソウ
山菜《さんさい》
トリカブト
毒《どく》

ギョウジャニンニクとイヌサフラン

ギョウジャニンニクの葉《は》は1～3枚《まい》、イヌサフランは5～6枚以上《まいいじょう》。ギョウジャニンニクは、ニンニクのにおいがする。

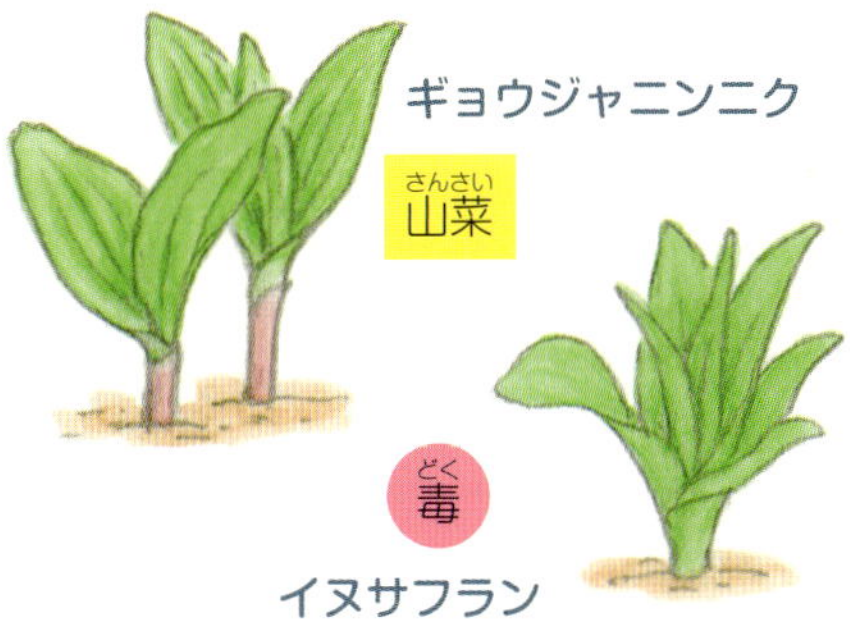
ギョウジャニンニク
山菜《さんさい》
毒《どく》
イヌサフラン

ギボウシとバイケイソウ

ギボウシの葉《は》は真《ま》ん中《なか》にたてのすじが1本《ぽん》はいり、枝《えだ》わかれしている。バイケイソウは、たてのすじがたくさんはいっている。

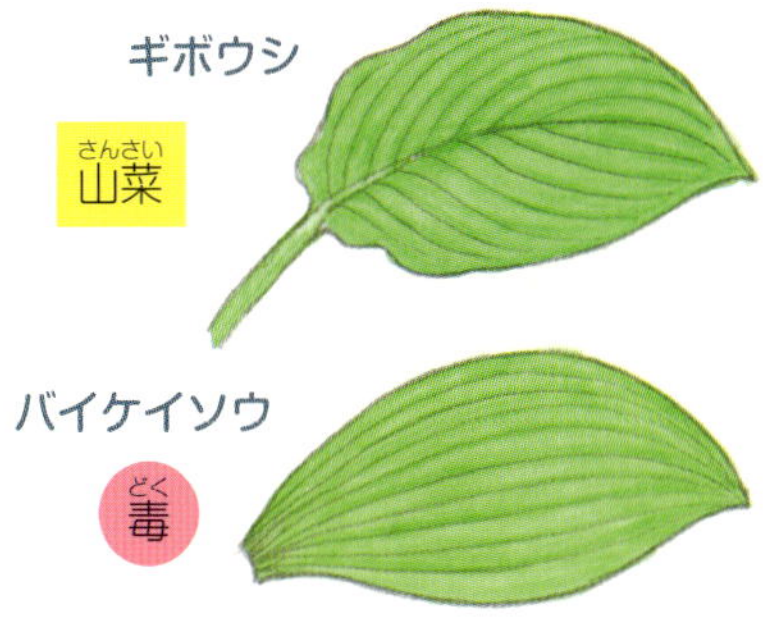
ギボウシ
山菜《さんさい》
バイケイソウ
毒《どく》

よくにた植物《しょくぶつ》に注意《ちゅうい》しよう

山菜《さんさい》（食《た》べられる山《やま》の野草《やそう》）のすぐ近《ちか》くには、よくにた植物《しょくぶつ》がはえていることがある。それが毒《どく》のある植物《しょくぶつ》だと、まちがいやすく、とてもきけん。山菜《さんさい》にくわしい人《ひと》といっしょに、さがすことがたいせつだ。よくにた山菜《さんさい》と毒草《どくそう》を、しっかりおぼえておこう。

身近《みぢか》な野菜《やさい》にも、注意《ちゅうい》が必要《ひつよう》な種類《しゅるい》がある。ジャガイモは、イモからでた芽《め》などに、毒《どく》がふくまれている。でも、しっかりとりのぞけばだいじょうぶ。

ウメは、じゅくすまえの青《あお》い実《み》に毒《どく》がある。なまで食《た》べるとあぶないので、まちがってかじったりしないように気《き》をつけよう。もちろんうめぼしや、ウメジュースにすればだいじょうぶ。

動《うご》く植物《しょくぶつ》

植物《しょくぶつ》はじっとしていて、動《うご》かないと思《おも》ったらおおまちがい。ふれるとパッと動《うご》く植物《しょくぶつ》も、なかにはある。目《め》に見《み》えないくらいゆっくりゆっくり、動《うご》いている植物《しょくぶつ》もある。

オジギソウ

指先《ゆびさき》で葉《は》にふれると、おりたたまれるようにとじ、下《した》むきにたれさがる。数十分《すうじっぷん》で、ふたたび開《ひら》く。

マツバボタン

ふれられた方向《ほうこう》に、おしべがなびく。ポーチュラカ（ハナスベリヒユ）もおなじ。

ハエトリグサ

虫《むし》を栄養《えいよう》にする食虫植物《しょくちゅうしょくぶつ》のなかま。北《きた》アメリカの植物《しょくぶつ》だが、日本《にほん》でも鉢植《はちう》えが手《て》にはいる。

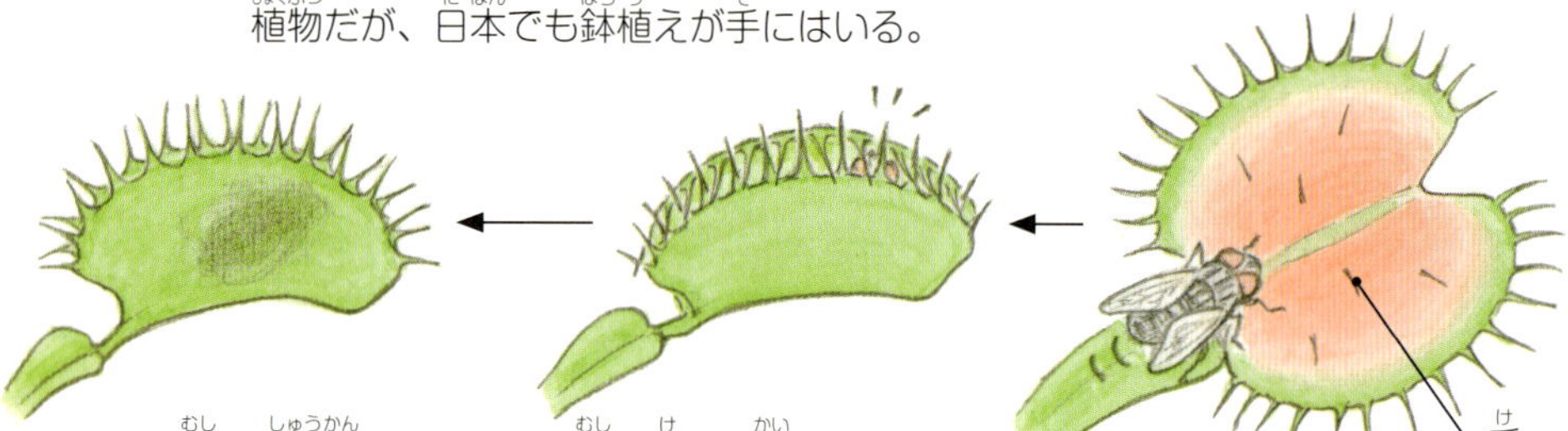

葉《は》のうちがわに、6本《ぽん》ほど小《ちい》さな毛《け》がはえている。

虫《むし》が毛《け》に2回《かい》ふれるか、2本《ほん》に同時《どうじ》にふれると、0.5秒《びょう》でとじる。

なかの虫《むし》は1週間《しゅうかん》くらいで消化《しょうか》され、葉《は》はふたたび開《ひら》く。

トリガープランツ

オーストラリアの植物《しょくぶつ》。「トリガー」は引《ひ》き金《がね》という意味《いみ》。引《ひ》き金《がね》をひいたようなすばやい動《うご》きで、虫《むし》の体《からだ》に花粉《かふん》をたたきつける。

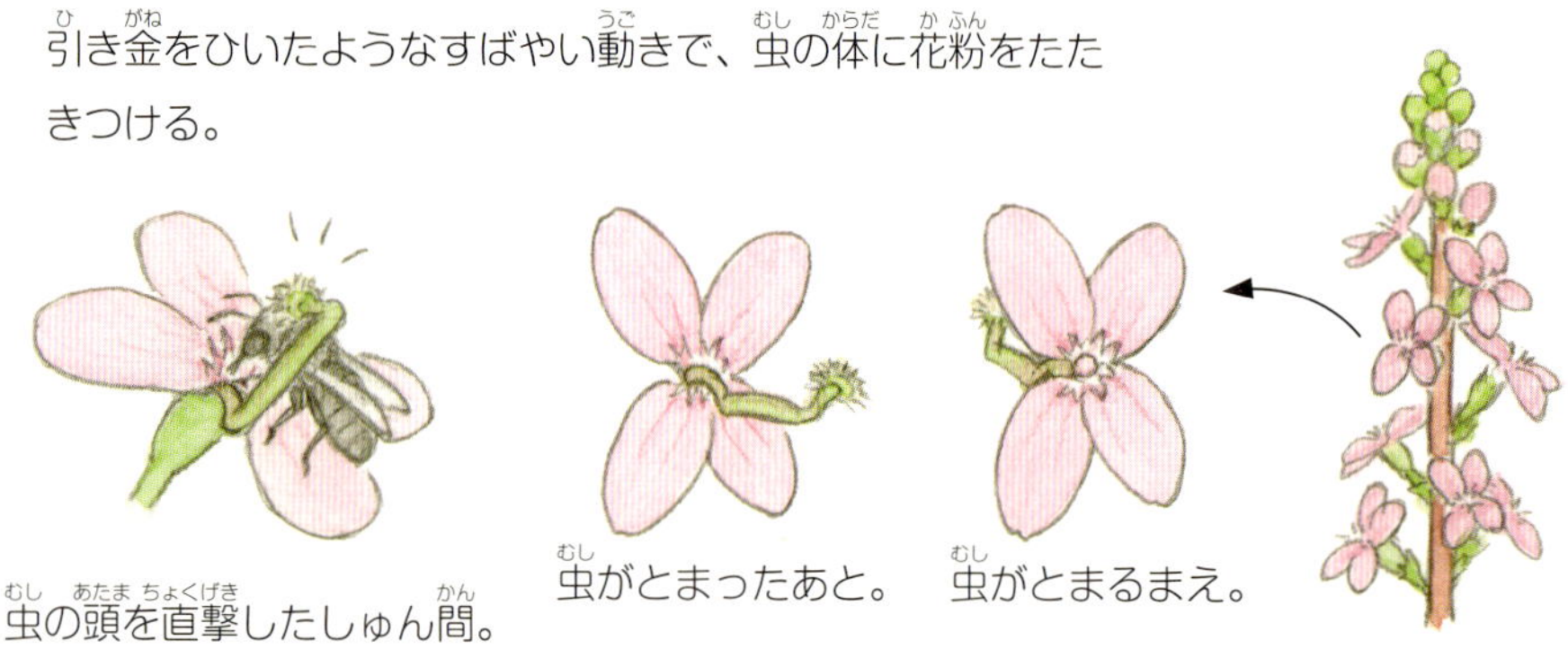

虫《むし》がとまるまえ。

虫《むし》がとまったあと。

虫《むし》の頭《あたま》を直撃《ちょくげき》したしゅん間《かん》。

すばやく動《うご》く

オジギソウは、葉《は》にふれられると、すぐとじて、ねむったようになる。ハエトリグサは、二枚貝《にまいがい》のようなふしぎな葉《は》をもち、虫《むし》がまよいこむとパッととじてがっちりとじこめてしまう。

トリガープランツという植物《しょくぶつ》は、虫《むし》が花《はな》にとまったとたん、目《め》にもとまらぬはやさで動《うご》く。めしべとおしべがいっしょになったハンマーのような器官《きかん》が、しゅん間的《かんてき》にとびだして虫《むし》の体《からだ》にあたり、花粉《かふん》をたっぷりくっつけるのだ。

マツバボタンやポーチュラカは、ようじの先《さき》でおしべをつつくと、ようじのほうにおしべがなびく。トリガープランツとおなじで、虫《むし》の体《からだ》に花粉《かふん》をつけて、少《すこ》しでも多《おお》くはこんでもらうしくみだ。

ぬれるととじる

かわいたまつぼっくりを水《みず》にどっぷりひたしてみよう。水《みず》がしみこむにしたがって、ひだひだがとじていく。かわかすと、もとどおりに開《ひら》く。

夜《よる》や雨《あめ》の日《ひ》にとじる

夜《よる》や雨《あめ》の日《ひ》は、花《はな》をさかせても虫《むし》がきてくれない。また、葉《は》や花《はな》をとじておくと、ひくい温度《おんど》や雨《あめ》でいたんだりするのを、ふせぐことができる。

ねかせると、おきあがる

鉢植《はちう》えの植物《しょくぶつ》をねかせてみよう。1日《にち》もすると、葉《は》や茎《くき》が、上《うえ》むきにまがりだす。地球《ちきゅう》の重力《じゅうりょく》と反対方向《はんたいほうこう》にのびる性質《せいしつ》があるためだ。

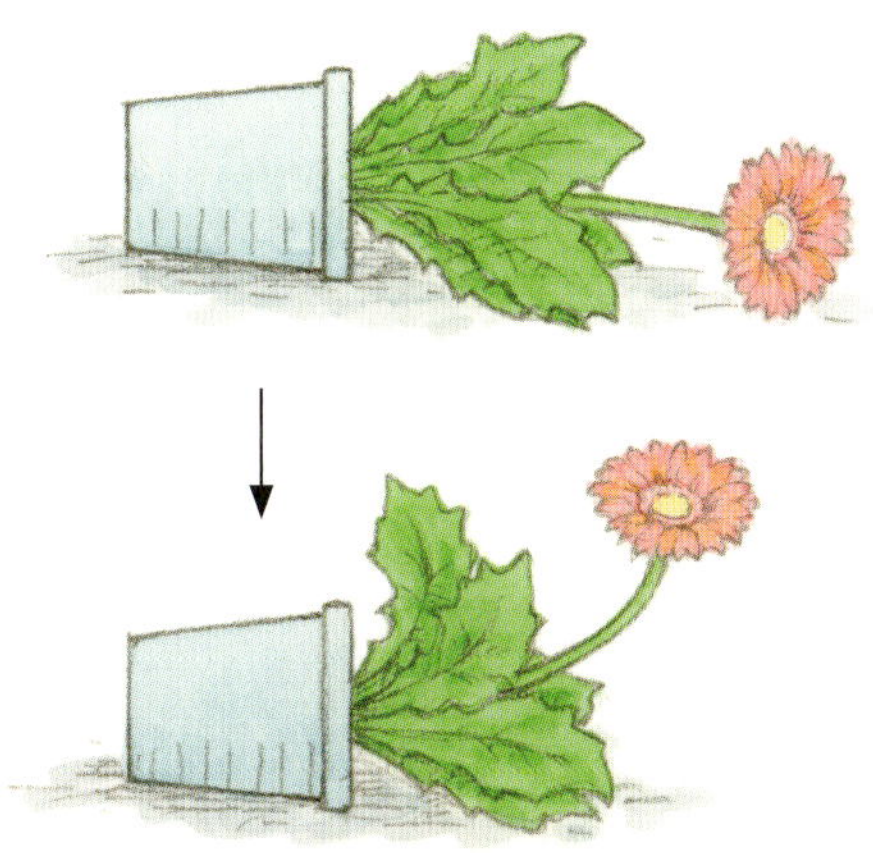

太陽《たいよう》をおいかける

ヒマワリのつぼみは太陽《たいよう》の動《うご》きにあわせて、東《ひがし》から西《にし》へとむきをかえ、夜《よる》のあいだに東《ひがし》むきにもどる。花《はな》がさいてからは、むきはかわらない。

ゆっくり動《うご》く

じっと見《み》ていてもわからないほど、ゆっくり動《うご》く植物《しょくぶつ》もある。ネムノキやカタバミは、暗《くら》くなるとじょじょに葉《は》がとじ、ねむったようになる。チューリップやタンポポなどの花《はな》も、夜《よる》や雨《あめ》の日《ひ》はとじ、明《あか》るくなるとふたたび開《ひら》く。

ヒマワリのつぼみは、太陽《たいよう》の動《うご》きにあわせて、東《ひがし》から西《にし》へとむきをかえる。

まつぼっくりも動《うご》く。かわいたまつぼっくりを、水《みず》にひたしてみよう。10分《ぷん》もすれば全体《ぜんたい》がすっかりとじ、小《ちい》さなかたまりになってしまう。かわかすと、また少《すこ》しずつ開《ひら》いてもとにもどる。

鉢植《はちう》えの植物《しょくぶつ》をねかすと、真横《まよこ》をむいていた茎《くき》は、上《うえ》にむかって少《すこ》しずつむきをかえる。

きびしい環境《かんきょう》で生《い》きる〈乾燥地《かんそうち》〉

めったに雨《あめ》がふらない砂漠《さばく》でも、元気《げんき》に生《い》きる植物《しょくぶつ》がある。地下《ちか》ふかく根《ね》をのばしたり、体《からだ》に水《みず》をたくわえたり。乾燥《かんそう》にたえる特別《とくべつ》なしくみをもった植物《しょくぶつ》たちだ。

地下《ちか》ふかくから水《みず》をすう

ウェルウィッチア（奇想天外《きそうてんがい》）
葉《は》のひろがりは、直径《ちょっけい》2メートルをこえる。長《なが》い根《ね》で水《みず》をすいあげたり、霧《きり》の水分《すいぶん》をすいとったりして生《い》きている。

葉《は》や茎《くき》や幹《みき》に水《みず》をためる

エケベリア
中南米《ちゅうなんべい》にはえるベンケイソウのなかま。あつみのある葉《は》が、きれいにはえそろう。

パキポディウム
マダガスカルにはえるキョウチクトウのなかま。まるっこい幹《みき》や枝《えだ》に、水分《すいぶん》をたくわえている。

カランコエ（ツキトジ）
マダガスカルにはえるベンケイソウのなかま。べつ名《めい》は、月《つき》のウサギの耳《みみ》にたとえられた。

サボテンのなかま

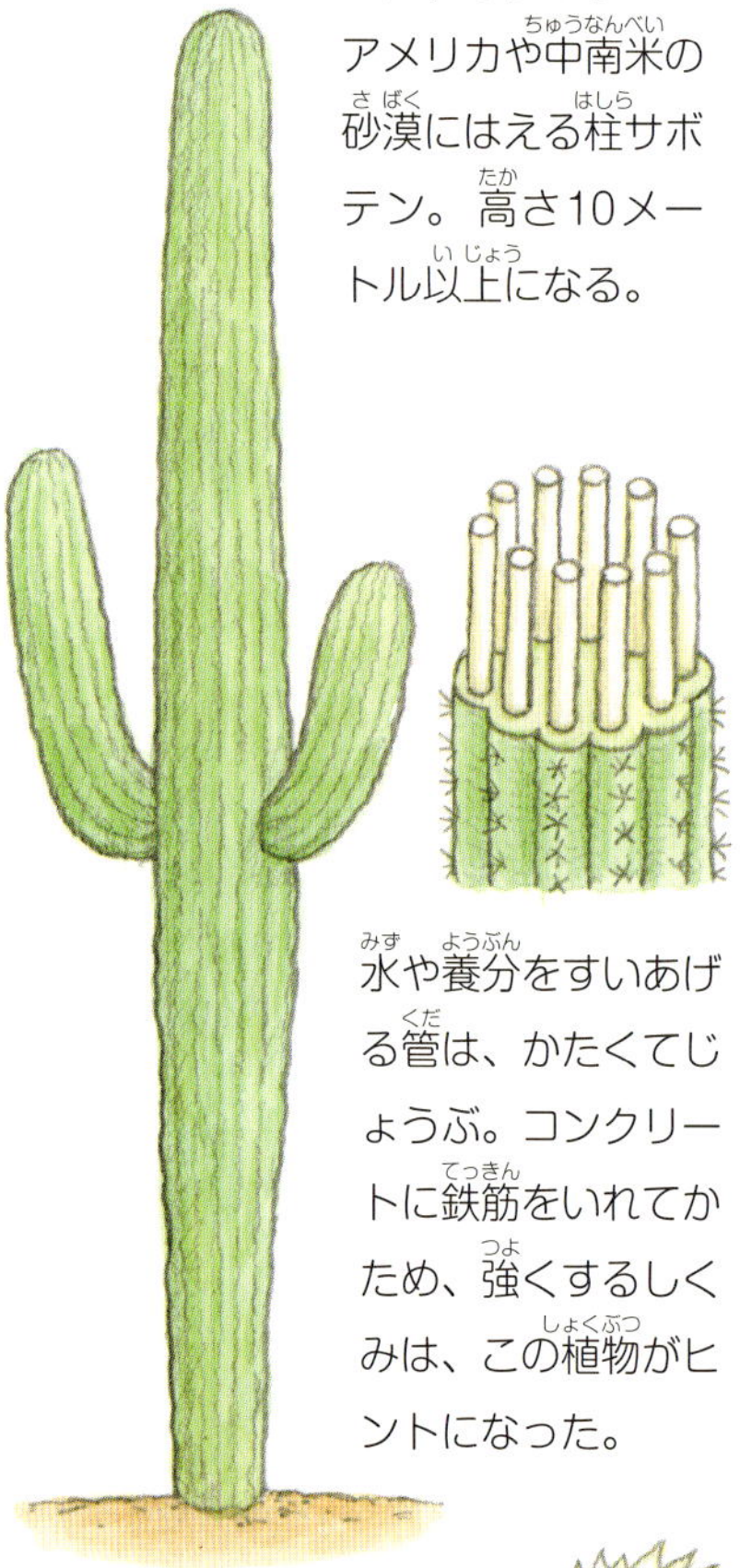

ベンケイチュウ
アメリカや中南米《ちゅうなんべい》の砂漠《さばく》にはえる柱《はしら》サボテン。高《たか》さ10メートル以上《いじょう》になる。

水《みず》や養分《ようぶん》をすいあげる管《くだ》は、かたくてじょうぶ。コンクリートに鉄筋《てっきん》をいれてかため、強《つよ》くするしくみは、この植物《しょくぶつ》がヒントになった。

玉《たま》サボテン
南《みなみ》アメリカにはえる茎《くき》がまるいサボテンのなかま。茎《くき》にたっぷり水分《すいぶん》をたくわえている。

乾燥地《かんそうち》で生《い》きるしくみ

緑《みどり》のコンブのかたまりがのたうっているような、きみょうな植物《しょくぶつ》ウェルウィッチア。アフリカにあるナミブ砂漠《さばく》の、ほとんど雨《あめ》がふらない地域《ちいき》にはえている。

水《みず》がなくても生《い》きられるひみつは、地下《ちか》ふかくまで根《ね》をはっていること。砂漠《さばく》でも、地下《ちか》10メートルくらいの場所《ばしょ》は、しめっている。

体《からだ》に水《みず》をたくわえて、乾燥地《かんそうち》を生《い》きる植物《しょくぶつ》もある。多肉植物《たにくしょくぶつ》といって、茎《くき》や、あつみのある葉《は》に水《すい》分《ぶん》をたっぷりふくみ、雨《あめ》のない季《き》節《せつ》をのりきるグループだ。

代表的《だいひょうてき》なのはサボテンのなかまだが、ほかにもいろいろある。ぷっくりした葉《は》か茎《くき》をもっていたり、太《ふと》い柱《はしら》のようだったり、まるかったり、そのすがたはさまざまだ。

レンズ植物《しょくぶつ》

フェネストラリア

アフリカ南西部《なんせいぶ》の海岸《かいがん》に近《ちか》い乾燥地《かんそうち》で、半分《はんぶん》砂《すな》にうもれてそだつ。

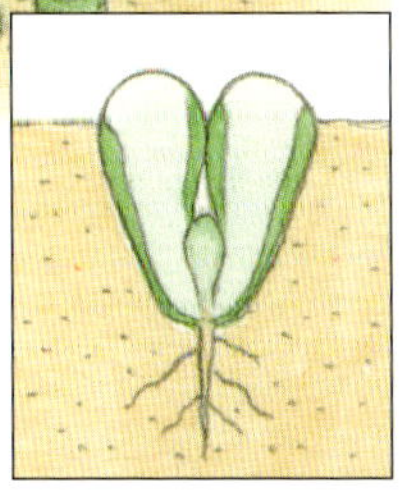

横《よこ》から見《み》たところ。葉《は》は長《なが》さ2～3センチ。てっぺんが半透明《はんとうめい》なレンズのようになっている。

命《いのち》の短《みじか》い一年草《いちねんそう》

南《みなみ》アフリカの乾燥地《かんそうち》では、雨《あめ》がふったとたん、一面《いちめん》の花畑《はなばたけ》があらわれ、あまりの美《うつく》しさに「神《かみ》がみの花園《はなぞの》」とよばれている。たった数週間《すうしゅうかん》で、砂漠《さばく》のようなけしきにもどる。

巨大《きょだい》なアロエ

ツリーアロエ

ディコトマという種類《しゅるい》は、高《たか》さ10メートルにもなり、枝《えだ》を大《おお》きくひろげる。サクラの木《き》ほどの大《おお》きさ。

大木《たいぼく》のようなアロエも

アロエも多肉植物《たにくしょくぶつ》のひとつ。日本《にほん》でさいばいされる種類《しゅるい》は、たいてい鉢植《はちう》えで高《たか》さが数十《すうじっ》センチほど。でもアフリカの砂漠《さばく》には、高《たか》さ10メートルをこえる種類《しゅるい》もある。

砂漠《さばく》の砂《すな》に、うもれたようにそだつフェネストラリアは、レンズ植物《しょくぶつ》ともいわれている。まるっこく短《みじか》い棒《ぼう》のような葉《は》で、上《うえ》がレンズのように半透明《はんとうめい》。うもれてしまっても、砂《すな》をとおしてさす弱《よわ》い光《ひかり》を、レンズの部分《ぶぶん》であつめておぎなう。

めったにふらない雨《あめ》を、むだなく利用《りよう》する草花《くさばな》もある。雨《あめ》がふると芽《め》ばえ、すばやく成長《せいちょう》し、花《はな》をさかせ、タネをつける。1か月程度《げっていど》で一生《いっしょう》を終《お》えるが、多《おお》くのタネをふりまき、つぎの雨《あめ》をまつ。

きびしい環境《かんきょう》で生《い》きる〈高山《こうざん》・海《うみ》〉

マイナス何十度《なんじゅうど》にもなる低温《ていおん》や、強《つよ》い風《かぜ》にも負《ま》けない高山《こうざん》の植物《しょくぶつ》。海水《かいすい》につかる環境《かんきょう》で生《い》きる植物《しょくぶつ》。かわったすがたには、りゆうがある。

さむさと強風《きょうふう》にたえる

高《たか》い山《やま》の上《うえ》は、冬《ふゆ》は雪《ゆき》と氷《こおり》におおわれ、夏《なつ》でも強《つよ》い風《かぜ》がふく。
その環境《かんきょう》が、ふしぎなすがたの植物《しょくぶつ》をうみだした。

セイタカダイオウ

ヒマラヤの4000メートルをこえる高山《こうざん》にはえる。高《たか》さ1～2メートルになる草《くさ》。

白《しろ》い苞葉《ほうよう》のうちがわは温室《おんしつ》のようで、昼間《ひるま》は外《そと》より10～15度《ど》も高《たか》い。昆虫《こんちゅう》がもぐりこむ。

ハイマツ

高《たか》さはふつう1～2メートル。風《かぜ》あたりが強《つよ》い場所《ばしょ》ほどひくく、弱《よわ》い場所《ばしょ》ほど高《たか》い。風《かぜ》むきとはぎゃくの方向《ほうこう》に、横《よこ》に枝《えだ》をのばす。

クッション植物《しょくぶつ》

まるいクッションのようだが、さわると、かたくしまっている。茎《くき》が何千何万《なんぜんなんまん》もひしめきあってはえ、風《かぜ》にもびくともしない。

高山《こうざん》で生《い》きるしくみ

高《たか》い山《やま》の上《うえ》は気温《きおん》がひくく、強《つよ》い風《かぜ》や雪《ゆき》がふきつける。そんな場所《ばしょ》にもそだつ植物《しょくぶつ》がある。

ハイマツは、はうようにのびるマツのなかま。風《かぜ》にさからわず、風下《かざしも》にむかって枝《えだ》をひろげる。

クッション植物《しょくぶつ》とよばれるなかまは、体《からだ》がひくく、さむさや風《かぜ》をやりすごす。多《おお》くの葉《は》や茎《くき》がぎゅっとかたまり、見《み》た目《め》はコケかクッションのよう。ヒマラヤや南米《なんべい》など、世界《せかい》の高山《こうざん》にはえる。

昆虫《こんちゅう》がこのむあたたかい空間《くうかん》をもっている植物《しょくぶつ》もある。セイタカダイオウは、花《はな》のついた茎全体《くきぜんたい》を、クリーム色《いろ》の葉《は》のようなもの（苞葉《ほうよう》）で、つつみこむ。なかは温室《おんしつ》のようにあたたかく、おとずれた昆虫《こんちゅう》がみつをすう。

海水《かいすい》につかって生《い》きる

海水《かいすい》に強《つよ》い草《くさ》

アッケシソウ

北海道《ほっかいどう》などにはえる。高《たか》さ10～35センチ。秋《あき》にはまっ赤《か》に色《いろ》づく。

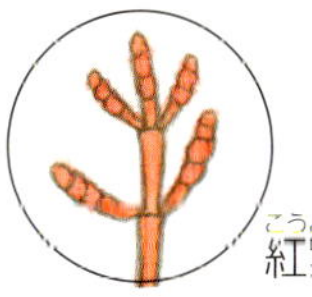

ソナレシバ

あつい地域《ちいき》の波《なみ》がかかる場所《ばしょ》にはえるシバのような草《くさ》。

マングローブ

マングローブの種類《しゅるい》は多《おお》い。海《うみ》から陸《りく》にむかうにつれ、はえている種類《しゅるい》がかわる。

マングローブの根《ね》のしくみ

地中《ちちゅう》からつきでるマングローブの根《ね》には、いくつかのタイプがある。

しっ根《こん》（オヒルギなど）

横《よこ》にはう根《ね》が、まげたひざのようなかたちにポコポコとでる。

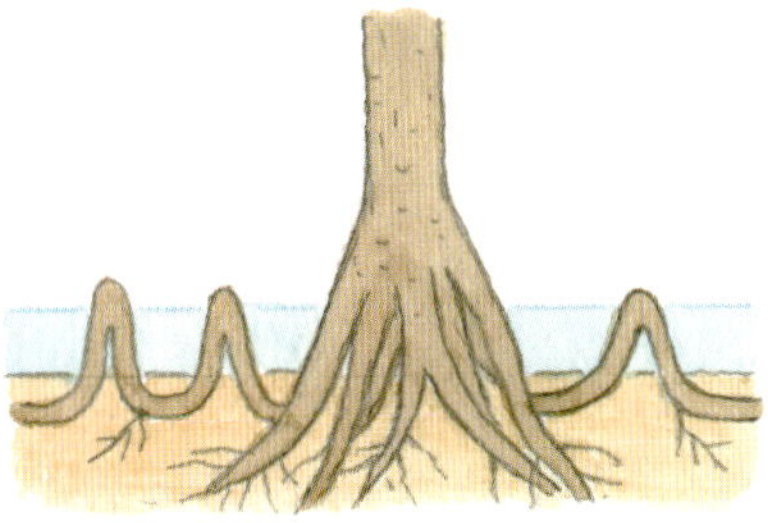

支柱根《しちゅうこん》（ヤエヤマヒルギなど）

幹《みき》をささえるように、たくさんの根《ね》がでる。

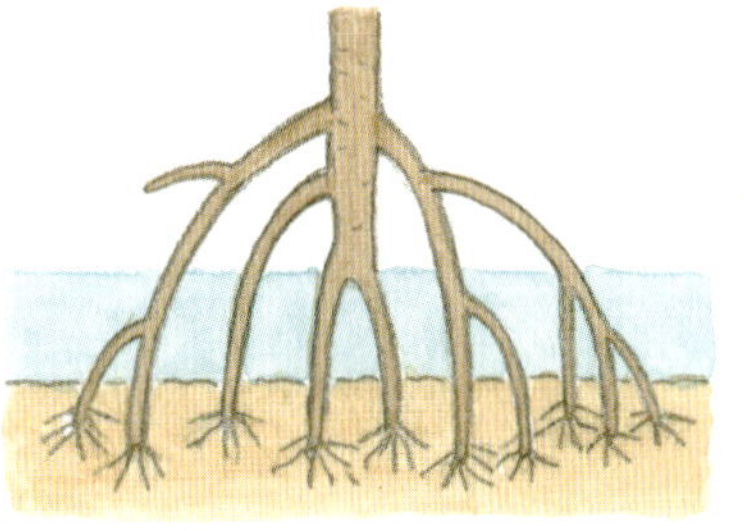

呼吸根《こきゅうこん》（マヤプシキなど）

横《よこ》にはう根《ね》のあちこちで、棒《ぼう》がつきだすように、根《ね》の一部《いちぶ》がでる。

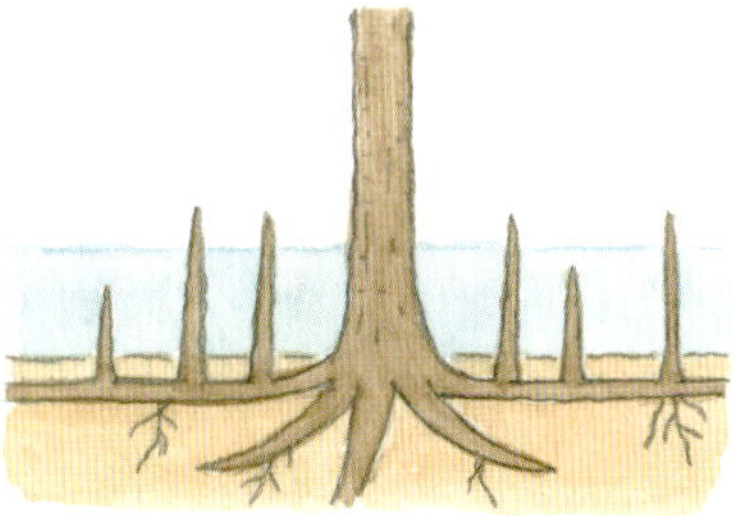

塩水《しおみず》にもまけない

海《うみ》と陸《りく》のさかい目《め》は、毎日《まいにち》、海《かい》水《すい》がみちたりひいたりを、くりかえす。川《かわ》が海《うみ》にながれこむ場所《ばしょ》の近《ちか》くは、真水《まみず》と塩水《しおみず》がまじりあっている。そんな場所《ばしょ》にはえる木《き》のなかまを、マングローブとよぶ。

植物《しょくぶつ》は根《ね》も呼吸《こきゅう》する。マングローブは、ぬかるんだどろのなかから、根《ね》の一部《いちぶ》を、空中《くうちゅう》につきだして呼吸《こきゅう》する。たおれないようにささえる根《ね》をもつ種類《しゅるい》もある。

波《なみ》うちぎわで生《い》きる草《くさ》もある。北海道《ほっかいどう》などにはえるアッケシソウや、あつい地域《ちいき》にはえるソナレシバなどだ。

海辺《うみべ》の植物《しょくぶつ》は、塩分《えんぶん》を根《ね》でこしとってからすいあげたり、塩分《えんぶん》を葉《は》からはきだしたりなど、特別《とくべつ》なしくみをもって生《い》きている。

ひろまる種子《しゅし》や果実《かじつ》　風《かぜ》や水《みず》の力《ちから》をかりて

花《はな》がさいたあとには果実《かじつ》（実《み》）がみのり、果実《かじつ》のなかには種子《しゅし》（タネ）ができる。種子《しゅし》は、植物《しょくぶつ》がこどもをのこし、なかまをふやすタイムカプセルみたいなものだ。

綿毛《わたげ》が風《かぜ》にとばされて、遠《とお》くまではこばれる。
タンポポ
センニンソウ
イタヤカエデ
クロマツ
アカシデ
つばさのようなかたちで、風《かぜ》にふかれ、くるくるまわりながらとばされる。
花《はな》
果実《かじつ》
ナンバンギセル
果実《かじつ》のなかには、粉《こな》のように細《こま》かい種子《しゅし》がびっしり。風《かぜ》にふきあげられてはこばれる。
ウバユリ
種子《しゅし》のまわりの半《はん》透明《とうめい》の膜《まく》のような部分《ぶぶん》で、ひらひらと風《かぜ》にまう。

風《かぜ》でとぶ

タンポポの綿毛《わたげ》はふわりと風《かぜ》にはこばれる。うまく地面《じめん》に落《お》ちれば、そこで芽《め》をだして成長《せいちょう》する。テイカカズラやセンニンソウなどもおなじしくみをもっている。

小《ちい》さなつばさをもった種子《しゅし》や果実《かじつ》もある。マツやカエデのなかま、シデのなかま、ユリのなかまなどがそれだ。鳥《とり》のようにはばたかなくとも、つばさの部分《ぶぶん》が風《かぜ》にあおられて、くるくると回転《かいてん》しながらとび、風《かぜ》が弱《よわ》まったときに地面《じめん》に落《お》ちる。

綿毛《わたげ》もつばさもないのに、遠《とお》くに旅《たび》する種子《しゅし》もある。代表的《だいひょうてき》なのがランのなかまやナンバンギセル。粒《つぶ》が見《み》えないほど細《こま》かい、粉《こな》のような種子《しゅし》をつくる。そのかるさで、はるか遠《とお》くまでとばされる。

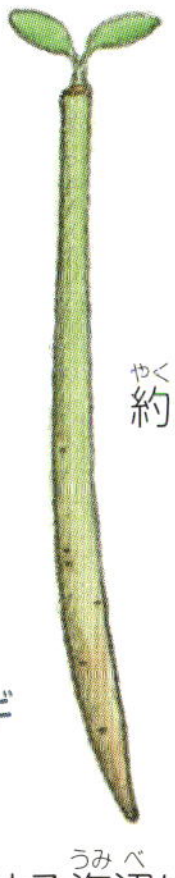

メヒルギ

約《やく》30センチ

波《なみ》のよせる海辺《うみべ》にはえる。枝《えだ》についたままの果実《かじつ》から芽《め》がでて、ぽとりと落《お》ちて遠《とお》くにはこばれる。

ココヤシ

うちがわにはたわしのような繊維《せんい》がからみあっていて、水にうく。

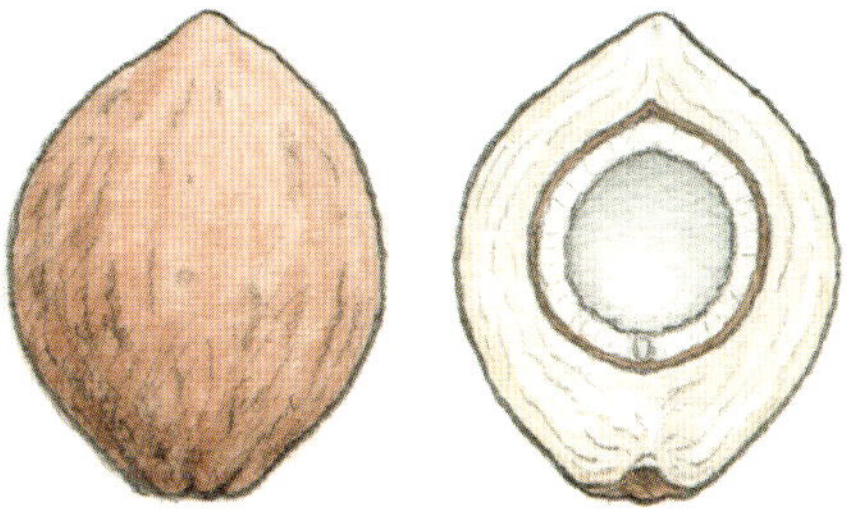

果実《かじつ》　わったところ

20～30センチ

オニグルミ

山《やま》の川《かわ》ぞいなどにはえる。カラに空気《くうき》をふくんでいてかるいため、川《かわ》にういてながされる。

3～4センチ

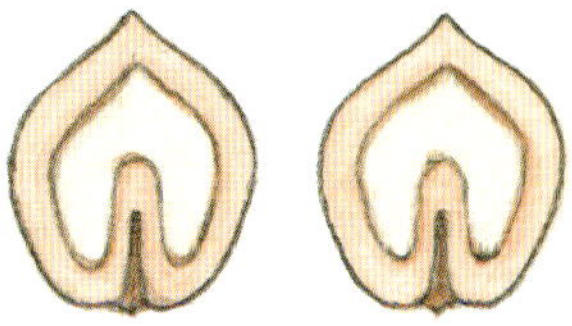

わったところ

モダマ

約《やく》5センチ

熱帯《ねったい》や亜熱帯《あねったい》にはえ、大《おお》きなさやをつける豆《まめ》。ながされて川《かわ》から海《うみ》にはこばれる。

ハマユウ

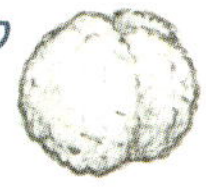

約《やく》2センチ

あたたかい地方《ちほう》の海《うみ》ぞいにはえる。種子《しゅし》のそとがわがコルクのようなつくりでかるいため、波《なみ》にういてはこばれる。

ゴバンノアシ　約《やく》10センチ

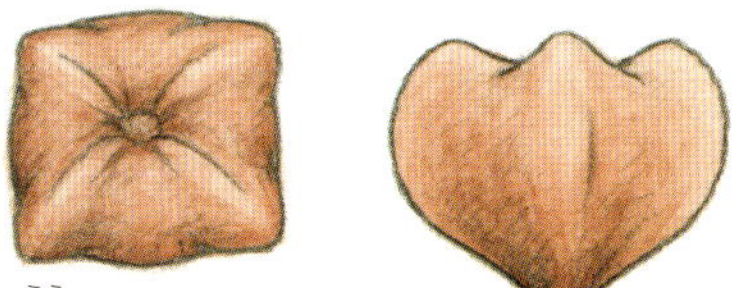

上《うえ》から　横《よこ》から

海辺《うみべ》にはえる。果実《かじつ》のうちがわのあらい繊維質《せんいしつ》はあつくてかるく、水《みず》にうく。囲碁《いご》の碁盤《ごばん》のあしのかたちににている。

碁盤《ごばん》のあし

水《みず》にはこばれる

川《かわ》や海流《かいりゅう》にながされて旅《たび》する植《しょく》物《ぶつ》もある。オニグルミの木《き》は、よく山《やま》の川《かわ》ぞいにはえている。クルミの実《み》はかるくてカラのなかにすきまがあり、水《みず》にうく。

たまたまぽとりと水面《すいめん》に落《お》ちると、川《かわ》のながれにのって動《うご》き、ながれついた岸辺《きしべ》で成長《せいちょう》する。

海水《かいすい》のながれにのって旅《たび》をする植物《しょくぶつ》もある。ココヤシはその代表《だいひょう》で、熱帯地域《ねったいちいき》にそだつヤシのなかま。海辺《うみべ》の木《き》から落《お》ちた果実《かじつ》が水《すい》面《めん》にうき、ながれついた岸辺《きしべ》で芽《め》をだす。

日本《にほん》の海岸《かいがん》にながれつくこともあるが、冬《ふゆ》がさむすぎるため、そだつことはない。ほかにも、おもしろい名《な》をもつゴバンノアシやモダマ（藻玉《もだま》）などがある。

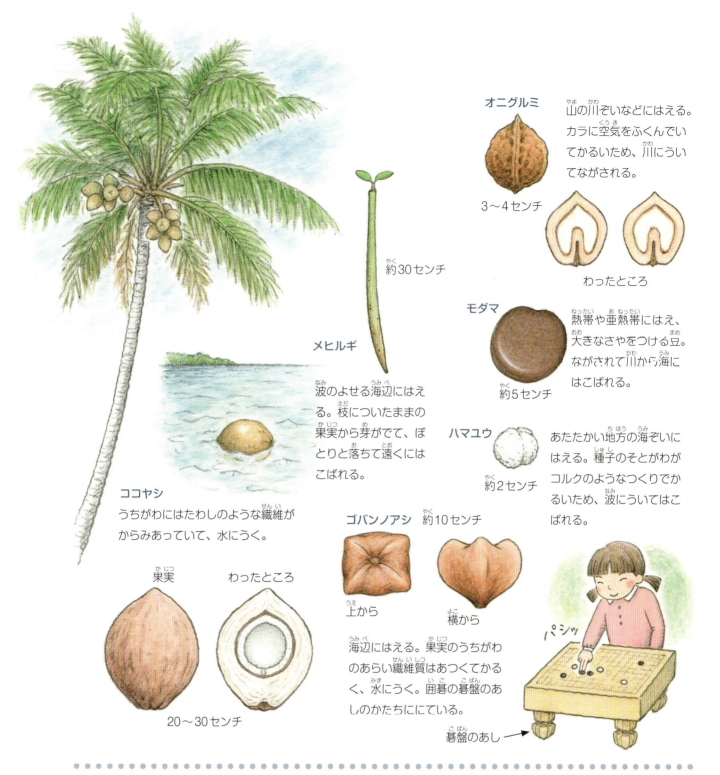

ひろまる種子《しゅし》や果実《かじつ》　くっついたりはじけたり

植物《しょくぶつ》は動《うご》けないけれど、ときには種子《しゅし》や果実《かじつ》が動物《どうぶつ》にそっとくっついてはこんでもらう。

オオオナモミ

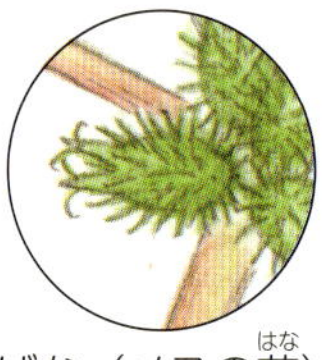

めばな（メスの花《はな》）。花《はな》びらがなく緑色《みどりいろ》。めだたない。

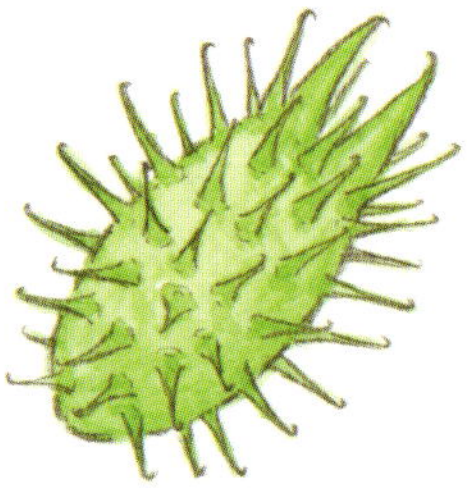

果実《かじつ》はじゅくすと、緑《みどり》色《いろ》から茶色《ちゃいろ》にかわる。長《なが》さ2〜2.5センチ。かぎづめでからみつくようにつく。

センダングサ

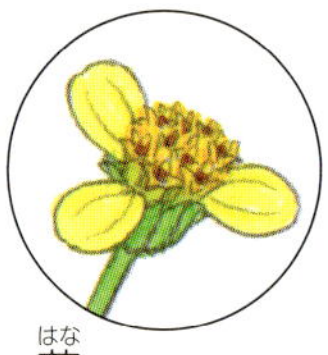

花《はな》

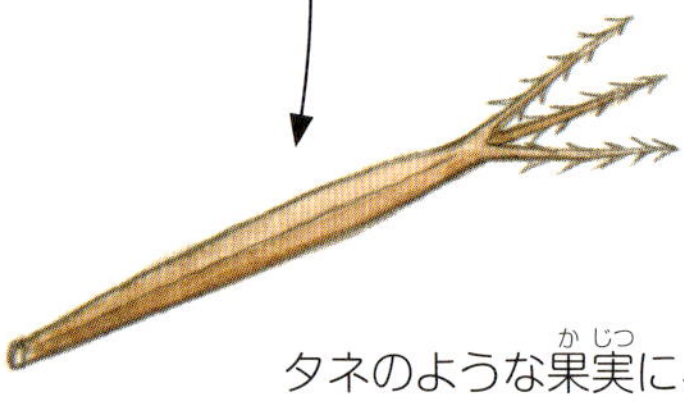

タネのような果実《かじつ》に、細《こま》かなトゲがびっしりはえている。長《なが》さ1〜2センチ。

ミズヒキ

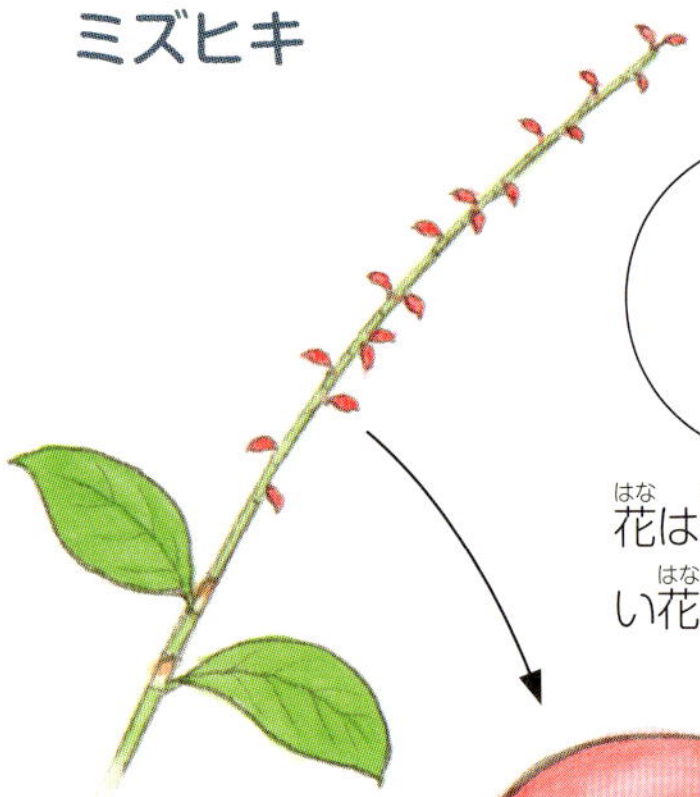

花《はな》は赤《あか》。たまに白《しろ》い花《はな》がある。

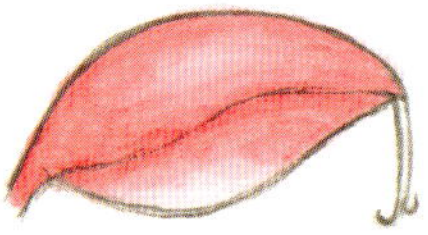

果実《かじつ》。つりばりのようなとがった部分《ぶぶん》でひっかかる。長《なが》さ3〜4ミリ。

くっついてひろまる

秋《あき》に草《くさ》むらを歩《ある》いていて、気《き》づいたら服《ふく》が草《くさ》の実《み》（果実《かじつ》）だらけになっていたことはないだろうか。くっつきやすい草《くさ》の実《み》のことを、「ひっつき虫《むし》」とよぶこともある。服《ふく》につくのも、種子《しゅし》や果実《かじつ》が遠《とお》くに移動《いどう》する方法《ほうほう》のひとつだ。

センダングサやオオナモミ、ミズヒキなどの果実《かじつ》をルーペで見《み》ると、小《ちい》さなかぎづめのような、ふしぎなしくみに気《き》づくはずだ。

このしくみで、人《ひと》だけでなく、さんぽちゅうの犬《いぬ》や野生動物《やせいどうぶつ》の毛《け》皮《がわ》にもくっつく。そして、とりのぞかれてすてられたり、動物《どうぶつ》の毛《け》といっしょにぬけ落《お》ちたりする。

たまたま落《お》ちた場所《ばしょ》がよければ、そこで芽《め》をだし、生《い》きる場所《ばしょ》をどんどんひろげていく。

フジ

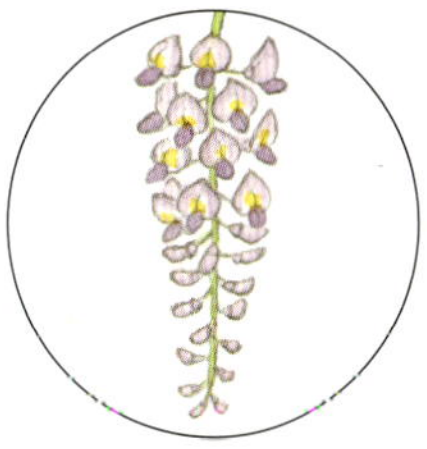

花《はな》の色《いろ》は、むらさきや白《しろ》、ピンクなど。春《はる》のさかりにさき、あまいかおりがする。

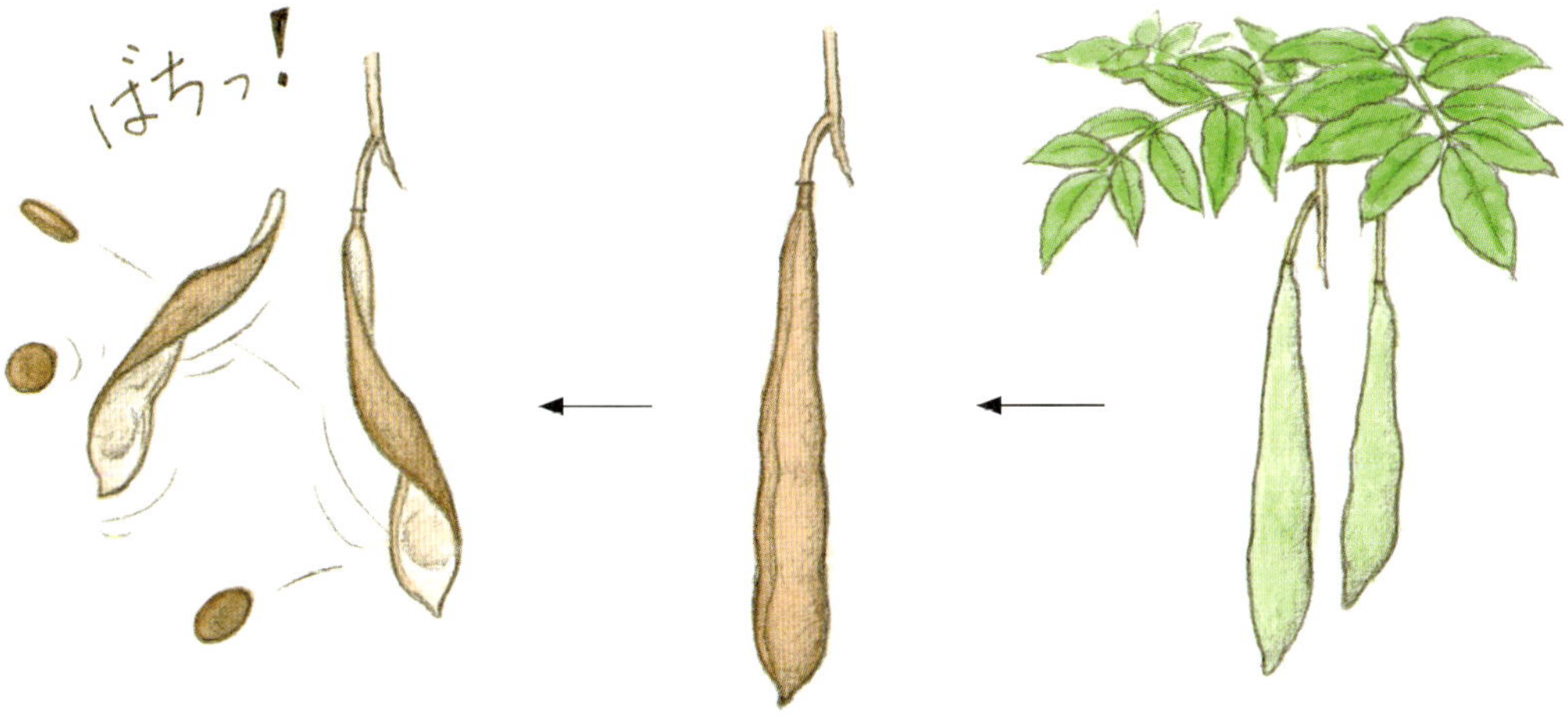

夏《なつ》になると15〜20センチくらいのさや（果実《かじつ》）がぶらさがる。

冬《ふゆ》になると、じゅくして乾《かん》燥《こう》し、茶色《ちゃいろ》にかわる。

乾燥《かんそう》がすすむと、さやがゆがみ、とつぜんはじけて、なかの豆《まめ》（種子《しゅし》）がばちっととびだす。

ホウセンカ

花《はな》の色《いろ》は、赤《あか》やピンク、白《しろ》、むらさきなど。夏《なつ》にさく。

花《はな》がちると、長《なが》さ1〜2センチの果実《かじつ》がたくさんつく。

ぷっくりふくらんだ果実《かじつ》をそおっとつまむと……

ぱちんとはじけて、種子《しゅし》がとびちる。

はじけとんでひろまる

自分《じぶん》の力《ちから》だけで種子《しゅし》をはじきとばす植物《しょくぶつ》もある。

カラスノエンドウやフジなどの豆《まめ》（種子《しゅし》）のはいったさや（果実《かじつ》）は、じゅくしてかわくと、とつぜんはじけてとびちる。フジは、はじけるときにばちっと大《おお》きな音《おと》をたて、ときには10メートル以上《いじょう》も種子《しゅし》をとばす。直接《ちょくせつ》あたればきけんなほどだ。

観察《かんさつ》しやすいのはカタバミやホウセンカ。果実《かじつ》はひとりでにはじける。すぐに観察《かんさつ》したければ、大《おお》きくふくらんだ果実《かじつ》を見《み》つけて、指《ゆび》でそおっとはさんでみよう。とたんにぱちんとはじけて、細《こま》かな種子《しゅし》をとびちらせる。はじけるしゅん間《かん》の強《つよ》い力《ちから》を、指《ゆび》で感《かん》じることができる。

ひろまる種子《しゅし》や果実《かじつ》　食《た》べられてひろまる

果実《かじつ》のきれいな色《いろ》やあまいかおり、おいしさで、動物《どうぶつ》がさそわれる。動物《どうぶつ》は果実《かじつ》を食《た》べて、ごちそうのおかえしに種子《しゅし》のはこび屋《や》になる。もちつもたれつの関係《かんけい》だ。

ヤドリギとヒレンジャク

ヤドリギは、ほかの木《き》の枝《えだ》に根《ね》をくいこませて生《い》きる寄生植物《きせいしょくぶつ》（くわしくは89ページ）。

ヤドリギの果実《かじつ》はヒレンジャクの大好物《だいこうぶつ》。

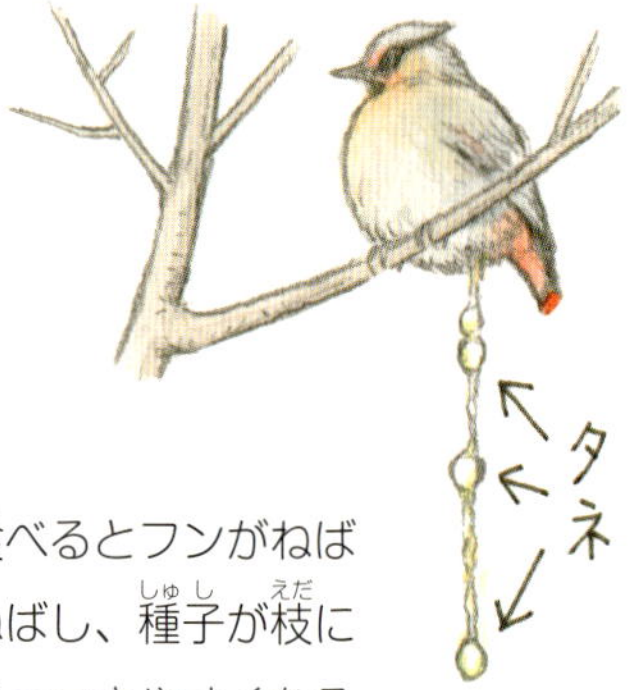

食《た》べるとフンがねばねばし、種子《しゅし》が枝《えだ》にくっつきやすくなる。

枝《えだ》にしっかりくっついた種子《しゅし》は、やがて芽《め》をだす。

ナンテンとジョウビタキ

ナンテンの果実《かじつ》は、ジョウビタキがくわえるのにちょうどよい大《おお》きさだ。まるごとのみこんでしまう。

どんぐりとカケス

カケスは、ミズナラなどの果実《かじつ》（どんぐり）をせっせとあつめ、土《つち》のなかにうめておく。あとでとりだして食《た》べる。

鳥《とり》に食《た》べられる

緑《みどり》のなかでも冬《ふゆ》の木《こ》だちでも、色《いろ》づいた果実《かじつ》はよくめだつ。おいしくて栄養《えいよう》まんてんのサインだ。

冬《ふゆ》になると赤《あか》くみのるナンテンは、ヒヨドリやジョウビタキの大《だい》好物《こうぶつ》。くちばしでくわえて、まるごとのみこんでしまう。なかの種《しゅ》子《し》はどうなってしまうのだろう。

種子《しゅし》は、鳥《とり》のおなかのなかでもとかされることはない。鳥《とり》のフンを見《み》ると、ぽつぽつと種子《しゅし》がまざっている。運《うん》がよければ、フンが落《お》ちた地面《じめん》で芽《め》ぶいてそだつ。

木《き》の実《み》をだいじにしまっておく鳥《とり》もいる。カケスは秋《あき》にどんぐりを地面《じめん》にうめておき、あとでとりだして食《た》べる。食《た》べわすれたどんぐりは、春《はる》になると芽《め》をだし、新《あたら》しい木《き》がそだつ。

ヤマグリとノネズミ

ヤマグリをはこぶノネズミ。秋《あき》は、冬《ふゆ》にそなえて食《た》べものをあつめるのにいそがしい。

ネズミがためたヤマグリ。食《た》べわすれは春《はる》になると芽《め》をだして、やがておいしい実《み》をつけるかもしれない。

森《もり》で見《み》つけたクルミのカラ

落《お》ちているクルミのカラのかたちで、食《た》べたのがリスかネズミかすぐわかる。

リスは、スジにそってきれいにふたつにわって食《た》べる。

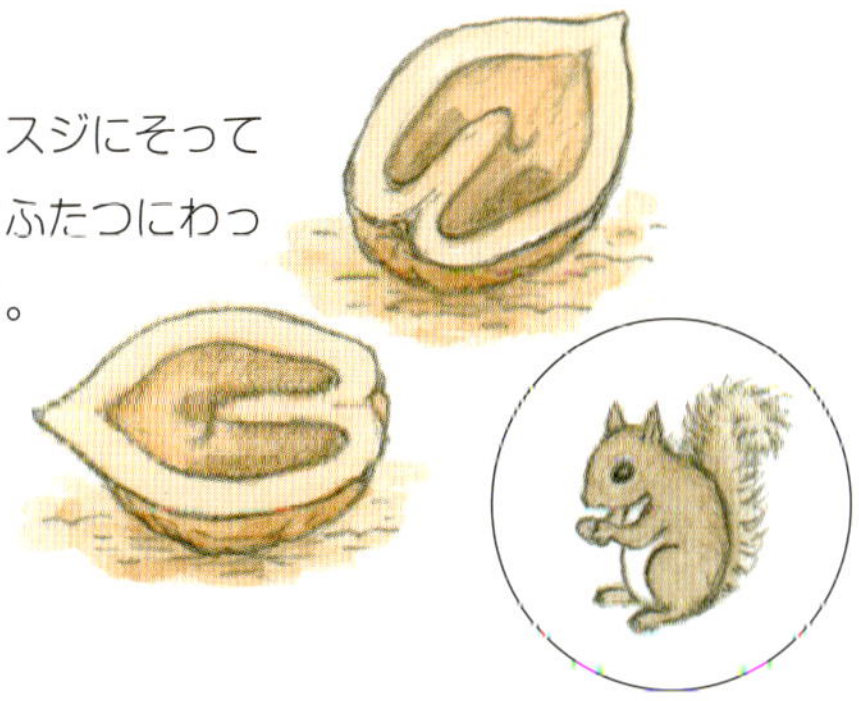

ネズミは、カラの横《よこ》にあなをあけて食《た》べる。

スミレとアリ

石垣《いしがき》にはえたタチツボスミレ。石《いし》のすきまにアリの巣《す》があり、すてられた種子《しゅし》からはえたのかもしれない。

アリはいっしょうけんめい巣《す》まではこび、白《しろ》いごちそうだけ食《た》べて、のこりの種子《しゅし》はすててしまう。

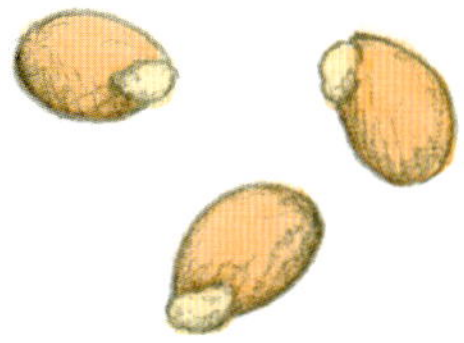

タチツボスミレの種子《しゅし》。長《なが》さは1.5ミリほど。種子《しゅし》についている白《しろ》いかたまりは、アリのごちそうになる。

ほ乳動物《にゅうどうぶつ》や虫《むし》にも食《た》べられる

サルやクマなども、あまくてみずみずしい野山《のやま》の果実《かじつ》が大《だい》すき。ヤマブドウやサルナシ、ヤマモモなどを、もりもり食《た》べる。食《た》べたら、動《うご》きまわりながらあちこちでフンをする。もとの場所《ばしょ》から遠《とお》くはなれ、動物《どうぶつ》の落《お》としもののなかから元気《げんき》にそだつ種子《しゅし》もある。

クルミやどんぐり、クリなども、リスやノネズミのごちそうだ。じょうぶな歯《は》でわったり、あなをあけたりして、栄養《えいよう》たっぷりの中身《なかみ》を食《た》べる。たくさんあつめたら、まるごと土《つち》のなかにしまっておく。うっかり場所《ばしょ》をわすれて、種子《しゅし》がそのまま芽《め》をだすこともある。

生《い》きものたちは、知《し》らぬまに野山《のやま》の種《たね》まきをしているのだ。

世界《せかい》の種子《しゅし》こぼれ話《ばなし》

1個《こ》でももちあがらないほど重《おも》かったり、コロコロと動《うご》きまわったり……。
種子《しゅし》はちっぽけで地味《じみ》なものばかりと思《おも》ったら、大《おお》まちがいだ。

最大《さいだい》の種子《しゅし》

フタゴヤシには、右《みぎ》がわのような雄木《おすぎ》（オスの木《き》）と、実《み》のなる雌木《めすぎ》（メスの木《き》）がある。高《たか》さは約《やく》30メートル、幹《みき》の直径《ちょっけい》は約《やく》70センチ。

あまりに重《おも》いので、展示用《てんじよう》の種子《しゅし》はたいてい中身《なかみ》をくりぬき、かるくしてある。自然《しぜん》のままだったら、とてももてない。

宝石《ほうせき》みたい

ナンバンアカアズキは約《やく》5ミリ、オルモシアは約《やく》1センチ。時間《じかん》がたっても宝石《ほうせき》のように色《いろ》あせない。

ナンバンアカアズキの英語《えいご》の名《な》まえはラッキービーン（幸運《こううん》の豆《まめ》）。

重《おも》さ20キログラムの種子《しゅし》

種子《しゅし》はどれも小《ちい》さいものと思《おも》っていないだろうか。なんと世界《せかい》には、かかえきれないほど大《おお》きく重《おも》い種子《しゅし》もある。それは、インド洋《よう》のセイシェル諸島《しょとう》にはえるヤシのなかま、フタゴヤシ（オオミヤシ）の種子《しゅし》。最大《さいだい》で、1個《こ》で長《なが》さ35センチ前後《ぜんご》、重《おも》さは20キログラムをこえる。おとなでも、もちあげるのはたいへんだ。

宝石《ほうせき》のようにきれいな種子《しゅし》もある。ナンバンアカアズキやオルモシアなど、熱帯地方《ねったいちほう》の木《き》につくきれいな豆《まめ》だ。

自然《しぜん》にできたものとは思《おも》えないほどつややかで、あざやかな赤色《あかいろ》は宝石《ほうせき》のよう。あなをあけてビーズのように糸《いと》でつなげば、すてきなネックレスになる。

ひらりととぶ

ヒョウタンカズラ

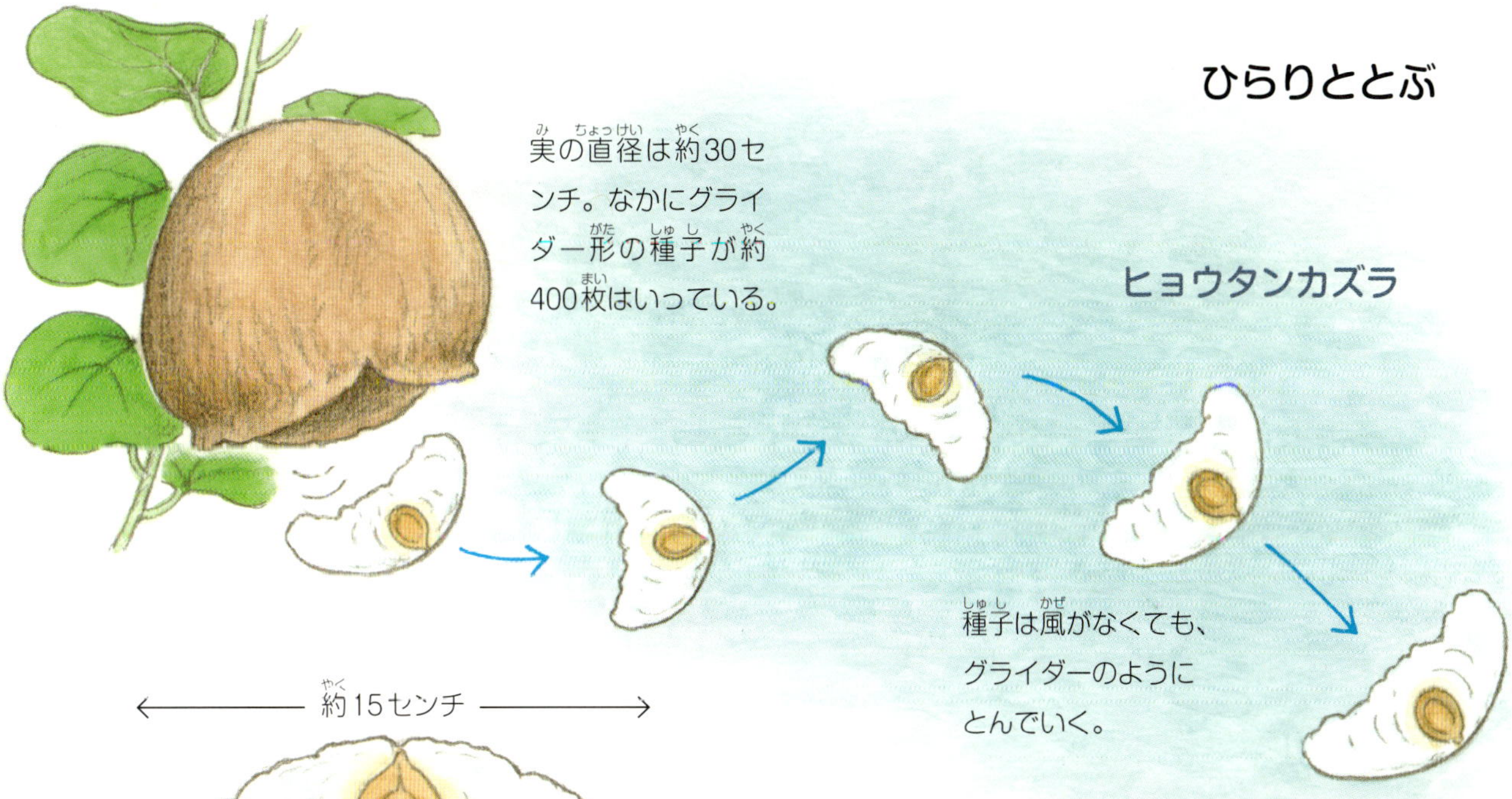

実《み》の直径《ちょっけい》は約《やく》30センチ。なかにグライダー形《がた》の種子《しゅし》が約《やく》400枚《まい》はいっている。

種子《しゅし》は風《かぜ》がなくても、グライダーのようにとんでいく。

約《やく》15センチ

半透明《はんとうめい》のまくの中心《ちゅうしん》に、種子《しゅし》がある。まくのかたちは、ひとつひとつびみょうにちがう。

動《うご》く種子《しゅし》

メキシコトビマメ

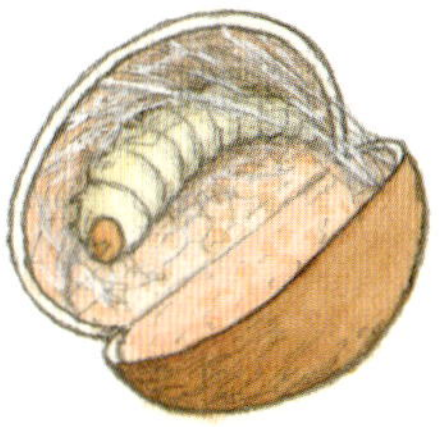

種子《しゅし》をわると、なかに幼虫《ようちゅう》がはいっている。ガになると、うちがわからあなをあけてはいだす。

なかの幼虫《ようちゅう》（いもむし）が動《うご》くので、種子《しゅし》が生《い》きているようにプルプルふるえる。

大《おお》きさは7～10ミリ。かたちはアサガオの種子《しゅし》ににている。

森《もり》のグライダー

ヒョウタンカズラ（ハネフクベ）は熱帯《ねったい》の森《もり》で、大木《たいぼく》にまきついてそだつ。ウリのなかまのつる植物《しょくぶつ》で、種子《しゅし》のかたちもとびかたも、グライダーにそっくりだ。

果実《かじつ》がじゅくすと底《そこ》が開《ひら》いて、紙《かみ》のようにうすい種子《しゅし》がとびだす。そして空中《くうちゅう》をすべるように、遠《とお》くまでとんでいく。

メキシコトビマメ（ジャンピング・ビーン）は動《うご》く種子《しゅし》。勝手《かって》にプルプルふるえたり、コロンとむきをかえたりする。

じつは種子《しゅし》がじゅくすまえにガの一種《いっしゅ》が卵《たまご》をうみつけていて、種子《しゅし》を食《た》べてそだった幼虫《ようちゅう》が、うちがわで動《うご》いているというわけ。ガがでたあとには、あなのあいたスカスカの種子《しゅし》がのこされる。

校庭《こうてい》や庭《にわ》の身近《みぢか》な草《くさ》〈冬《ふゆ》～春《はる》〉

身近《みぢか》な場所《ばしょ》に、タネをまかないのにはえてくる、やっかいな草《くさ》は、雑草《ざっそう》ともよばれる。校庭《こうてい》や庭《にわ》の草《くさ》の、冬《ふゆ》から春《はる》にかけてのすがたを見《み》てみよう。

ロゼット葉《よう》をつくる草《くさ》

葉《は》のかたちや手《て》ざわりがことなるので、ロゼット葉《よう》だけでも種類《しゅるい》がわかる。春《はる》になると中心《ちゅうしん》から茎《くき》がのびて、花《はな》がさく（円《えん》のなかは冬《ふゆ》のロゼット葉《よう》）。

キュウリグサ

ワスレナグサににているが、花《はな》の直径《ちょっけい》は2ミリくらい。葉《は》をもむと、キュウリのにおいがする。

ナズナ（ペンペングサ）

春《はる》の七草《ななくさ》のひとつで、ロゼット葉《よう》の時期《じき》に食《た》べる。実《み》が三味線《しゃみせん》のバチににているのが、ペンペングサというべつ名《めい》のゆらい。

ハルジオン

北《きた》アメリカからの帰化植物《きかしょくぶつ》。ヒメジョオンににているが、つぼみは下《した》むきにたれ、茎《くき》は空洞《くうどう》。

オオバコ

ふみつけにとくに強《つよ》く、人《ひと》がよく通《とお》るかたい地面《じめん》に多《おお》い。タネはぬれると、くつのうらについてはこばれる。

冬《ふゆ》の草《くさ》は地面《じめん》にはりつく

冬《ふゆ》。落葉樹《らくようじゅ》は葉《は》を落《お》とし、草《くさ》もかれ、地面《じめん》には緑《みどり》がほとんど見《み》えない。でもよく観察《かんさつ》すると、はりつくようにはえるたくさんの草《くさ》を、見《み》つけることができる。

多《おお》くの種類《しゅるい》の草《くさ》が、中心《ちゅうしん》から四《し》方八方《ほうはっぽう》に、まるく葉《は》をのばしている。このようなはえかたをロゼット葉《よう》といい、冬《ふゆ》にはとくにめだつ。

真冬《まふゆ》でも太陽《たいよう》の光《ひかり》がさすと、地《じ》面《めん》の温度《おんど》はあがる。ロゼット葉《よう》は、光《ひかり》とぬくもりを上手《じょうず》にとりこむ。地面《じめん》にへばりつくようにはえるので、風《かぜ》でいたむことも少《すく》ないし、多少《たしょう》ふまれても平気《へいき》。

根《ね》がしっかりしていて、ひっぱってぬこうとしても、葉《は》だけがちぎれ、根《ね》はのこる。退治《たいじ》するのは、けっこうむずかしい。

横《よこ》にはってしげる草《くさ》

茎《くき》はあるものの、冬《ふゆ》は地面《じめん》にへばりつき、めだたない。春《はる》はいっきに茎《くき》がのびて、あたりをおおいつくすようにしげる。

どんどんふえる帰《さ》化《か》植物《しょくぶつ》

チチコグサモドキは北《きた》アメリカ、ウラジロチチコグリは南《みなみ》アメリカからの帰《き》化《か》植物《しょくぶつ》。いまでは日本《にほん》のチチコグサより、帰《き》化《か》した種類《しゅるい》のほうがふえ、目《め》につきやすくなっている。

チチコグサ

チチコグサモドキ

ウラジロチチコグサ

オオイヌノフグリ

ヨーロッパからの帰《き》化《か》植物《しょくぶつ》。春《はる》のまださむいころからさきはじめる。花《はな》は１日《にち》でポトリと落《お》ちる。

ハコベ

春《はる》の七草《ななくさ》のひとつで、やわらかい茎《くき》や葉《は》が食《た》べられる。小《こ》鳥《とり》のえさにもなる。

カラスノエンドウ

豆《まめ》のなかま。実《み》（さや）がじゅくすとまっ黒《くろ》になるので、カラスにたとえられた。

春《はる》になるといっきにのびる

春《はる》になると、ロゼット葉《よう》は大《おお》きくかわる。ペタンとふせていた葉《は》はたちあがり、中心《ちゅうしん》から茎《くき》がどんどんのびて、花《はな》をさかせる。

ハコベやカラスノエンドウ、ヤエムグラなど、ロゼット葉《よう》をつくらない草《くさ》もある。秋《あき》に芽《め》をだし、冬《ふゆ》のあいだ地面《じめん》にはうようにしてすごすのは、ロゼット葉《よう》とおなじ。あたたかくなると、数多《かずおお》く茎《くき》をのばし、地面《じめん》をおおうようにそだつ。

身近《みぢか》な草《くさ》には、帰化植物《きかしょくぶつ》（外国《がいこく》などからはいってきた、もともとはそこになかった種類《しゅるい》）がけっこう多《おお》い。春《はる》にさく草《くさ》では、オオイヌノフグリやハルジョオン、ヒメオドリコソウなどがそうだ。もともと日本《にほん》にあった草《くさ》によくにた帰《き》化植物《かしょくぶつ》も多《おお》い。

校庭《こうてい》や庭《にわ》の身近《みぢか》な草《くさ》〈夏《なつ》〜秋《あき》〉

夏《なつ》から秋《あき》、草《くさ》はすごいいきおいで成長《せいちょう》する。校庭《こうてい》や庭《にわ》も、しばらくほうっておくと、草《くさ》だらけになってしまう。

芝生《しばふ》にはえる草《くさ》

芝生《しばふ》のすきまにはえ、どんどんひろがる。ほうっておくと芝生《しばふ》が負《ま》けて、ほかの草《くさ》だらけになってしまう。

シロツメクサ（クローバー）
タンポポ
スズメノカタビラ

ネジバナ

ランのなかま。はびこることはなく、ねじれたようにならぶ小《ちい》さな花《はな》がかわいらしいので、人気《にんき》がある。

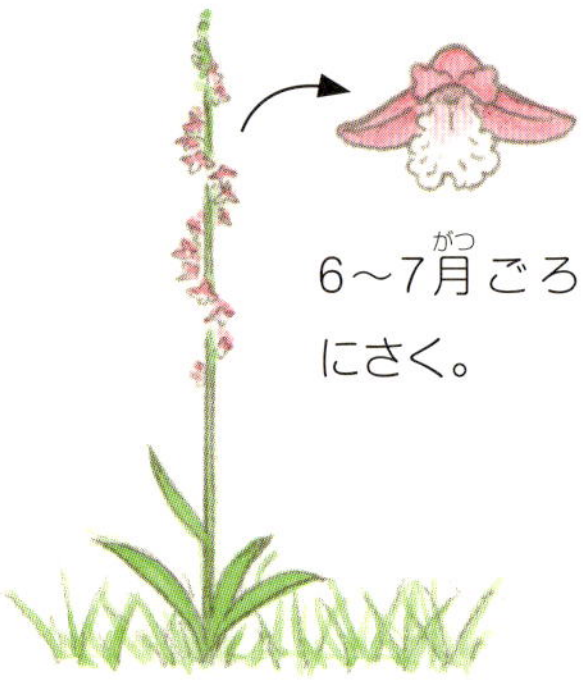
6〜7月《がつ》ごろにさく。

ふまれても平気《へいき》

乾燥《かんそう》に強《つよ》く、敷《し》き石《いし》のすきまや、コンクリートのわれ目《め》などにはいりこみ、成長《せいちょう》する草《くさ》もある。

ツメクサ

スベリヒユ

コニシキソウ

カタバミ

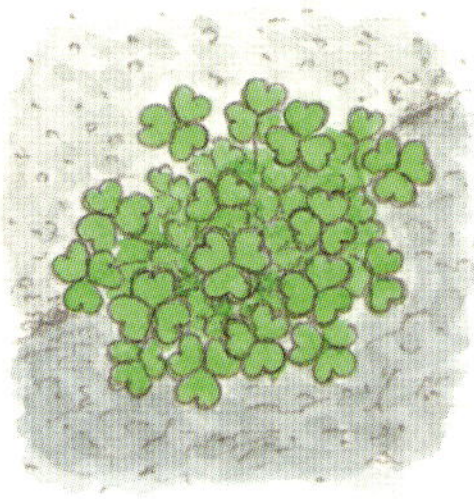

すきまでない場所《ばしょ》にはえれば、より大《おお》きく成長《せいちょう》する。

背《せ》たけのひくい草《くさ》

芝生《しばふ》や敷《し》き石《いし》のすきまにも、いつのまにか草《くさ》ははえる。水《みず》や肥料《ひりょう》をあたえないと、弱《よわ》ってしまう園芸植物《えんげいしょくぶつ》とは大《おお》ちがいだ。

シロツメクサ（クローバー）をはじめ、芝生《しばふ》にはえる草《くさ》は、芝刈《しばか》り機《き》でかられても、根《ね》がのこる。根《ね》こそぎぬかないと、あっというまにはえてくる。

種類《しゅるい》によっては、敷《し》き石《いし》やレンガのすきま、コンクリートのわれ目《め》などでも成長《せいちょう》する。ふまれてちぎれても、すぐに新《あたら》しい茎《くき》や葉《は》がのび、めったにかれることはない。

背《せ》たけがひくくて日《ひ》なたをこのむ草《くさ》は、大《おお》きな草《くさ》のあしもとでは生《い》きていけない。すきまやわれ目《め》は、意外《いがい》と生《い》きやすい場所《ばしょ》なのかもしれない。

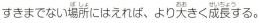

葉《は》が線《せん》のように細《ほそ》い草《くさ》

花《はな》は地味《じみ》で、穂《ほ》のようなかたち。マツやスギなどの木《き》とおなじように、風《かぜ》で花粉《かふん》がはこばれる。

カヤツリグサ

エノコログサ（ネコジャラシ）

オヒシバ

メヒシバ

横《よこ》にのびてひろがる草《くさ》

横《よこ》にのびる茎《くき》の節《ふし》から、新《あたら》しい根《ね》がでて、地《ち》をはうようにひろがる。

イヌタデ

ツユクサ

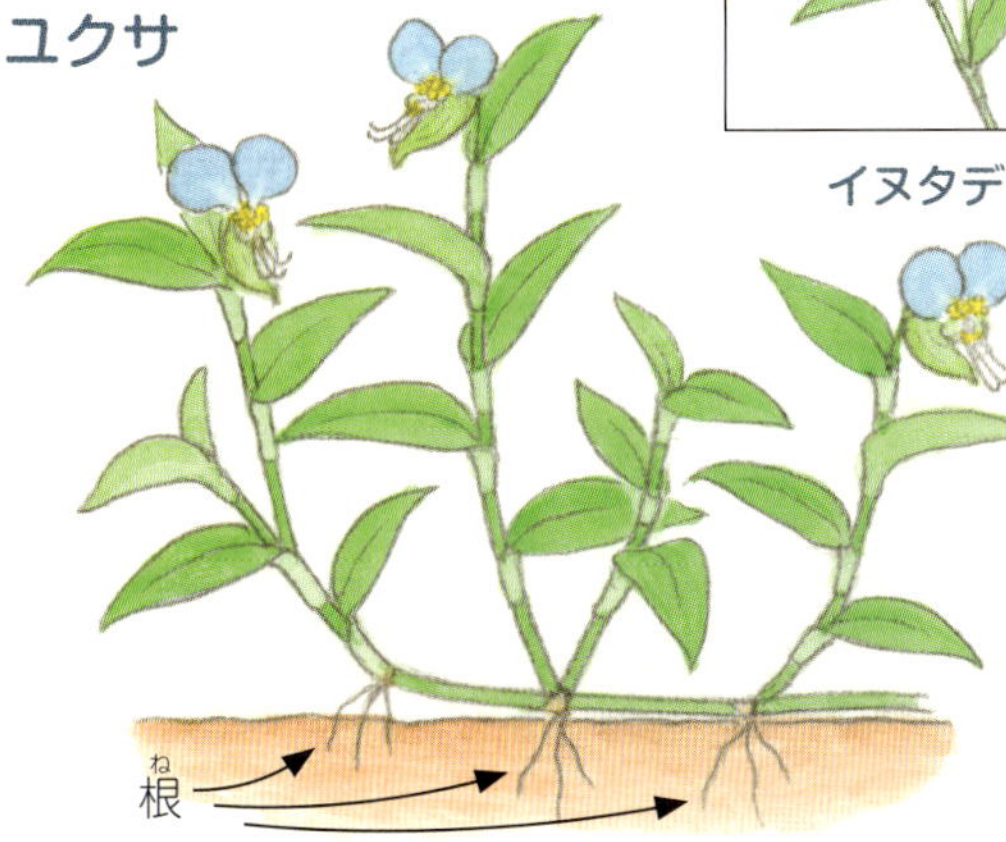

地下《ちか》の茎《くき》ではびこる草《くさ》

地下《ちか》の茎《くき》が横《よこ》にのびて、新《あたら》しい茎《くき》をどんどん地上《ちじょう》にだす。

スギナ

ドクダミ

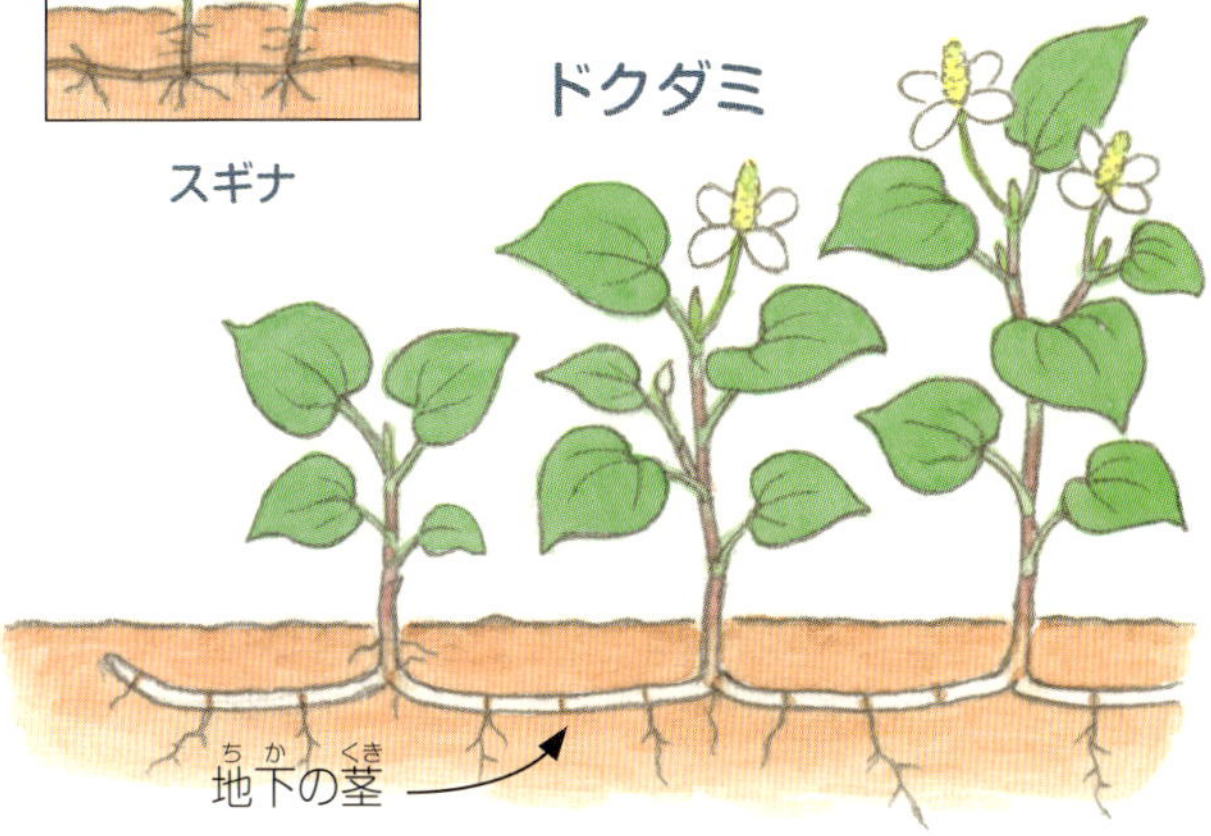

どんどんしげる草《くさ》

葉《は》が線《せん》のように細《ほそ》くツンツンとのびる草《くさ》に、イネのなかまやカヤツリグサのなかまがある。校庭《こうてい》や庭《にわ》でもよくみられ、種類《しゅるい》が多《おお》いが、花《はな》は地味《じみ》でめだたない。

ドクダミやスギナは、地下《ちか》の茎《くき》を横《よこ》にはりめぐらし、どんどんひろがる。ひきぬいても一部《いちぶ》がのこってしまい、根《ね》こそぎにするのは、かなりむずかしい。

茎《くき》の一部《いちぶ》が地面《じめん》にふれると、そこから新《あたら》しい根《ね》がでて、まわりじゅうにひろがる草《くさ》もある。ツユクサやイヌタデがそう。小《ちい》さいうちにひきぬけば、ひろがらない。

草《くさ》はタネがたくさんこぼれるほど、つぎの年《とし》の草《くさ》とりがたいへんになる。花《はな》がさくまえに、ひきぬくことがたいせつだ。

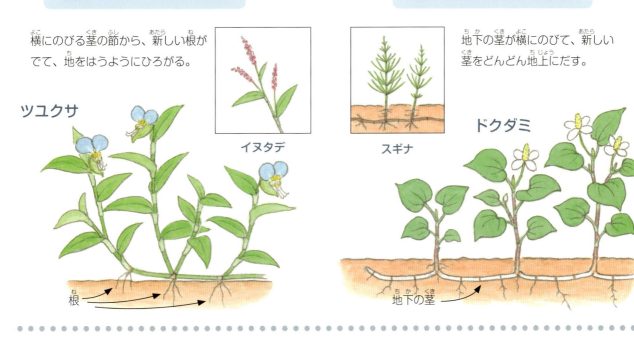

田畑《たはた》にはえる草《くさ》

田《た》んぼや畑《はたけ》にも、草《くさ》はでる。はやめにとりのぞかないと、土《つち》の養分《ようぶん》をどんどんすって大《おお》きくなり、コメや野菜《やさい》の収穫量《しゅうかくりょう》がへってしまう。

田《た》んぼにはえる草《くさ》

あぜにはえる草《くさ》

春《はる》から初夏《しょか》にかけてはひくい草《くさ》、夏《なつ》から秋《あき》にかけては、高《たか》い草《くさ》がはえる。

サギゴケ

5月下旬《がつげじゅん》、サギゴケやオオジシバリが花《はな》ざかりのあぜ。

オオジシバリ

ヨメナ

高《たか》さ50センチ～1メートル。7～10月《がつ》にさく。

ノアザミ

高《たか》さ50センチ～1メートル。5～8月《がつ》にさく。

ヒガンバナ

高《たか》さ30～50センチ。9月《がつ》なかごろにさく。

ミソハギ

高《たか》さ50センチ～1メートル。7～8月《がつ》にさく。

水《みず》がはられる時期《じき》（夏《なつ》～秋《あき》）

水辺《みずべ》をこのむ草《くさ》が、イネにまぎれてはえる。

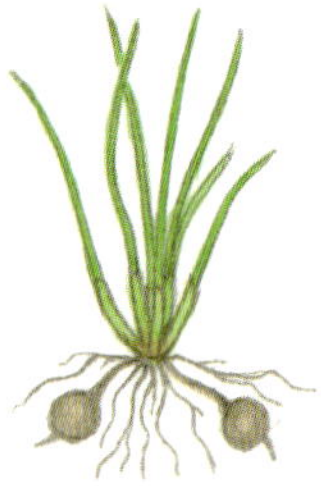

クログワイ

高《たか》さ40～80センチ。地下《ちか》に黒《くろ》っぽい球根《きゅうこん》をつける。

タイヌビエ

高《たか》さ40～90センチ。イネにすがたがにている。

コナギ

高《たか》さ10～40センチ。青《あお》い花《はな》がきれい。

水《みず》のない時期《じき》（冬《ふゆ》～春《はる》）

稲刈《いねか》りのあと、よく年《ねん》の春《はる》までのあいだ、かわいた田《た》んぼにはえる。

スズメノテッポウ

高《たか》さ10～40センチ。

草《くさ》ぶえになる。

タネツケバナ

高《たか》さ10～30センチ。

コオニタビラコ

高《たか》さ5～25センチ。

田《た》んぼとその周辺《しゅうへん》

春《はる》から夏《なつ》にかけての田《た》んぼは、水《みず》がはられ、イネ（コメ）がさいばいされている。そこにはえる草《くさ》は、水辺《みずべ》や湿地《しっち》をこのむ種類《しゅるい》が多《おお》い。秋《あき》のおわりから冬《ふゆ》にかけては水《みず》がぬかれ、乾燥《かんそう》しているため、野原《のはら》にはえるような草《くさ》にかわる。

田《た》んぼのあぜ（1段高《だんたか》くなっているしきりの部分《ぶぶん》）では、春《はる》は、はうようにのびる草《くさ》や、草丈《くさたけ》のひくい草《くさ》が多《おお》い。夏《なつ》から秋《あき》にかけては、高《たか》くのびる草《くさ》がふえる。野山《のやま》にさくような、きれいな草花《くさばな》が見《み》られることもある。

ヒガンバナは、かつて人《ひと》の手《て》で植《う》えられた。球根《きゅうこん》に毒《どく》があるため、ネズミやモグラがきらう。あぜにあなをあけられるのを、ふせぐ効《こう》果《か》があるといわれている。

マルチング

植物《しょくぶつ》をうえた地面《じめん》をポリエチレンフィルムなどでおおうこと。目的《もくてき》によって、材料《ざいりょう》をつかいわける。

黒《くろ》いフィルム
草《くさ》がはえるのをふせぎ、さむい時期《じき》には、地面《じめん》の温度《おんど》をあげる。

銀色《ぎんいろ》のフィルム
光《ひかり》を反射《はんしゃ》させることで、アブラムシなどの害虫《がいちゅう》をつきにくくする。

わら
しきつめると、雨《あめ》で土《つち》がはねあがるのをふせげる。

畑《はたけ》にはえる草《くさ》

夏《なつ》から秋《あき》までの草《くさ》

定期的《ていきてき》に草《くさ》とりをしないと、野菜《やさい》が負《ま》けてしまい、よくそだたない。

イヌビユ
高《たか》さ30～60センチ。わかい葉《は》は、青菜《あおな》として食《た》べられる。

シロザ
高《たか》さ60センチ～1.5メートル。わかい葉《は》は白《しろ》っぽい。

ハキダメギク
高《たか》さ15～30センチ。北《きた》アメリカからの帰化植物《きかしょくぶつ》。

ハマスゲ
高《たか》さ10～40センチ。地下《ちか》に球根《きゅうこん》ができる。

冬《ふゆ》から春《はる》までの草《くさ》

成長《せいちょう》がとまっている冬《ふゆ》のあいだに、草《くさ》とりをしておくと、あとがらく。

ヒメオドリコソウ
高《たか》さ10～25センチ。ヨーロッパからの帰化植物《きかしょくぶつ》。

オランダミミナグサ
高《たか》さ10～30センチ。ヨーロッパからの帰《き》化植物《かしょくぶつ》。

ハハコグサ
高《たか》さ15～30センチ。春《はる》の七草《ななくさ》のひとつ。

ホトケノザ
高《たか》さ10～30センチ。一面《いちめん》にはえることもある。

畑《はたけ》の草《くさ》

冬《ふゆ》、畑《はたけ》の草《くさ》は小《ちい》さく、あまりめだたないが、あたたかくなったとたんに成長《せいちょう》をはじめる。夏《なつ》から秋《あき》にかけては、しょっちゅう草《くさ》とりをしないと、作物《さくもつ》がかくれてしまうほど、どんどんしげる。

畑《はたけ》の土《つち》が、黒《くろ》や銀色《ぎんいろ》などのポリエチレンフィルムや、わらなどででおおわれているのを見《み》たことがないだろうか。これはマルチングといい、草《くさ》をはえなくさせることが、目的《もくてき》のひとつ。

草《くさ》がはびこると、土《つち》の栄養《えいよう》をすいとられたり、日《ひ》がじゅうぶんにあたらなくなったりして、作物《さくもつ》がよくそだたない。でも、草《くさ》はぬいてもつぎつぎにはえてくる。マルチングをすれば、草《くさ》とりの手間《てま》をへらすことができる。

道《みち》ばたや土手《どて》の草《くさ》

道《みち》ばたや線路《せんろ》ぞい、川《かわ》の土手《どて》など、人《ひと》のくらしに近《ちか》い場所《ばしょ》にはえる草《くさ》は、とても強《つよ》い。かりとられてもぬかれても、すぐによみがえる。

道《みち》ばたに多《おお》い帰化植物《きかしょくぶつ》

都会《とかい》でも地方《ちほう》でも、道《みち》ばたには帰化植物《きかしょくぶつ》がめだつ。

メマツヨイグサ
高《たか》さ1～2メートル。
6～8月《がつ》にさく。
（北《きた》アメリカ）
ナガミヒナゲシ
高《たか》さ15～60センチ。
4～5月《がつ》にさく。
（地中海地方《ちちゅうかいちほう》）
ビロードモウズイカ
高《たか》さ1～2メートル。
7～9月《がつ》にさく。
（ヨーロッパ）
セイタカアワダチソウ
高《たか》さ1～2メートル。
10～11月《がつ》にさく。
（北《きた》アメリカ）

石垣《いしがき》などに多《おお》い帰化植物《きかしょくぶつ》

日《ひ》あたりをこのみ、乾燥《かんそう》に強《つよ》い帰化植物《きかしょくぶつ》がはえる。

ペラペラヨメナ
春《はる》と秋《あき》にさく。
（中央《ちゅうおう》アメリカ）
ツタバウンラン
春《はる》と秋《あき》にさく。
（地中海地方《ちちゅうかいちほう》）
ツルマンネングサ
5～6月《がつ》にさく。（中国《ちゅうごく》～韓国《かんこく》）
ヒメツルソバ
春《はる》と秋《あき》にさく。
（ヒマラヤ地方《ちほう》）
かっこ内《ない》は、もともとはえていた地域《ちいき》。

帰化植物《きかしょくぶつ》がふえている

道路《どうろ》わきや線路《せんろ》ぞいにはえる草《くさ》には、帰化植物《きかしょくぶつ》が意外《いがい》と多《おお》い。もとは外国《がいこく》うまれだが、いつのまにか日本《にほん》の草《くさ》をおいやり、ふえすぎて問題《もんだい》になっている草《くさ》もある。

観賞用《かんしょうよう》（見《み》て楽《たの》しむため）や食用《しょくよう》（食《た》べるため）に外国《がいこく》からとりいれられ、にげだして野性化《やせいか》した場合《ばあい》と、荷物《にもつ》などについてきたタネが、こぼれて根《ね》づいてしまった場合《ばあい》とがある。

道路《どうろ》や線路《せんろ》のまわりは、工事《こうじ》で土《つち》がはぎとられたり、新《あたら》しくもり土《つち》をしたりして、地面《じめん》がはだかになることが多《おお》い。帰化植物《きかしょくぶつ》はそうした場所《ばしょ》にまっ先《さき》にはいりこむ。

空港《くうこう》や港《みなと》のまわりは、外国《がいこく》から人《ひと》やものがでいりするため、新《あたら》しい帰化植物《きかしょくぶつ》が見《み》つかりやすい。

なんの芽《め》がでるかな？

土《つち》には、たくさんのタネがふくまれている。こぼれた年《とし》に芽《め》ぶくこともあれば、何年《なんねん》もねむってから、芽《め》をだすタネもある。

道《みち》ばたの土《つち》を植《うえ》木鉢《きばち》にいれる。

毎日水《まいにちみず》をやる。

土《つち》のなかのタネが芽《め》をだす。

道《みち》ばたに多《おお》い多年草《たねんそう》

かりとられても、地下《ちか》の根《ね》からすぐに復活《ふっかつ》する。

ヨモギ

高《たか》さ50センチ～1メートル。9～10月《がつ》にさく。

イタドリ

高《たか》さ30センチ～1.5メートル。8～9月《がつ》にさく。

タケニグサ

高《たか》さ1～2メートル。6～8月《がつ》にさく。

道《みち》ばたに多《おお》いつる植物《しょくぶつ》

しばしばフェンスや標識《ひょうしき》にからみつき、きらわれる。

ヤブガラシ

6～9月《がつ》にさく。

ヘクソカズラ

6～9月《がつ》にさく。

ヒルガオ

6～8月《がつ》にさく。

クズ

8～9月《がつ》にさく。

退治《たいじ》するのはむずかしい

もちろん、帰化植物《きかしょくぶつ》に負《ま》けずおとらず、元気《げんき》な日本《にほん》の草《くさ》もある。ススキやクズは、秋《あき》の七種《ななくさ》にふくまれる秋草《あきくさ》だが、道《みち》ばたなどでもよくしげる。日本《にほん》から世界各地《せかいかくち》にわたって帰化《きか》し、地域《ちいき》によっては、ふえすぎてきらわれている。

ヤブガラシやカナムグラなどのつる植物《しょくぶつ》も、夏《なつ》から秋《あき》にかけて、まわりの草木《くさき》やフェンス、建物《たてもの》にまでよじのぼり、おいしげる。

タネもまいていないのに、いつのまにかはえてくる草《くさ》は、とてもじょうぶ。退治《たいじ》したくても、むずかしい。地下《ちか》の根《ね》から復活《ふっかつ》したり、土《つち》のなかにねむっていたタネから、つぎからつぎへと芽《め》ばえてくる。風《かぜ》にのったり、鳥《とり》にはこばれたりして、芽《め》をだすタネもある。

街路樹《がいろじゅ》

街路樹《がいろじゅ》は、道路《どうろ》ぞいに植《う》えられている木《き》。よく見《み》ると、通《とお》りによって木《き》の種類《しゅるい》がちがっていたりして楽《たの》しい。その地方特有《ちほうとくゆう》の種類《しゅるい》が、つかわれていることもある。

葉《は》を落《お》とす街路樹《がいろじゅ》

枝《えだ》を切《き》ってかたちがととのえられ、一定《いってい》の大《おお》きさがたもたれる。

ハナミズキ
4～5月《がつ》ごろピンクや白《しろ》の花《はな》がさく。紅葉《こうよう》や果実《かじつ》もきれい。

トウカエデ
中国《ちゅうごく》の木《き》だが、街路樹《がいろじゅ》として人気《にんき》。葉《は》は秋《あき》に赤《あか》や黄《き》に色《いろ》づく。

ケヤキ
枝《えだ》が横《よこ》にひろがりにくい街路樹用《がいろじゅよう》の種類《しゅるい》もある。

イチョウ
ぎんなんが道《みち》をよごすため、オスの木《き》が多《おお》くつかわれる。

リンゴ
長野県《ながのけん》や北海道《ほっかいどう》などに街《がい》路樹《ろじゅ》があり、町《まち》のシンボルになっている。

ホウオウボク
マダガスカルの木《き》だが、沖縄県《おきなわけん》ではよく街路樹《がいろじゅ》につかわれる。

ナナカマド
春《はる》の花《はな》、秋《あき》の紅葉《こうよう》と赤《あか》い実《み》がうつくしい。北国《きたぐに》で多《おお》く植《う》えられる。

季節感《きせつかん》のある落葉樹《らくようじゅ》

落葉樹《らくようじゅ》は、春《はる》には若葉《わかば》の色《いろ》が美《うつく》しく、夏《なつ》にはよくしげって、ひざしをやわらげてくれる。種類《しゅるい》によっては秋《あき》の紅葉《こうよう》も楽《たの》しめる。北国《きたぐに》なら、赤《あか》い実《み》や紅葉《こうよう》がきれいなナナカマド、沖縄《おきなわ》なら、まっ赤《か》な花《はな》のホウオウボクなど、よその地域《ちいき》では、そだちにくい種類《しゅるい》がつかわれることも多《おお》い。

その地域《ちいき》らしさが感《かん》じられる街《がい》路樹《ろじゅ》は、よそからおとずれる人《ひと》の思《おも》いでにのこる。

落葉樹《らくようじゅ》は、年《ねん》に一度《いちど》いっせいに葉《は》を落《お》とす。落《お》ち葉《ば》のそうじはけっこうたいへんだ。雨《あめ》でぬれると、すべったりする原因《げんいん》にもなる。

そのため、ちるよりまえに、枝《えだ》ごと短《みじか》く切《き》りつめられてしまうこともある。

年《ねん》じゅう緑《みどり》の街路樹《がいろじゅ》

変化《へんか》がないようだが、新芽《しんめ》の色《いろ》がきれいだったり、花《はな》がさいたり、きれいな実《み》がなったりする。

サザンカ
10～12月《がつ》ごろ白《しろ》や紅《べに》、ピンクの花《はな》をさかせる。高速道路《こうそくどうろ》にも多《おお》い。

アカエゾマツ
北海道《ほっかいどう》ではよく見《み》られる街路樹《がいろじゅ》。きれいな円錐形《えんすいけい》にそだつ。

クロガネモチ
年末《ねんまつ》ごろまっ赤《か》な実《み》がなり、緑《みどり》の葉《は》との対比《たいひ》が美《うつく》しい。

クスノキ
葉《は》がこんもりとしげり、騒音《そうおん》をやわらげる効果《こうか》が高《たか》いといわれている。

ガジュマル
気根《きこん》という特別《とくべつ》な根《ね》が枝《えだ》からたれさがり、複雑《ふくざつ》なかたち。沖縄県《おきなわけん》などあたたかい地域《ちいき》で植《う》えられる。

キョウチクトウ
真夏《まなつ》に紅《べに》やピンク、白《しろ》などの花《はな》をつける。乾燥《かんそう》や大気汚染《たいきおせん》に強《つよ》い。高速道路《こうそくどうろ》ぞいに、植《う》えられることがとくに多《おお》い。

フェニックス（カナリーヤシ）
カナリヤ諸島《しょとう》のヤシで、日本《にほん》では宮崎県《みやざきけん》の並木《なみき》がとくに有名《ゆうめい》。成長《せいちょう》すると、20メートルにもなる。

まぶしさをふせぐ効果《こうか》も

常緑樹《じょうりょくじゅ》にも、その地方特有《ちほうとくゆう》の種類《しゅるい》がつかわれている例《れい》がある。北国《きたぐに》なら北海道《ほっかいどう》のアカエゾマツなど、南国《なんごく》なら沖縄《おきなわ》のガジュマルやフクギ、リュウキュウマツなどだ。

高速道路《こうそくどうろ》ぞいや中央分離帯《ちゅうおうぶんりたい》にも、常緑樹《じょうりょくじゅ》は利用《りよう》される。交通量《こうつうりょう》が多《おお》く、排気《はいき》ガスや熱《ねつ》、風《かぜ》などがつねにふきつけるきびしい環境《かんきょう》だ。そんな場所《ばしょ》でも、キョウチクトウやサザンカ、アベリアなどは、季節《きせつ》になると花《はな》をさかせる。

中央分離帯《ちゅうおうぶんりたい》の木《き》は、夜《よる》には対向車《たいこうしゃ》のヘッドライトをさえぎり、まぶしさをふせぐ効果《こうか》もある。

長時間《ちょうじかん》、車《くるま》で移動《いどう》するとき、アスファルトとコンクリートばかりだったら、きっといきがつまってしまう。緑《みどり》は目《め》を休《やす》めてくれる。

雑木林《ぞうきばやし》の植物《しょくぶつ》

雑木林《ぞうきばやし》のクヌギやコナラは、スギやヒノキなどとちがって、家《いえ》をたてる材木《ざいもく》にはむかない。でも、むかしから、人《ひと》のくらしに大《おお》きく役《やく》だってきた。

雑木林《ぞうきばやし》の木《き》

まきや炭《すみ》の材料《ざいりょう》になり、シイタケなどのキノコをさいばいする「ほだ木《ぎ》」としても利用《りよう》されてきた。

ヤマザクラ

葉《は》の柄《え》のところに、小《ちい》さな赤《あか》い点《てん》がある。花《はな》は白《しろ》やピンク。

イヌシデ

果実《かじつ》はたばになってみのる。果実《かじつ》には翼《よく》があり、風《かぜ》にとぶ。

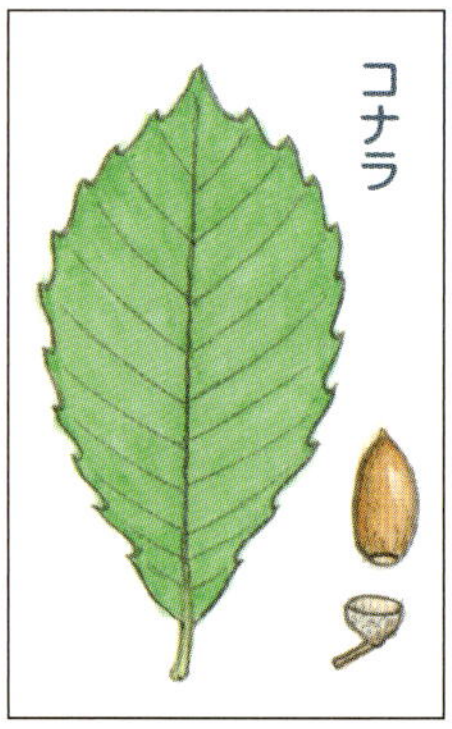
コナラ

葉《は》は幅《はば》が4～6センチとひろい。どんぐりは細長《ほそなが》い。

クヌギ

葉《は》のふちは、針《はり》のようにとがる。どんぐりはまるい。

キノコをそだてる

シイタケなど、キノコのさいばいには、もとになる菌《きん》を材木《ざいもく》に植《う》えつけて、そだてる方法《ほうほう》がある。クヌギやコナラなどが利用《りよう》される。

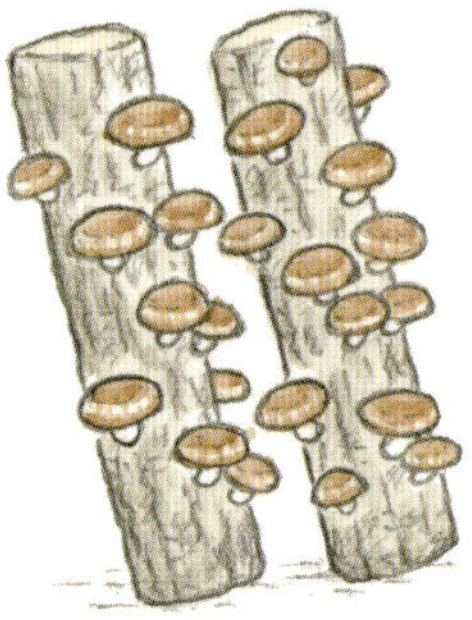

切《き》り株《かぶ》からよみがえる

新《あたら》しく植《う》えなくても、切《き》り株《かぶ》から復活《ふっかつ》する。

2～3本《ぼん》のこしてそだてる。

切《き》ってから20年《ねん》くらいたった木《き》。

幹《みき》を少《すこ》しのこして切《き》りたおす。

1～2年後《ねんご》、新《あたら》しい芽《め》がどんどんのびてくる。

木《き》も落《お》ち葉《ば》も利用《りよう》

33ページでも紹介《しょうかい》したように、ガスや電気《でんき》がなかった時代《じだい》、料理《りょうり》や暖房《だんぼう》のためには、まきや炭《すみ》がかかせなかった。雑木林《ぞうきばやし》は、その材《ざい》料《りょう》をえるために、人《ひと》がそだて、利《り》用《よう》してきた林《はやし》だ。

木《き》の種類《しゅるい》は、クヌギやコナラなどの落葉樹《らくようじゅ》が中心《ちゅうしん》。切《き》りたおしても、切《き》り株《かぶ》から新《あたら》しく芽《め》がでてそだつ。十数年《じゅうすうねん》から二十数年《にじゅうすうねん》たてば、また切《き》って、なんども利用《りよう》できる。

秋《あき》にちる落《お》ち葉《ば》も、たいせつな資源《しげん》だった。かきあつめて肥料《ひりょう》をつくり、野菜《やさい》やコメなどの作物《さくもつ》をそだてるために、役《やく》だてた。

いまでは、まきも落《お》ち葉《ば》も、利《り》用《よう》されることはほとんどなくなった。開発《かいはつ》され、住宅地《じゅうたくち》などになり、きえてしまった雑木林《ぞうきばやし》も多《おお》い。

雑木林《ぞうきばやし》の野草《やそう》

環境《かんきょう》がかわったため、数《かず》がへって、絶滅《ぜつめつ》が心配《しんぱい》されている野草《やそう》もある。

イカリソウ
4〜6月《がつ》ごろさく。花《はな》の色《いろ》は赤《あか》むらさきや白《しろ》。
シュンラン
3〜4月《がつ》ごろさく。茎《くき》に花《はな》はひとつだけ。
クマガイソウ
4〜5月《がつ》ごろさく。絶滅《ぜつめつ》が心配《しんぱい》されている。
エビネ
4〜5月《がつ》ごろさくランのなかま。茎《くき》にたくさん花《はな》がつく。
キツネノカミソリ
8〜9月《がつ》ごろさく。花《はな》の時期《じき》には葉《は》がない。
ヤマユリ
6〜7月《がつ》ごろさく。ごうかで、かおりがよい。
カンアオイ
2〜4月《がつ》ごろ、葉《は》の下《した》にかくれるようにさく。
アマドコロ
5〜6月《がつ》ごろさく。茎《くき》がかくばっている。

木《こ》もれ日《び》の下《した》の野草《やそう》たち

雑木林《ぞうきばやし》をきれいにたもつためには、手《て》いれが必要《ひつよう》だ。夏《なつ》から秋《あき》にかけてなんども草刈《くさか》りをしないと、背《せ》のひくい木《き》やササ、草《くさ》などがうっそうとしげり、はいりこむのもむずかしくなってしまう。

手《て》いれされた林《はやし》には、地面《じめん》まで日《ひ》の光《ひかり》がさしこむ。そこには、カタクリやニリンソウ、エビネやシュンランなど、きれいな花《はな》も多《おお》く見《み》られる。

四季折《しきお》りの緑《みどり》や、草花《くさばな》の美《うつく》しさ、小鳥《ことり》や昆虫《こんちゅう》など生《い》きもののすがたは、おとずれる人《ひと》にやすらぎをあたえてくれる。野生《やせい》のキノコや山菜《さんさい》がとれることもある。

むかしとは大《おお》きく役割《やくわり》がかわったが、身近《みぢか》にのこされた自然《しぜん》として、たいせつにしたい。

草原《そうげん》の植物《しょくぶつ》

草原《そうげん》は、人《ひと》が植物《しょくぶつ》を利用《りよう》することによってたもたれてきた。草原《そうげん》がへり、そこをすみかとしてきた植物《しょくぶつ》や、そのほかの生《い》きものたちも数《かず》をへらしている。

草《くさ》の利用《りよう》

家畜《かちく》のえさに

牛《うし》や馬《うま》を放牧《ほうぼく》して草《くさ》を食《た》べさせ、冬《ふゆ》は、かりとった干《ほ》し草《くさ》をえさにする。

屋根《やね》の材料《ざいりょう》に

ススキなどをかりとって、かやぶき屋根《やね》の材料《ざいりょう》にする。

草原《そうげん》から森《もり》へ

草原《そうげん》は、ほうっておくとだんだん木《き》がはえ、いつしか森《もり》へとかわる。

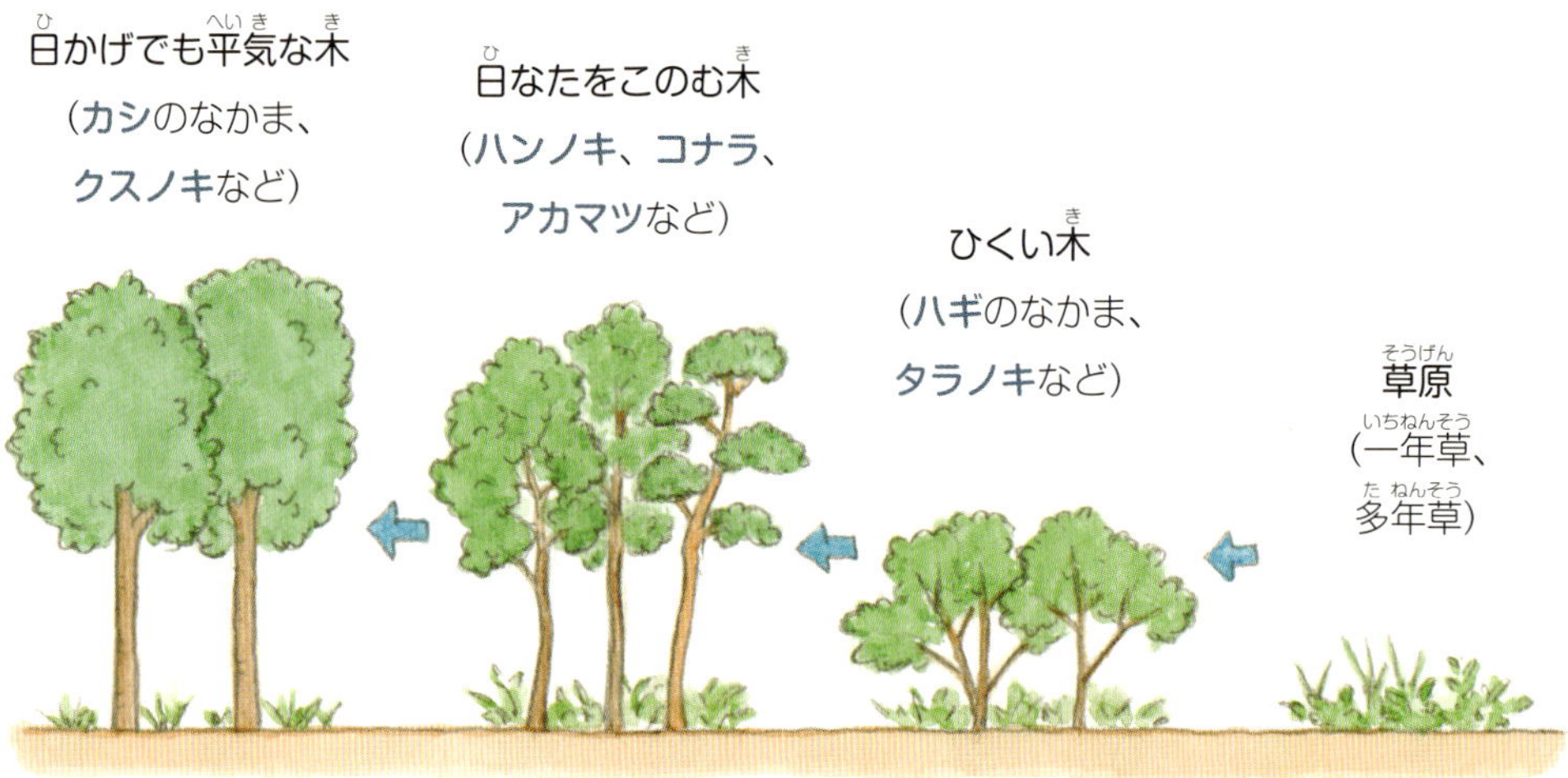
日《ひ》かげでも平気《へいき》な木《き》
（カシのなかま、クスノキなど）
日《ひ》なたをこのむ木《き》
（ハンノキ、コナラ、アカマツなど）
ひくい木《き》
（ハギのなかま、タラノキなど）
草原《そうげん》
（一年草《いちねんそう》、多年草《たねんそう》）

ほうっておくと森《もり》になる

草原《そうげん》（くさはら）は、草《くさ》が一面《いちめん》にはえているところ。雑木林《ぞうきばやし》とおなじように、草原《そうげん》も、むかしから人《ひと》のくらしに役《やく》だってきた。ススキやオギがはえる草原《そうげん》は、34ページで紹介《しょうかい》したような、かやぶき屋《や》根《ね》の材料《ざいりょう》を手《て》にいれるたいせつな場所《ばしょ》だった。

草《くさ》は、牛《うし》や馬《うま》などの家畜《かちく》のえさになる。青《あお》あおとしげる春《はる》から秋《あき》にかけて、放牧《ほうぼく》（小屋《こや》から草原《そうげん》に家畜《かちく》をはなち、自由《じゆう》に草《くさ》を食《た》べさせること）がおこなわれる。草《くさ》は秋《あき》にかりとられ、冬《ふゆ》のあいだのえさとして、たいせつに保存《ほぞん》される。

草原《そうげん》は、何年《なんねん》もほうっておくと木《き》がはえはじめ、やがて森《もり》にかわってしまう。利用《りよう》されることで、一面《いちめん》の草地《くさち》がたもたれてきた。

草原《そうげん》の野草《やそう》

身近《みぢか》な草原《そうげん》は、開発《かいはつ》などでどんどんへっている。環境《かんきょう》の変化《へんか》によって、絶滅《ぜつめつ》が心配《しんぱい》されている野草《やそう》も多《おお》い。

オミナエシ

日《ひ》あたりのよい草原《そうげん》に8〜10月《がつ》ごろさく。秋《あき》の七種《ななくさ》のひとつ。花《はな》は少《すこ》しくさい。

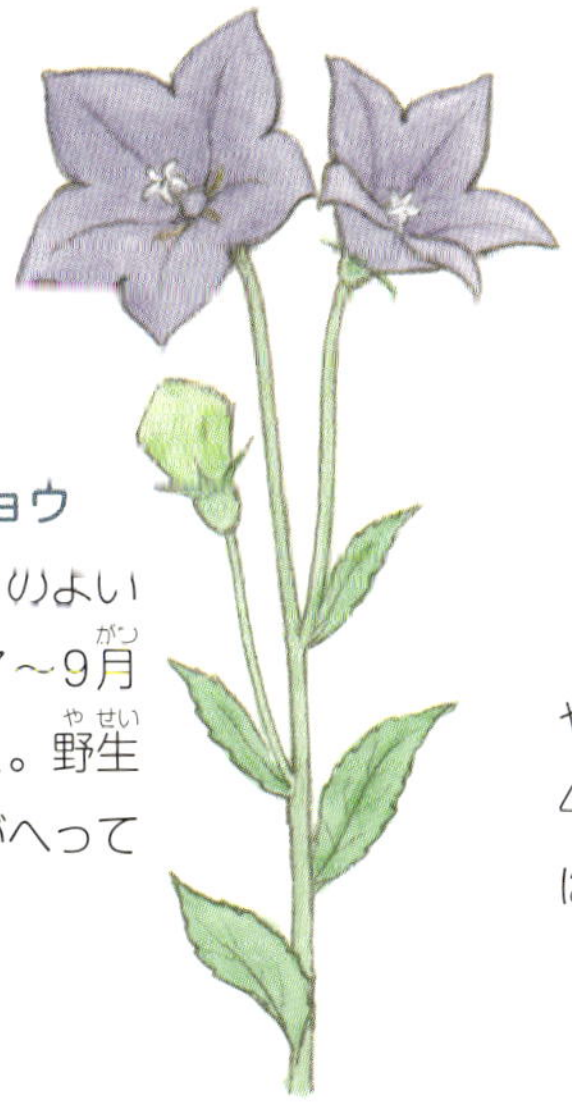

キキョウ

日《ひ》あたりのよい草原《そうげん》に7〜9月《がつ》ごろさく。野生《やせい》では数《かず》がへっている。

サクラソウ

ややしめった草原《そうげん》にはえる。4〜5月《がつ》ごろさく。野生《やせい》では絶滅《ぜつめつ》が心配《しんぱい》されている。

ギ人ミレ

九州《きゅうしゅう》の阿蘇地方《あそちほう》などでは、3月《がつ》の野焼《のや》きのあと、やけた土《つち》の上《うえ》でまっさきにさく。

リンドウ

しめりけのある草原《そうげん》に9〜11月《がつ》ごろさく。野生《やせい》では数《かず》がへっている。

マツムシソウ

高原《こうげん》によく見《み》られる花《はな》。8〜10月《がつ》ごろ、草原一面《そうげんいちめん》にさくこともある。

ワレモコウ

山地《さんち》の日《ひ》あたりのよい草原《そうげん》に8〜10月《がつ》ごろさく。

ヒヨドリバナ

山地《さんち》の日《ひ》あたりのよい道《みち》ばたや草原《そうげん》に8〜10月《がつ》ごろさく。

草原《そうげん》にさく野草《やそう》

地域《ちいき》によっては、春先《はるさき》に野焼《のや》き（草《くさ》が芽《め》ぶくまえに、草原《そうげん》のかれ草《くさ》に火《ひ》をはなってやくこと）がおこなわれる。小《ちい》さな木《き》やかれ草《くさ》は、灰《はい》になってしまうが、しばらくすると、わかい草《くさ》がいっせいに芽《め》ぶく。灰《はい》は、植物《しょくぶつ》がそだつための肥《ひ》料《りょう》にもなる。

草原《そうげん》に人《ひと》の手《て》がはいらなくなると、だんだん木《き》がはえはじめる。そだつと日《ひ》かげになり、環境《かんきょう》が大《おお》きくかわる。そのために数《かず》がへって、絶滅《ぜつめつ》が心配《しんぱい》されている野草《やそう》も数多《かずおお》い。

草《くさ》のなかで生《い》きてきたカヤネズミやノウサギなどの小動物《しょうどうぶつ》、キジやヒバリなどの鳥《とり》、草《くさ》を食《た》べるチョウの幼虫《ようちゅう》やバッタなどの昆虫《こんちゅう》も、すみかをなくしてしまうだろう。

海岸《かいがん》・水辺《みずべ》の草《くさ》

海《うみ》の砂浜《すなはま》や岩場《いわば》、池《いけ》のなかや、岸辺《きしべ》のしめった環境《かんきょう》などで生《い》きる植物《しょくぶつ》たち。もともと日本《にほん》にあった植物《しょくぶつ》のほかに、帰化植物《きかしょくぶつ》も年《ねん》ねんふえている。

海岸《かいがん》の植物《しょくぶつ》

砂浜《すなはま》にはえる
砂浜《すなはま》の植物《しょくぶつ》は、長《なが》くふかく根《ね》をはっている。
コウボウムギ
4～5月《がつ》にみのる。
ネコノシタ
5～6月《がつ》にさく。
ハマボウフウ
5～7月《がつ》にさく。
ハマヒルガオ
5～6月《がつ》にさく。
ハマゴウ
5～6月《がつ》にさく。
ハマユウ
7～9月《がつ》にさく。
岩場《いわば》にはえる
岩《いわ》のすきまの土《つち》に、根《ね》をくいこませてそだつ。
ツワブキ
10～12月《がつ》にさく。
タイトゴメ
5～7月《がつ》にさく。
イソギク
10～12月《がつ》にさく。

海岸《かいがん》の植物《しょくぶつ》

砂浜《すなはま》をおおうようにひろがるピンクのハマヒルガオや、ヒガンバナににた白《しろ》いハマユウの花《はな》など、海辺《うみべ》にも、よくめだつきれいな花《はな》がある。ネコノシタというかわった名《な》まえをもつ植物《しょくぶつ》は、葉《は》にふれるとネコの舌《した》のようにザラザラしている。花《はな》は黄色《きいろ》く小《ちい》さい。

岩場《いわば》でも、イソギクやツワブキが、あざやかな黄色《きいろ》の花《はな》をつける。タイトゴメなどの多肉植物《たにくしょくぶつ》も、岩《いわ》のすきまでひっそりとさく。

海辺《うみべ》には、クロマツの林《はやし》が多《おお》い。海《うみ》からの風《かぜ》や波《なみ》のしぶき、ふきつける砂《すな》などをふせいでくれる。そのため、古《ふる》くから海岸《かいがん》ぞいに植《う》えられてきた。白《しろ》い砂浜《すなはま》に、青《あお》あおとマツがしげる光景《こうけい》をあらわす「白砂青松《はくしゃせいしょう》」ということばもある。

沼《ぬま》や池《いけ》、川辺《かわべ》の植物《しょくぶつ》

水面《すいめん》は、1日《にち》じゅう太陽《たいよう》の光《ひかり》があたり、水《みず》にこまることもない。

水辺《みずべ》の帰化植物《きかしょくぶつ》

ふえるのがはやく、もともとはえていた植物《しょくぶつ》がへる原因《げんいん》にもなっている。

キショウブ
ヨーロッパの植物《しょくぶつ》。しめりけの多《おお》い岸辺《きしべ》などに、5～6月《がつ》ごろさく。

ホテイアオイ
南《みなみ》アメリカの植物《しょくぶつ》。池《いけ》や、ながれのゆるやかな川《かわ》にういてそだつ。7～9月《がつ》にさく。

ボタンウキクサ
熱帯《ねったい》の植物《しょくぶつ》。池《いけ》や、ながれのゆるやかな川《かわ》にういてそだつ。花《はな》は小《ちい》さくめだたない。

ハナショウブ

ノハナショウブから品種改良《ひんしゅかいりょう》されてつくられた。たくさんの種類《しゅるい》がある。

ノハナショウブ

6～7月《がつ》にさく。

カキツバタ

5～6月《がつ》にさく。

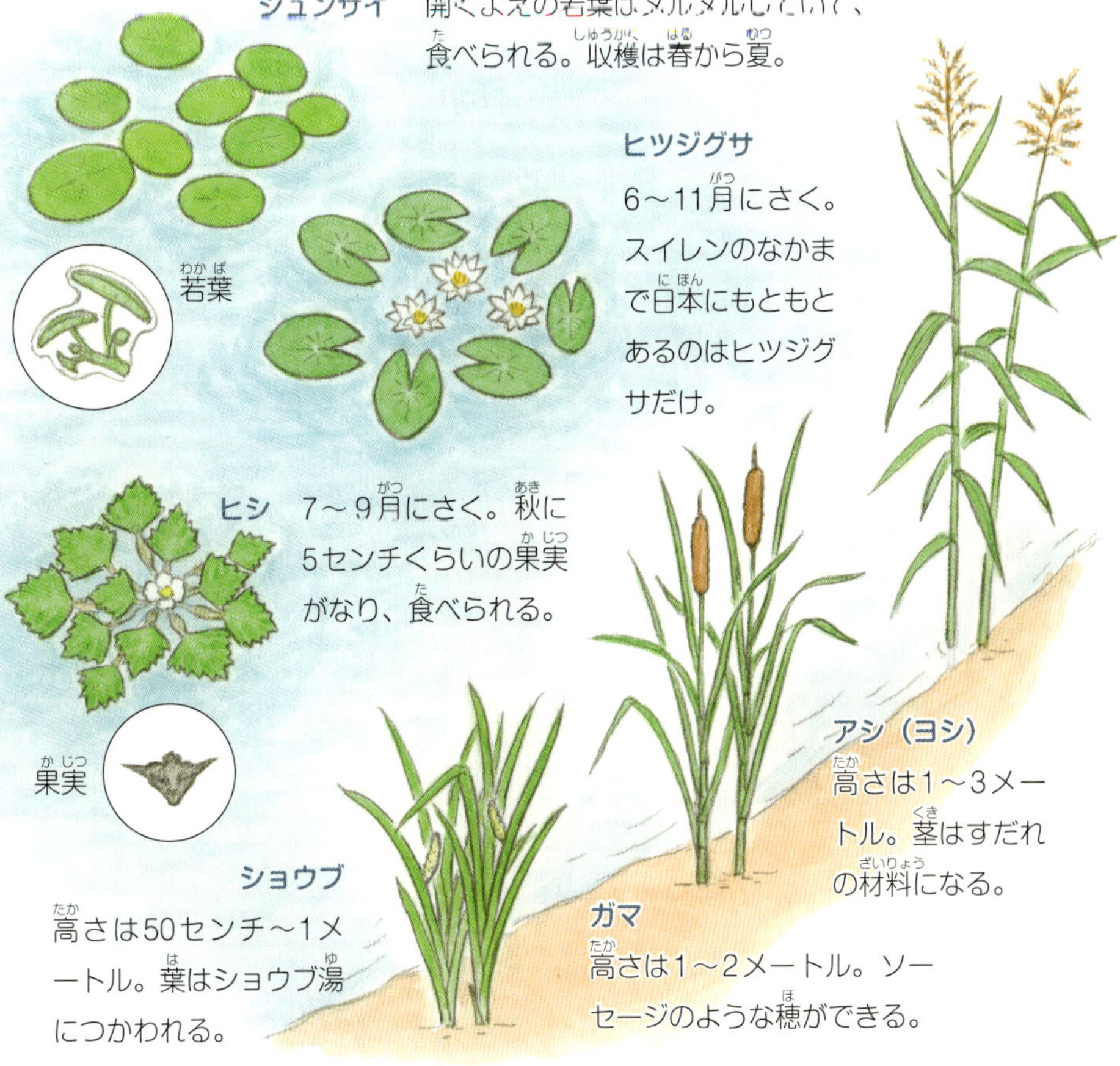

ジュンサイ 開《ひら》くまえの若葉《わかば》はヌルヌルしていて、食《た》べられる。収穫《しゅうかく》は春《はる》から夏《なつ》。

若葉《わかば》

ヒツジグサ
6～11月《がつ》にさく。スイレンのなかまで日本《にほん》にもともとあるのはヒツジグサだけ。

ヒシ 7～9月《がつ》にさく。秋《あき》に5センチくらいの果実《かじつ》がなり、食《た》べられる。

果実《かじつ》

ショウブ
高《たか》さは50センチ～1メートル。葉《は》はショウブ湯《ゆ》につかわれる。

ガマ
高《たか》さは1～2メートル。ソーセージのような穂《ほ》ができる。

アシ（ヨシ）
高《たか》さは1～3メートル。茎《くき》はすだれの材料《ざいりょう》になる。

池《いけ》や沼《ぬま》、川辺《かわべ》の植物《しょくぶつ》

池《いけ》や沼《ぬま》の底《そこ》に根《ね》をはり、水面《すいめん》まで葉《は》や茎《くき》をのばしてしげる草《くさ》もある。スイレンのなかまは花《はな》が美《うつく》しく、ジュンサイの若葉《わかば》やヒシの実《み》は食《た》べられる。

池《いけ》や沼《ぬま》のあさせや川《かわ》ぞいなど、しめった場所《ばしょ》がすきな植物《しょくぶつ》も多《おお》い。ガマやアシなどがそれで、しばしば一面《いちめん》にひろがってはえる。

野山《のやま》のしめった場所《ばしょ》にはえるカキツバタやノハナショウブは、花《はな》がとくに美《うつく》しい。品種改良《ひんしゅかいりょう》でつくられた種類《しゅるい》（ハナショウブ）はよりはなやかで、ひろくさいばいされている。名所《めいしょ》として知《し》られる公園《こうえん》や庭園《ていえん》などには、たくさんの人《ひと》が見物《けんぶつ》におとずれる。

また、水辺《みずべ》には、ふえすぎて問題《もんだい》になっている帰化植物《きかしょくぶつ》も多《おお》い。

岩場《いわば》の植物《しょくぶつ》

日《ひ》のあたる岩場《いわば》は、いつもかわいている。いっぽう、川《かわ》ぞいや日《ひ》かげの岩場《いわば》には、水分《すいぶん》がたっぷりの場所《ばしょ》もある。それぞれの環境《かんきょう》にあった植物《しょくぶつ》が生《い》きている。

乾燥《かんそう》した岩場《いわば》の植物《しょくぶつ》

日《ひ》がよくあたり、乾燥《かんそう》した岩場《いわば》で、わずかな土《つち》に根《ね》をはる。

メノマンネングサ
横《よこ》にはう多肉植物《たにくしょくぶつ》。星形《ほしがた》の花《はな》が6月《がつ》にさく。冬《ふゆ》は葉《は》が赤《あか》くなる。

ミセバヤ
20センチ前後《ぜんご》の茎《くき》がたれさがる多肉植《たにくしょく》物《ぶつ》。11月《がつ》にさく。

アオノイワレンゲ
多肉植物《たにくしょくぶつ》。9～11月《がつ》にさく。花《はな》の茎《くき》は10～20センチ。

ツメレンゲ
多肉植物《たにくしょくぶつ》。10～11月《がつ》にさく。花《はな》の茎《くき》は10～20センチ。

ひからびてもかれない。

イワヒバ
岩場《いわば》にはえるシダで、古《ふる》くからさいばいされている。

ヤブソテツ
石垣《いしがき》にはえるシダ。葉《は》はテカテカで、長《なが》さ50センチほど。

セッコク
岩《いわ》や木《き》に着生《ちゃくせい》。5～6月《がつ》にさく。高《たか》さ10～25センチ。

スカシユリ
海岸《かいがん》の岩場《いわば》などに6～8月《がつ》にさく。高《たか》さ20～60センチ。

乾燥《かんそう》にたえるしくみ

日《ひ》あたりのよい岩場《いわば》は、いつも乾燥《かんそう》している。雨《あめ》がふっても、あっというまにながれおち、すぐかわく。そこにはえる植物《しょくぶつ》は、乾燥《かんそう》にたえるしくみをもっている。

ツメレンゲやイワレンゲなどの多肉植物《たにくしょくぶつ》は、葉《は》や茎《くき》に水分《すいぶん》をたくわえているので、乾燥《かんそう》に強《つよ》い。

ランのなかまのセッコクは、少《すこ》しぷっくりした茎《くき》に水分《すいぶん》をふくみ、葉《は》にもあつみがあって、水分《すいぶん》がうしなわれにくい。

海岸《かいがん》に近《ちか》い岩場《いわば》にはえるスカシユリは、地下《ちか》に球根《きゅうこん》があり、水分《すいぶん》や栄養分《えいようぶん》をためている。

イワヒバは、ちょっとかわったシダのなかま。かわいてかれたようにカサカサになっても、雨《あめ》がふると、まもなく緑《みどり》によみがえる。

しめった岩場《いわば》の植物《しょくぶつ》

いつもしめっている岩場《いわば》は、空気《くうき》ちゅうのしめりけも多《おお》い。

ジョウロウホトトギス

しめった崖《がけ》からたれさがる。茎《くき》は40～80センチ。花《はな》はベルのようなかたちで、10月《がつ》にさく。

イワタバコ

しめった日《ひ》かげの岩場《いわば》に、はりつくようにはえる。葉《は》は大《おお》きく、長《なが》さ10～30センチ。6～7月《がつ》にさく。

ダイモンジソウ

花《はな》が漢字《かんじ》の「大《だい》」の字《じ》ににている。7～10月《がつ》にさく。花《はな》の茎《くき》は5～40センチ。

ユキノシタ

庭《にわ》でもさいばいされる。花《はな》の茎《くき》は15～40センチ。5～6月《がつ》にさく。

マメヅタ

岩《いわ》や木《き》の幹《みき》にはりつくシダのなかま。直径約《ちょっけいやく》1センチのまるい葉《は》が、びっしりつらなる。

ハコネシダ

山《やま》の崖《がけ》などにはえる。葉《は》はやわらかく、長《なが》さ20～40センチ。

ウチョウラン

きれいなため、人《ひと》にとられて野生《やせい》はへっている。高《たか》さ5～20センチ。

イワギボウシ

沢《さわ》ぞいにはえ、花《はな》の茎《くき》は20～40センチ。ほかのギボウシより、葉《は》が少《すこ》しあつい。

ひざしが弱《よわ》く、しめった環境《かんきょう》

しぶきがかかるような、ながれのそばの岩場《いわば》や、日《ひ》のあたらない山《やま》の崖《がけ》などでは、岩《いわ》の表面《ひょうめん》がかわくことは、めったにない。空気《くうき》はいつも湿気《しっけ》をふくんでいる。

植物《しょくぶつ》が根《ね》をはるための土《つち》は、岩《いわ》のくぼみやわれ目《め》に、ほんのわずかしかなく、栄養分《えいようぶん》も多《おお》くない。そんな場所《ばしょ》にはえる植物《しょくぶつ》は、しっとりとしめった環境《かんきょう》が大《だい》すきで、直射日光《ちょくしゃにっこう》には弱《よわ》い。

きれいな花《はな》をさかせる種類《しゅるい》も多《おお》い。ハイキングのときに、沢《さわ》ぞいの岩《いわ》の上《うえ》や、しめった崖《がけ》にさくすがたを見《み》かけると、思《おも》わずたちどまりたくなる。

ダイモンジソウやウチョウラン、キイジョウロウホトトギスなどは、鉢植《はちう》えでもさいばいされる。

ちょっとひと休《やす》み

楽《たの》しい冬芽《ふゆめ》

ルーペをもって、冬《ふゆ》の公園《こうえん》や林《はやし》にでかけてみよう。
どんな冬芽《ふゆめ》が見《み》つけられるかな。

ネバネバ

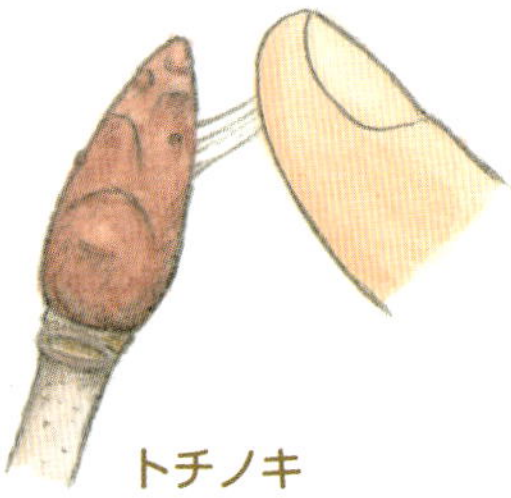

トチノキ

うろこもよう

コナラ

春《はる》をまつ冬芽《ふゆめ》

冬《ふゆ》、落葉樹《らくようじゅ》は葉《は》を落《お》とし、はだかの枝《えだ》がさむそうだ。パッと見《み》ただけでは、なんの木《き》かわからない。
木《き》は冬《ふゆ》も生《い》きている。枝先《えださき》には小《ちい》さな冬《ふゆ》芽《め》が、春《はる》に新芽《しんめ》をのばすための準備《じゅんび》をすませ、あたたかくなるのをまっている。

まっ赤《か》

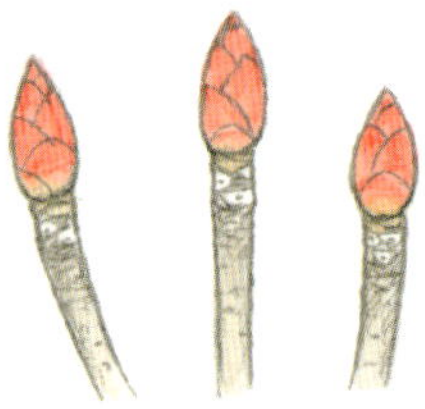

ドウダンツツジ

フワフワ

ハクモクレン

なにに見《み》えるかな

冬芽《ふゆめ》のようすは、木《き》の種類《しゅるい》によってちがう。まるっこい芽《め》や細長《ほそなが》い芽《め》、やわらかそうな毛《け》におおわれた芽《め》もあれば、表面《ひょうめん》がうろこのような芽《め》、ベタベタしている芽《め》もある。
また、冬芽《ふゆめ》のかたちと、まえの年《とし》に落《お》ちた葉《は》のあとがあわさって、動物《どうぶつ》や人《ひと》の顔《かお》のように見《み》えるのも。若葉《わかば》や花《はな》のつぼみは、うちがわでたいせつに守《まも》られている。細《こま》かい部分《ぶぶん》に目《め》をこらすと、冬《ふゆ》には冬《ふゆ》の発見《はっけん》がある。

動物《どうぶつ》みたい、人《ひと》みたい

クサギ

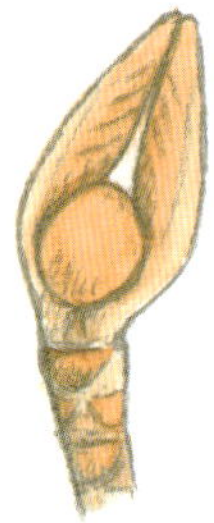

オオカメノキ

センダン

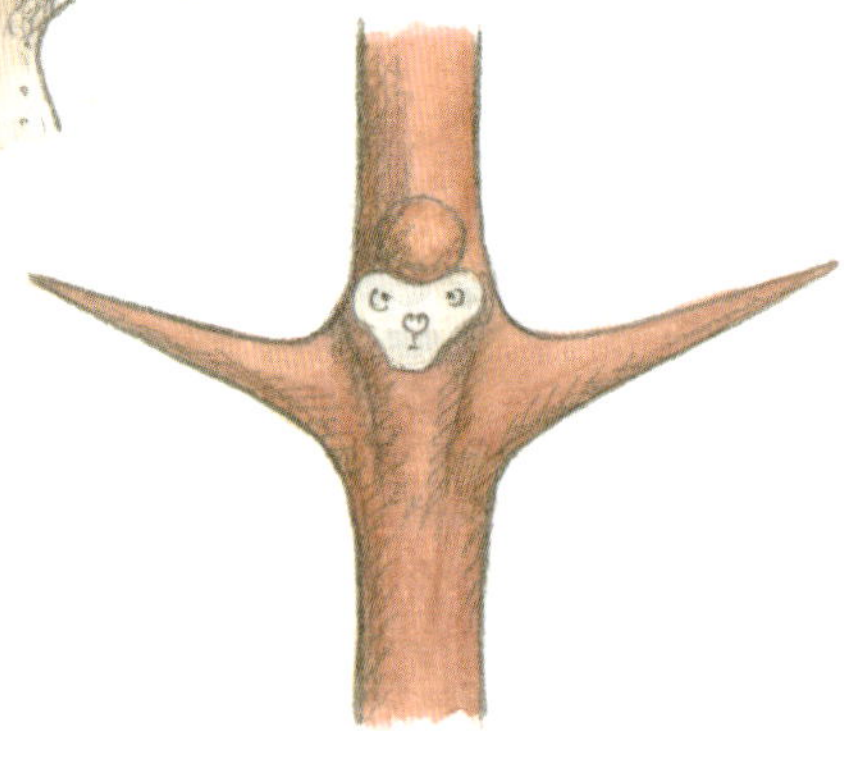

サンショウ

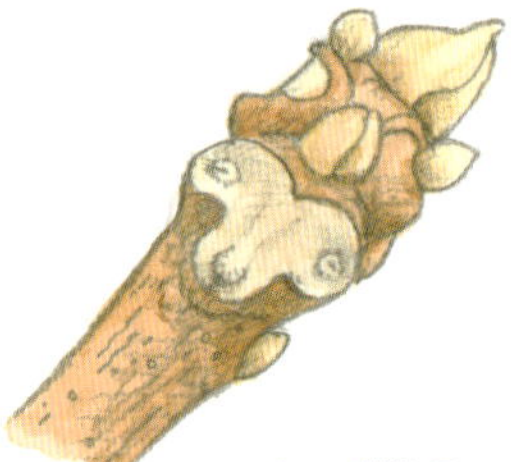

オニグルミ

第《だい》4章《しょう》▼そだててみよう

つぎの問題《もんだい》はむずかしいかもしれません。

・ヒョウタンの花《はな》は夕方《ゆうがた》に開《ひら》く。
・八重《やえ》ザクラの根《ね》は一重《ひとえ》のサクラ。
・サツマイモとアサガオは合体《がったい》できる。
・葉《は》でふやせる植物《しょくぶつ》がある。
・水《みず》だけで花《はな》がさく球根《きゅうこん》がある。

答《こた》えは、すべて○です。くわしくは本文《ほんぶん》を読《よ》んでください。

植物《しょくぶつ》はふつうタネからそだてますが、タネができない種類《しゅるい》は、つぎ木《き》やさし木《き》でふやされます。チャレンジしてみてください。

本章《ほんしょう》では、収穫《しゅうかく》した花《はな》や実《み》などが楽《たの》しめる種類《しゅるい》にもふれています。

タネからそだてる〈マリゴールド〉

マリゴールドは、花壇《かだん》やプランターむきのじょうぶな一年草《いちねんそう》。夏《なつ》のはじめから秋《あき》まで、長《なが》いあいださきつづける。花《はな》は、そめものの材料《ざいりょう》にもできる。

マリゴールドいろいろ

何種類《なんしゅるい》かまぜて植《う》えても楽《たの》しい。

マリゴールドのそだてかた

〈用意《ようい》するもの〉

培養土《ばいようど》（肥料《ひりょう》などがまぜられた土《つち》）

タネ

ポリポット（直径《ちょっけい》6～8センチ）

鉢底《はちぞこ》ネット 小《ちい》さく切《き》ってつかう。

園芸店《えんげいてん》やホームセンターで手《て》にはいる。

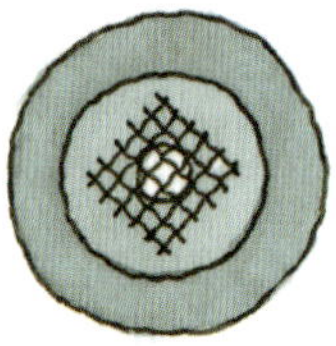

①ネットを小《ちい》さく切《き》り、ポリポットのあなをふさぐ。

②ふちから2センチくらいのこして、ポリポットに土《つち》をいれる。

③タネを3～4粒《つぶ》いれ、かくれるくらい土《つち》をかぶせて水《みず》をかける。

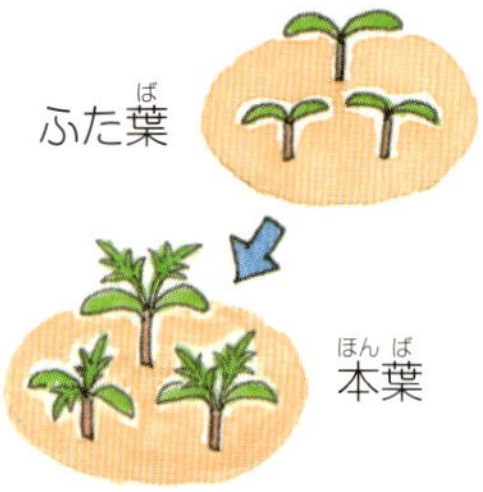

④数日《すうじつ》でふた葉《ば》がでて、つぎに切《き》れこみのある本葉《ほんば》がでる。

⑤本葉《ほんば》がでたら、なるべく大《おお》きな1本《ぽん》だけをのこしてぬく（間引《まび》き）。

⑥これくらいにそだったら、庭《にわ》やプランターなどに植《う》えかえる。

夏《なつ》の花壇《かだん》の一年草《いちねんそう》

マリゴールドのふるさとは、メキシコ。花《はな》がきれいでそだてやすい植物《しょくぶつ》として、世界《せかい》じゅうにひろまっている。日本《にほん》へは、300年《ねん》以上《いじょう》まえの江戸時代《えどじだい》につたわり、さいばいされてきた。

野生《やせい》のマリゴールドは一重《ひとえ》ざきだが、品種改良《ひんしゅかいりょう》でさまざまなかたちや大《おお》きさの種類《しゅるい》がうみだされた。花《はな》の色《いろ》はオレンジ色《いろ》や黄色《きいろ》、えんじ色《いろ》のほか、クリーム色《いろ》もある。

春《はる》にタネをまき、花壇《かだん》などでそだてる。じょうぶだが、あつくて湿気《しっけ》の多《おお》い気候《きこう》が少《すこ》しにがて。梅雨《つゆ》の時期《じき》は、なるべく風通《かぜとお》しよく、むれないように工夫《くふう》しよう。

夏《なつ》にさく花《はな》としては、さむさにつよい。秋《あき》のおわり、霜《しも》がおりるころまで、さきつづける。

ハンカチをそめてみよう

花《はな》の量《りょう》を多《おお》めにしたり、少《すく》なめにかえたりして、
ちがいをくらべてみよう。

〈用意《ようい》するもの〉

- 木綿《もめん》の白《しろ》いハンカチ
- マリゴールドの花《はな》（乾燥《かんそう》した花《はな》でもよい）
- 牛乳《ぎゅうにゅう》
- 計量《けいりょう》カップ（200ミリリットル）
- 台所用《だいどころよう》のはかり
- ティースプーン
- ボウル
- さいばし
- みょうばん（スーパーや薬局《やっきょく》で売《う》っている）
- なべ（ステンレスかほうろう製《せい》）
- ざる

花《はな》のつみかた

ここでおる。

花《はな》のつけ根《ね》のところでポキッとおる。花《はな》はしおれかけていてもだいじょうぶ。

保存《ほぞん》するときは、よくかわかしてから、しまっておく。

乾燥《かんそう》した花《はな》
なまの花《はな》

①ハンカチの重《おも》さをはかり、おなじ重《おも》さだけ花《はな》を用意《ようい》する（乾燥《かんそう》した花《はな》の場合《ばあい》、半分《はんぶん》の重《おも》さでよい）。

牛乳《ぎゅうにゅう》
ひろげていれる。
水《みず》

②水《みず》2分《ぶん》の1カップ、牛乳《ぎゅうにゅう》2分《ぶん》の1カップをボウルにいれてまぜ、ハンカチを30分《ぷん》くらいひたす。

③ハンカチをかるくしぼり、ほしてかわかす。

④なべに花《はな》と水《みず》1リットルをいれ、ふっとうしてから15分間《ふんかん》にる。

⑤なべの液《えき》をざるでこして、花《はな》だけすてる。ハンカチをいれて火《ひ》にかけ、ふっとうしてから15分間《ふんかん》にる。

お湯《ゆ》
みょうばん

⑥ティースプーン山《やま》もり1杯《ぱい》のみょうばんを、カップ2杯《はい》のお湯《ゆ》にとかしておく。色《いろ》を布《ぬの》にしっかりつけるのに役《やく》だつ。

つけるまえ、つけたあとの色《いろ》をくらべてみよう。

⑦ハンカチをなべからだし、⑥の液《えき》に30分《ぷん》くらいつけておく。

⑧ハンカチをよく水《みず》あらいして、かわかせば、できあがり。

そだててそめよう

植物《しょくぶつ》をつかって布《ぬの》や糸《いと》をそめる方法《ほうほう》を、草木《くさき》ぞめという。マリゴールドは、あざやかな黄色《きいろ》がかんたんにとりだせる植物《しょくぶつ》のひとつだ。

つかうのは花《はな》。乾燥《かんそう》させても、あまりかわらない色《いろ》がでるので、少《すこ》しずつつみとって、ほしておくとよい。たくさんためて保存《ほぞん》すれば、いつでもそめものができる。

そまりやすい素材《そざい》は、絹《きぬ》（カイコのまゆからとれる）や毛《け》（ヒツジなどからとれる）。木綿《もめん》（ワタの実《み》からとれる）はそまりにくいが、工夫《くふう》すればそめられる。

花《はな》をにると、お湯《ゆ》に色《いろ》がしみだす。色《いろ》のついた液《えき》に布《ぬの》をいれ、さらにグツグツにると、花《はな》の黄色《きいろ》が布《ぬの》にうつる。花《はな》の量《りょう》で、こくもうすくもできる。

タネからそだてる〈ヒョウタン〉

ヒョウタンは、おもしろいかたちの実《み》がなるつる植物《しょくぶつ》。食《た》べられないが、じゅくすと皮《かわ》がかたくなり、いろいろな工作《こうさく》ができる。

鉢植《はちう》えでそだてよう

タネまきの時期《じき》は、サクラ（ソメイヨシノ）がちったころ。

〈用意《ようい》するもの〉

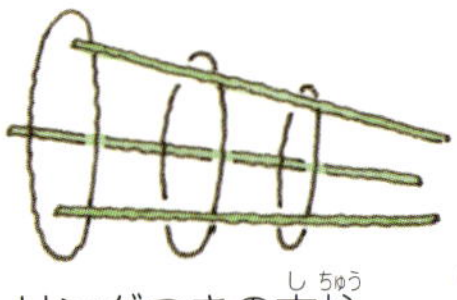

リングつきの支柱《しちゅう》（10号鉢用《ごうばちよう》）

培養土《ばいようど》（肥料《ひりょう》などがふくまれている）

タネ（センナリヒョウタン）

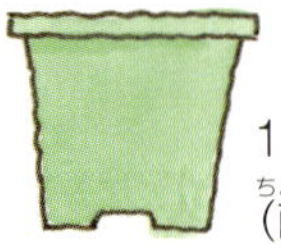

10号《ごう》の植木鉢《うえきばち》（直径《ちょっけい》30センチ）

ポリポット（6～8センチ）

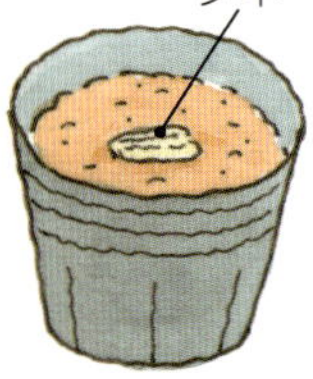

①ポリポットに土《つち》をいれ、タネを横《よこ》むきにねかせて、1センチくらい土《つち》をかぶせる。

②本葉《ほんば》が3～4枚《まい》になったら、ポリポットをはずして、植木鉢《うえきばち》に植《う》える。

③植木鉢《うえきばち》に支柱《しちゅう》をたて、つるがのびたら、らせんじょうにまきつける。

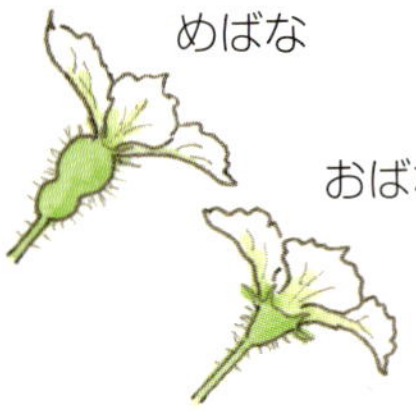

④花《はな》は夕方《ゆうがた》からよく朝《あさ》にかけてさき、昼《ひる》にはしおれてしまう。めばなとおばながある。

⑤おばなの花《はな》びらをはずして、花粉《かふん》をめばなの中心《ちゅうしん》にこすりつけると、よくみのる。

⑥あつい時期《じき》は、かわいてしおれないよう毎日水《まいにちみず》やりをしよう。

⑦葉《は》がかれはじめたころに、収穫《しゅうかく》する。はやすぎると、くさってしまう。

かたちいろいろ

こんなにさまざまなかたちや大《おお》きさの果実《かじつ》ができる植物《しょくぶつ》は、ほかにない。

いろいろなかたちがある

ヒョウタンは、もともとはアフリカの植物《しょくぶつ》だが、世界各地《せかいかくち》でひろくさいばいされている。日本《にほん》でさいばいされるヒョウタンは、たいていくびれたかたち。でもじつは、細長《ほそなが》いかたちや、まるいかたちなど、さまざまな種類《しゅるい》がある。

ふつうは、にがくて食《た》べられないが、にがくない種類《しゅるい》もある。ユウガオとよばれ、野菜《やさい》として利用《りよう》される。実《み》をひものようにうすくけずってかわかすと、まきずしなどにいれるかんぴょうになる。

大《おお》きなヒョウタンをさいばいするには、庭《にわ》や畑《はたけ》に植《う》えて、たなをつくったり、しっかりしたネットをはったりする必要《ひつよう》がある。センナリヒョウタンなら、鉢《はち》やプランターでもさいばいできる。

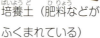

ヒョウタンでつくろう

アクリル絵《え》の具《ぐ》で絵《え》をかいたり、きれいな紙《かみ》をはりつけたりして、自分《じぶん》だけのヒョウタンをつくろう。

おひなさま

水《みず》をいれて花《か》びんに。

きれいな紙《かみ》をはる。

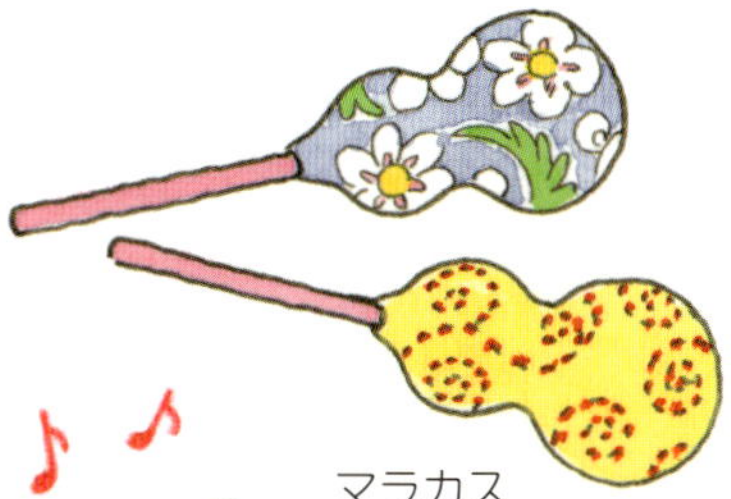

マラカス
コメやアズキの粒《つぶ》をいれる。

中身《なかみ》のだしかた

くさくなるので、水《みず》につける容器《ようき》は、ふたのできるバケツなどが便利《べんり》。

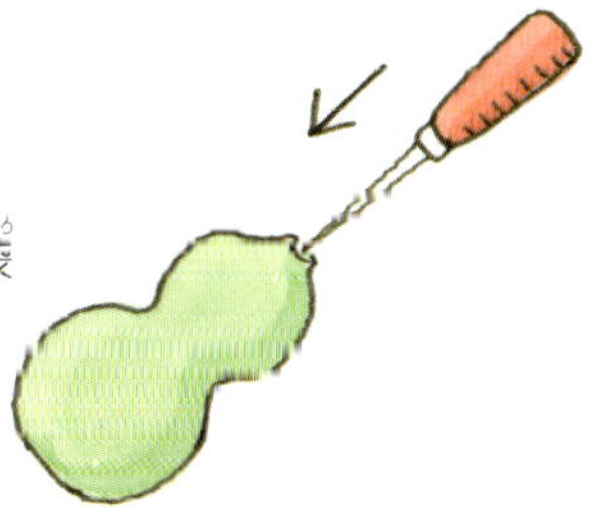

①きりやカッターであなをあける。力《ちから》がいるので、おとなにてつだってもらおう。

②あなに棒《ぼう》をつっこみ、つついたり、かきまわしたりして、空洞《くうどう》をひろげる。

③うかないように、重《おも》しをのせて、水《みず》につける。くさくなるのでふたをする。

④たわしでこすって表面《ひょうめん》の皮《かわ》をむき、さかさにふって中身《なかみ》とタネをだし、よくあらう。

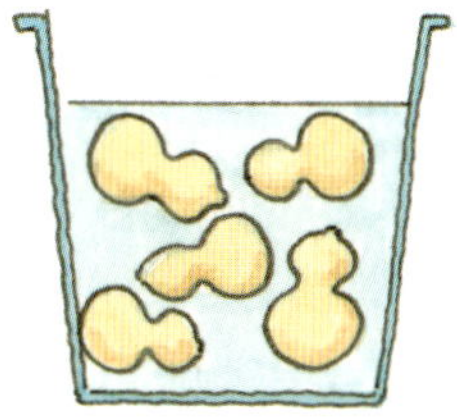

⑤においをとるため、きれいな水《みず》に1週間《しゅうかん》くらいつけておく。水《みず》は2～3回《かい》とりかえる。

⑥さかさにしてよくかわかして、できあがり。

工作《こうさく》の材料《ざいりょう》にぴったり

果実《かじつ》の中身《なかみ》をとりのぞくと、水《みず》ももらない便利《べんり》ないれものになる。日本《にほん》でも、むかしは水《みず》やお酒《さけ》をいれる水筒《すいとう》のようないれものとして、つかわれていた。

かるくて、切《き》ったりあなをあけたり、色《いろ》をぬったりしやすいため、世界《せかい》じゅうでさまざまに利用《りよう》されてきた。いれもののほか、アクセサリーや楽器《がっき》、おもちゃなど、つかい道《みち》はかぞえきれない。工作《こうさく》の材料《ざいりょう》にもぴったりだ。

果実《かじつ》をカラにするのは、けっこう手間《てま》がかかる。10日《か》くらい水《みず》につけて、中身《なかみ》をくさらせてとりだすので、とてもくさい。

水《みず》につけずに乾燥《かんそう》させてもよいが、黒《くろ》いかびがはえたりして、きれいにしあがらないことがある。

タネからそだてる〈ハツカダイコン〉

ハツカダイコンは、小《ちい》さなダイコンのなかま。もっとも短《みじか》い時間《じかん》で成長《せいちょう》し、収穫《しゅうかく》できる野菜《やさい》のひとつだ。はやければ20日《か》くらいで収穫《しゅうかく》できることから、名《な》づけられた。

いろいろな種類《しゅるい》

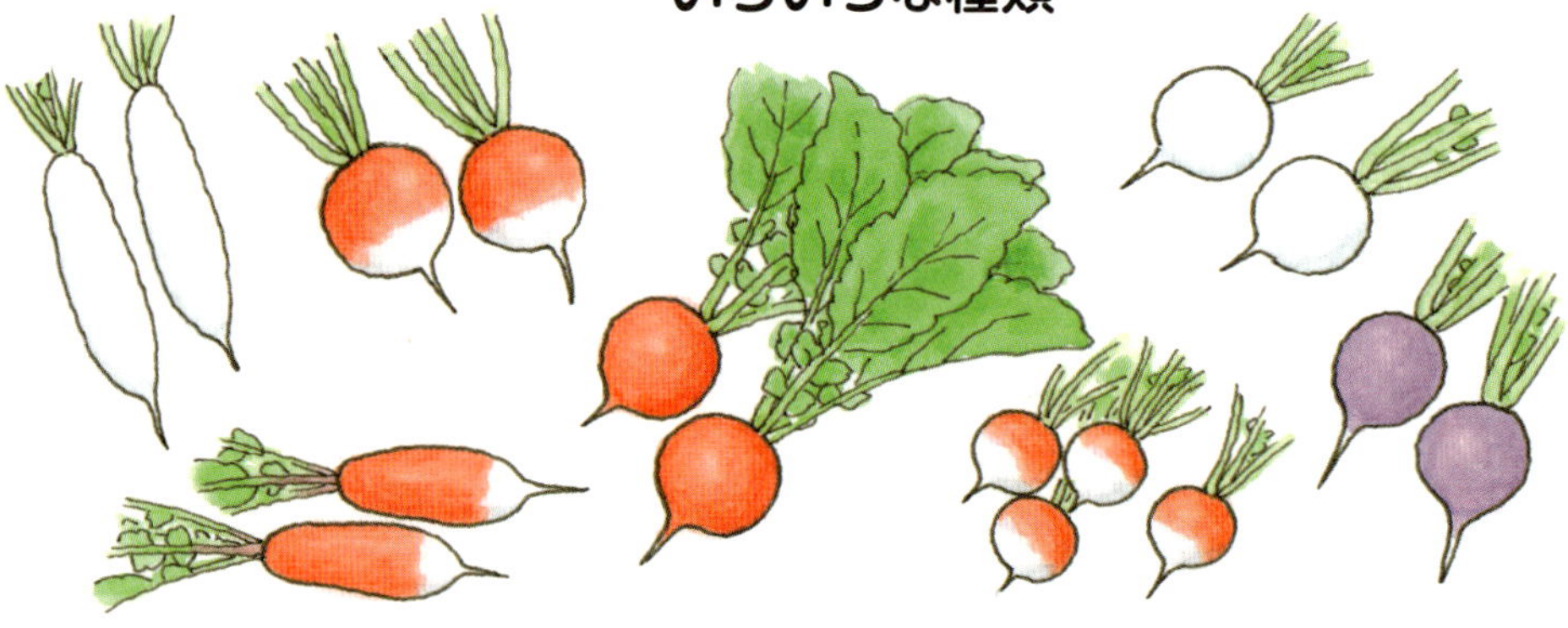

プランターでそだててみよう

①プランターに培養土《ばいようど》をいれる。

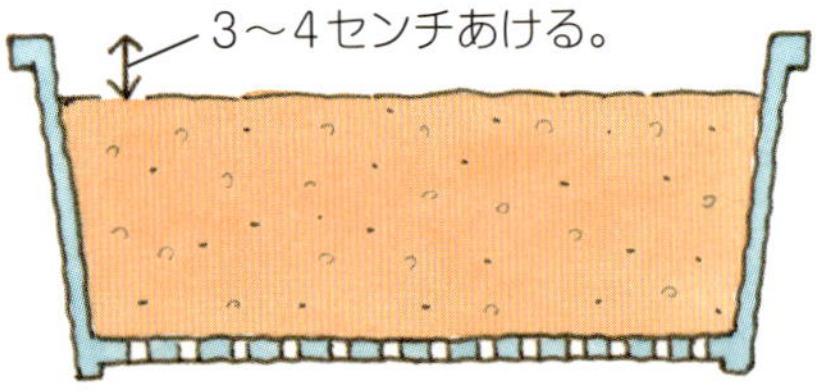

〈用意《ようい》するもの〉

プランター
(長《なが》さ65センチくらい)
培養土《ばいようど》
(肥料《ひりょう》などがまぜられた土《つち》)
タネ

②わりばしなどで、2本《ほん》すじをひき、3センチおきくらいにタネをおいて土《つち》をかぶせる。

③ふた葉《ば》がでたら、小《ちい》さい芽《め》や、ひょろっとした芽《め》を間引《まび》く。

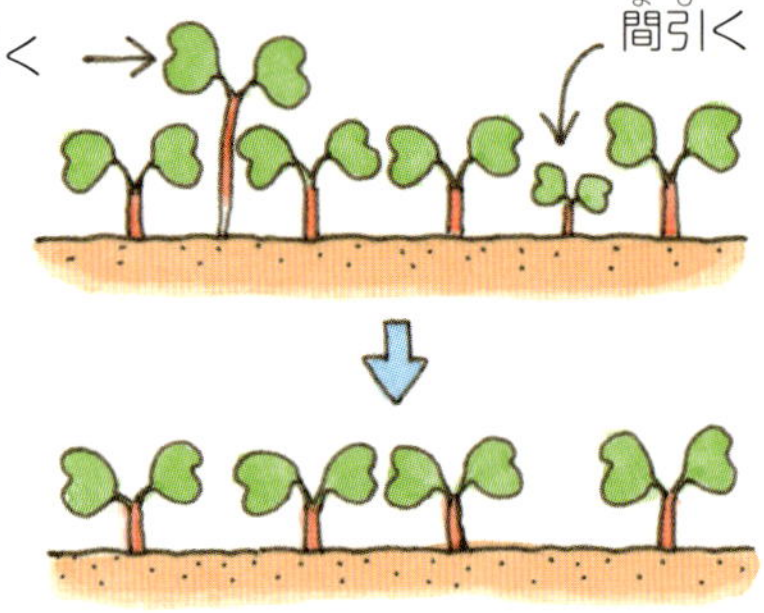

小《ちい》さくてはやくそだつ

ハツカダイコン（ラディッシュ）は、はやければ20日《か》、たいていは30日《にち》から40日《にち》くらいで根《ね》が太《ふと》り、食《た》べられる。小《ちい》さいから、プランターでもそだてやすい。

ほとんどの野菜《やさい》は、タネをまいてから収穫《しゅうかく》するまで、何《なん》か月《げつ》もかかる。これほど短《みじか》い期間《きかん》で食《た》べられる野菜《やさい》は、あまりない。

お店《みせ》で売《う》られているハツカダイコンは、赤《あか》くてまるく、なかはまっ白《しろ》。ダイコンのなかまなので、かじるとちょっとからい。あざやかな赤《あか》は、サラダにいれると、ひときわめだつ。

赤《あか》くてまるい種類《しゅるい》のほかにも、むらさき色《いろ》や、紅白《こうはく》にわかれたの、白《しろ》くてまるいのや、細長《ほそなが》いのなど、いろいろな種類《しゅるい》がある。

④本葉《ほんば》がでてからも、1週間《しゅうかん》に1回《かい》くらい間引《まび》きをする。

⑤最後《さいご》は、あいだが5センチくらいあくようにする。

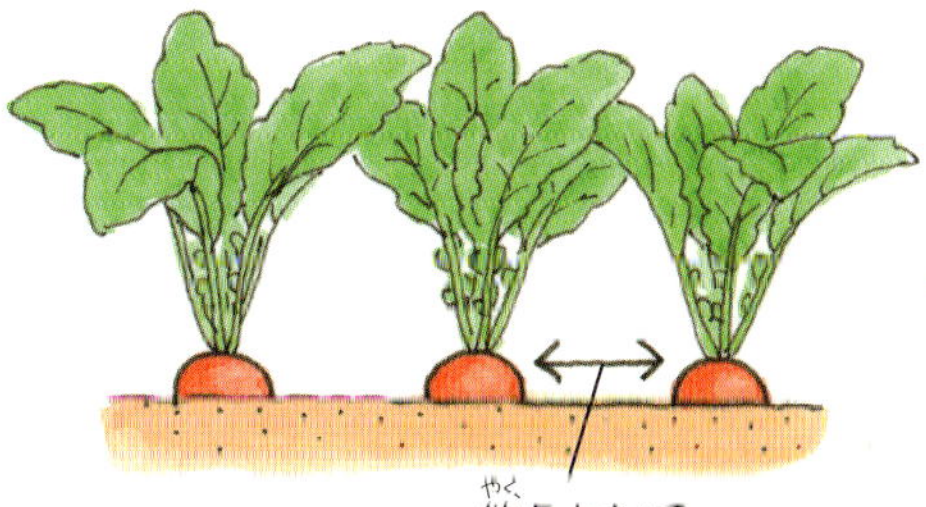

⑥そだつはやさには差《さ》がある。大《おお》きくなったものから順《じゅん》に収穫《しゅうかく》しよう。

花《はな》とさや

春《はる》、収穫《しゅうかく》せずにのこしておくと、4～5月《がつ》ごろに花《はな》がさく。このころには根《ね》はかたくなり、食《た》べられない。

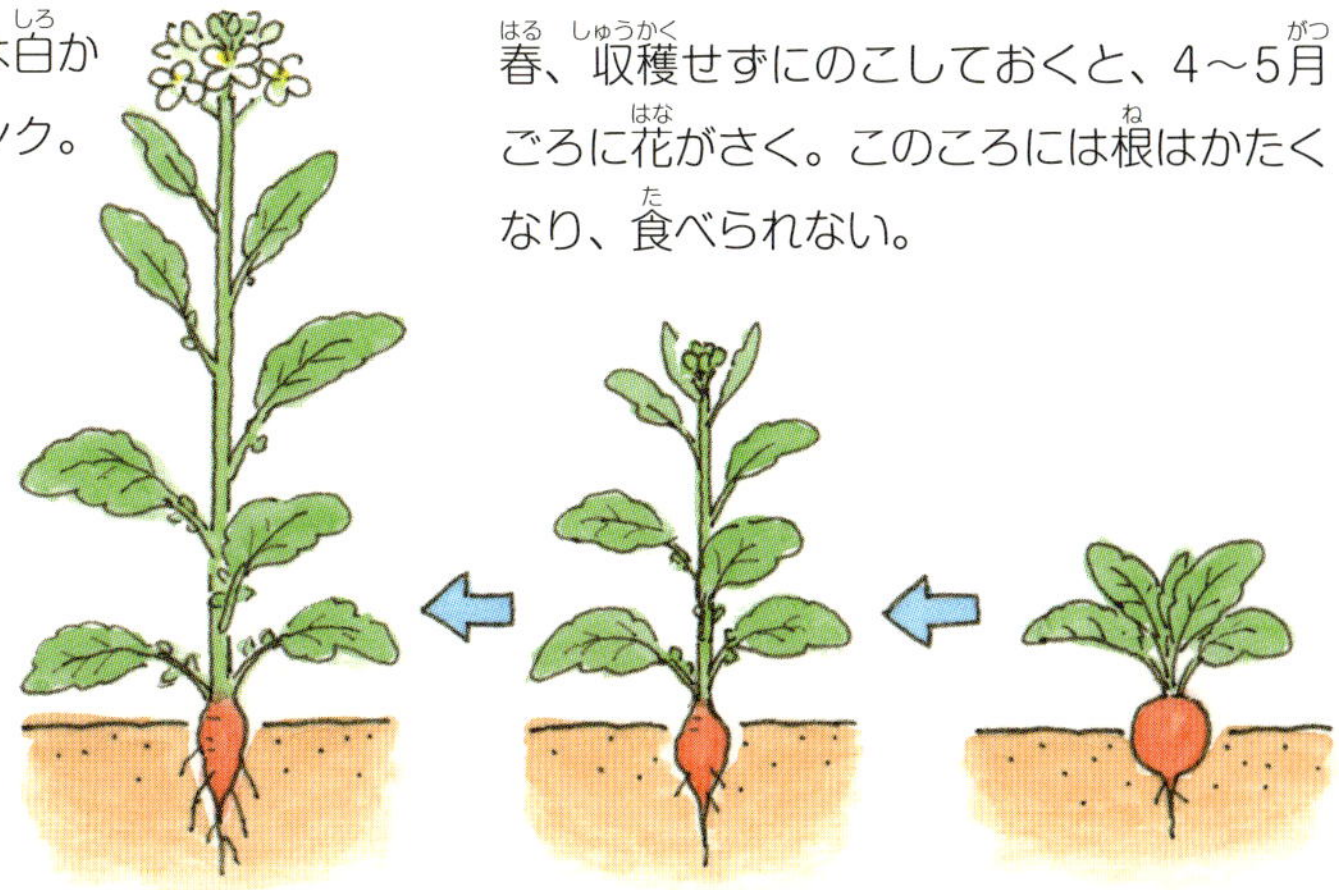

花《はな》は白《しろ》かピンク。

花《はな》がちると緑色《みどりいろ》のさやができ、なまのまま食《た》べられる。根《ね》とおなじように、ピリリとからい。

かざってもきれい。

食《た》べてみよう

緑《みどり》の野菜《やさい》といっしょにサラダやあさづけにすると、あざやかな赤《あか》がきれい。

野菜《やさい》いっぱいサラダ

ハツカダイコンとキュウリのあさづけ

間引《まび》いた芽《め》も食《た》べられる

気候《きこう》がおだやかな春《はる》か秋《あき》にタネをまくと、そだてやすい。

タネは、すべてが芽《め》ぶくわけではないので、多《おお》めにまいて、間引《まび》き（成長《せいちょう》がはやくてなるべくがっしりした芽《め》をえらび、それ以外《いがい》はひきぬくこと）をしながらそだてる。ぎゅうぎゅうにはえていると、風通《かぜとお》しや日《ひ》あたりがわるくなり、よくそだたない。

ふつう食《た》べるのは、ふくらんだ根《ね》の部分《ぶぶん》。大《おお》きくなった葉《は》はごわごわしてかたいが、間引《まび》いた芽《め》や、まだ小《ちい》さい葉《は》ならやわらかい。すてないで食《た》べてみよう。

春先《はるさき》にタネをまくと、やがて茎《くき》がのび、かわいい花《はな》がさく。秋《あき》にそだてる場合《ばあい》は、花芽《はなめ》ができず、花《はな》はさかない。

さし木《き》、つぎ木《き》ってなあに?

きれいな花《はな》をさかせたり、おいしいくだものをみのらせたりする植物《しょくぶつ》は、役《やく》にたつし、人気《にんき》も高《たか》い。さし木《き》やつぎ木《き》は、そんな植物《しょくぶつ》を確実《かくじつ》にふやすための便利《べんり》な方法《ほうほう》だ。

さし木《き》をしてみよう

さし木《き》は、すべての植物《しょくぶつ》でできるわけではない。根《ね》がでやすい植物《しょくぶつ》がむいている。葉《は》から苗《なえ》をつくる葉《は》ざしという方法《ほうほう》もある。

さし木《き》がしやすい植物《しょくぶつ》

アジサイ、バラ、ヤナギ、ツバキ、キク、ミント、多肉植物《たにくしょくぶつ》など。

アジサイのさし木《き》

時期《じき》は6〜8月上旬《がつじょうじゅん》。

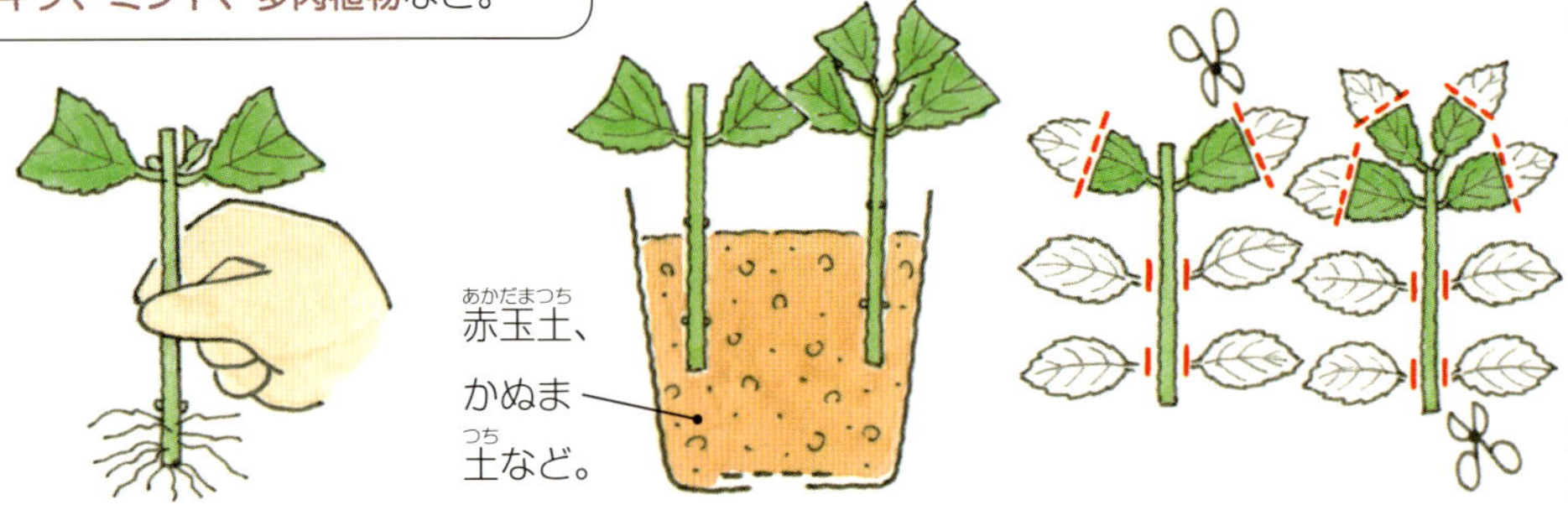

①15センチくらいの枝《えだ》を用意《ようい》し、下《した》の葉《は》はとりのぞき、上《うえ》の葉《は》は半《はん》分《ぶん》くらいに切《き》る。

②鉢《はち》に栄養分《えいようぶん》のはいっていない土《つち》をいれ、アジサイの枝《えだ》をさす。水《みず》をたっぷりあたえ、かわかさないようにする。

③1か月《げつ》くらいすると根《ね》がでてくるので、栄養分《えいようぶん》のはいった土《つち》に植《う》えかえてそだてる。

葉《は》ざしがしやすい植物《しょくぶつ》

ツキトジ、セイロンベンケイ、サンスベリアなど。

カランコエ(ツキトジ)の葉《は》ざし

時期《じき》は春《はる》から秋《あき》。

ツキトジ(月《つき》兎耳《とじ》)の葉《は》は、ウサギの耳《みみ》のよう。

①葉《は》をはずして土《つち》の上《うえ》にのせ、そのままほうっておく。

②数週間《すうしゅうかん》で葉《は》のつけ根《ね》から根《ね》がでてくる。

③新《あたら》しい芽《め》がでてきたら、土《つち》に植《う》える。

④もとの葉《は》は、しおれてかれてしまう。

さし木《き》でふやす

さし木《き》は、枝《えだ》や茎《くき》などを切《き》りとり、それから根《ね》をださせ、苗《なえ》を新《あら》たにつくる方法《ほうほう》。

おなじお母《かあ》さんとお父《とう》さんのあいだにうまれたきょうだいでも、顔《かお》や性格《せいかく》はさまざまだ。タネからそだつ植物《しょくぶつ》も、親《おや》やきょうだいとまったくおなじではない。大《おお》きかったり小《ちい》さかったり、花《はな》や葉《は》の色《いろ》やかたちがことなることもある。

さし木《き》からは、もとの植物《しょくぶつ》とまったくおなじ植物《しょくぶつ》ができる。自分《じぶん》の1本《ぽん》の指《ゆび》から、もうひとりの自《じ》分《ぶん》がつくれるようなもの。人《ひと》にとってよい性質《せいしつ》をもつ植物《しょくぶつ》を、そのままたくさんふやしたいときに、便利《べんり》な方法《ほうほう》だ。タネからよりも、てっとりばやく大《おお》きくできるというよい点《てん》もある。

つぎ木《き》で合体《がったい》させる

穂木《ほぎ》と台木《だいぎ》は、ちかい種類《しゅるい》の植物《しょくぶつ》でないとうまくつかない。
台木《だいぎ》には、じょうぶな種類《しゅるい》をつかう。

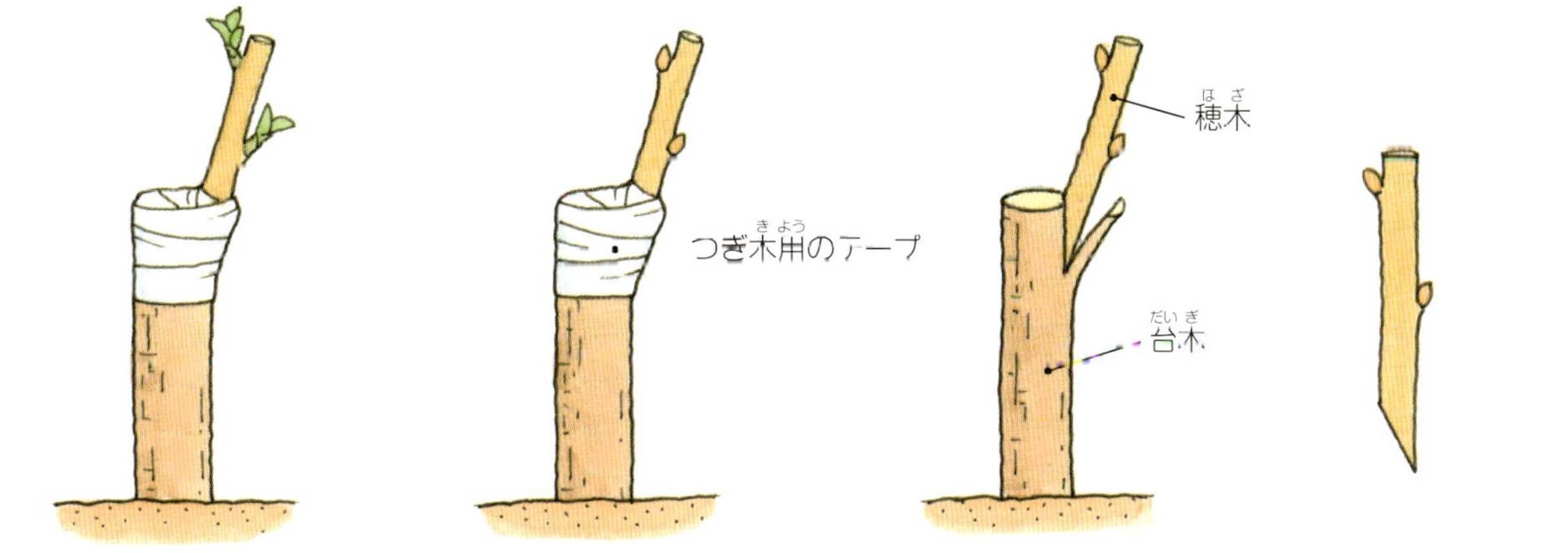

④穂木《ほぎ》の芽《め》が成長《せいちょう》をはじめる。

③テープなどでしっかりとめると、台木《だいぎ》から水《みず》や養分《ようぶん》が穂木《ほぎ》にながれ、やがて合体《がったい》する。

②台木《だいぎ》の皮《かわ》をナイフではぎ、穂木《ほぎ》の枝《えだ》をさしこんで、ぴったりあわせる。

①穂木《ほぎ》はななめに切《き》る。

こんなこともできる

親《しん》せきどうしの植物《しょくぶつ》をつぎ木《き》することで、いくつもの種類《しゅるい》をいっぺんに楽《たの》しむことができる。

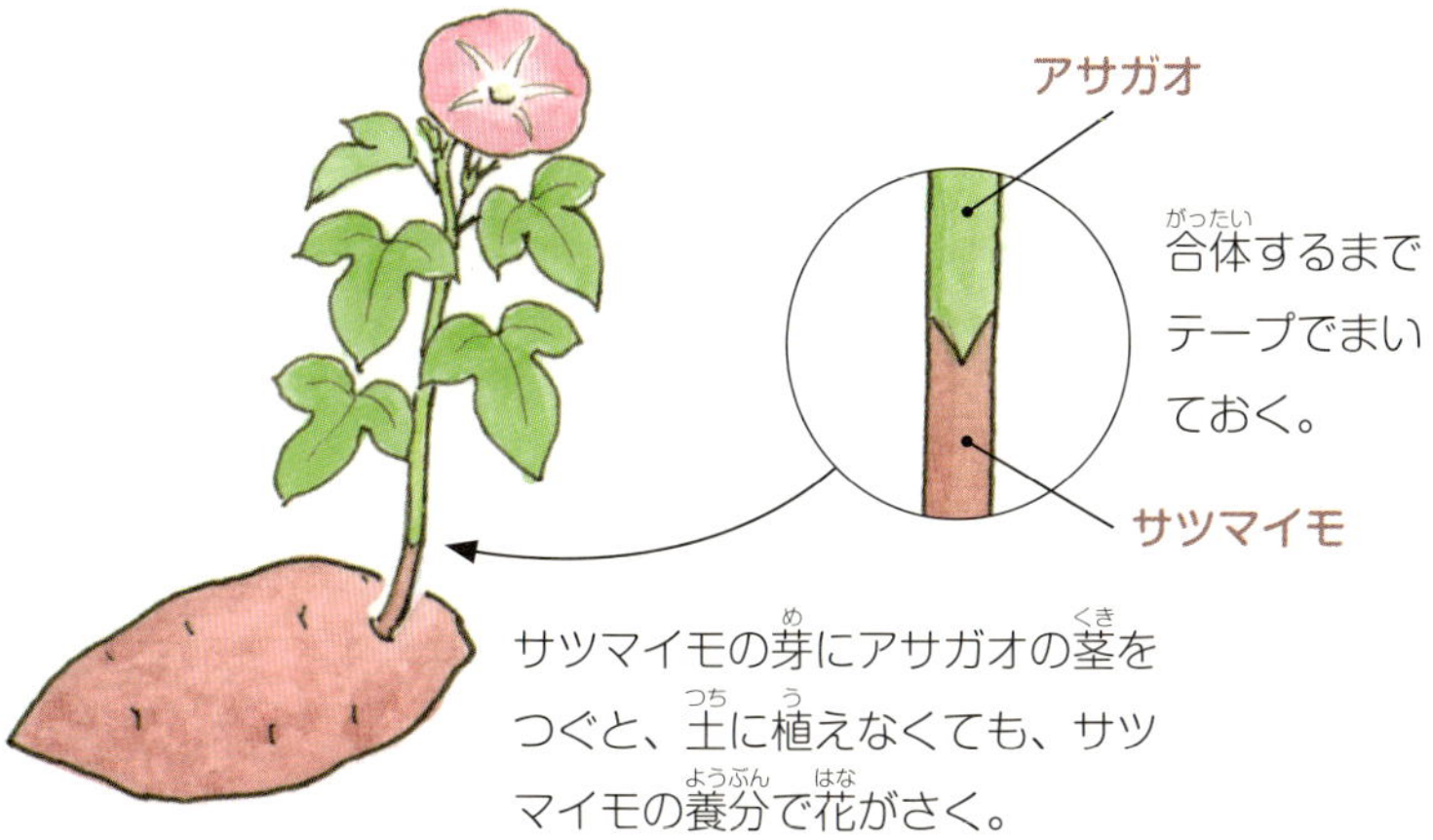

サツマイモの芽《め》にアサガオの茎《くき》をつぐと、土《つち》に植《う》えなくても、サツマイモの養分《ようぶん》で花《はな》がさく。

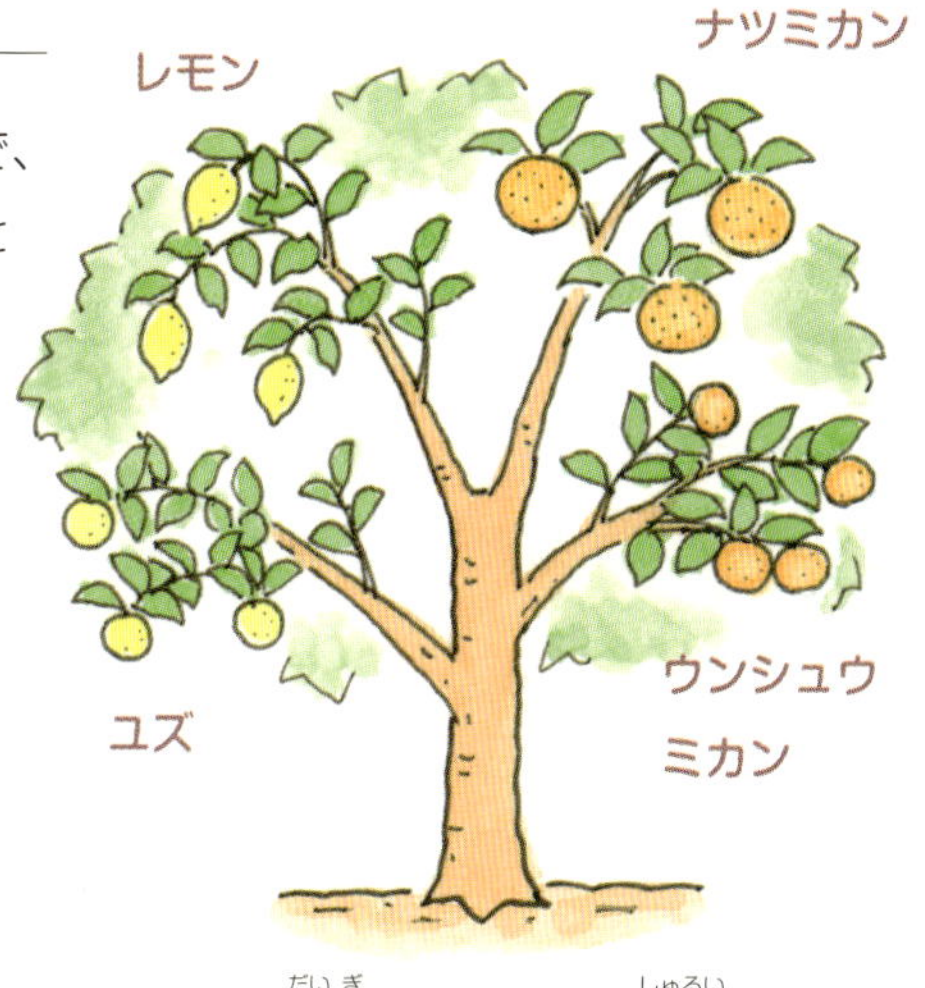

ユズの台木《だいぎ》に、いろんな種類《しゅるい》のかんきつ類《るい》をつぎ木《き》すれば、1本《ぽん》の木《き》にいろんな果実《かじつ》がみのる。

つぎ木《き》でふやす

つぎ木《き》は、ふやしたい植物《しょくぶつ》の枝《えだ》や芽《め》などの切《き》り口《くち》を、特別《とくべつ》なやりかたで、根《ね》のあるべつの木《き》の切《き》り口《くち》につなげ、ひとつにする方法《ほうほう》。根《ね》のあるほうの植物《しょくぶつ》を台木《だいぎ》といい、ふやしたいほうの植物《しょくぶつ》の枝《えだ》を、穂木《ほぎ》という。

さし木《き》がむずかしい種類《しゅるい》でも、つぎ木《き》でふやせる場合《ばあい》が多《おお》い。病気《びょうき》などに強《つよ》い種類《しゅるい》を台木《だいぎ》につかうと、その後《ご》もじょうぶにそだつ。さし木《き》からよりも、さらにはやく大《おお》きくできる。

サクラのソメイヨシノや八重《やえ》ザクラは、すべてつぎ木《き》でふやされている。くだものもおなじで、たとえばリンゴのフジや、ブドウの巨峰《きょほう》、ウンシュウミカンなどの苗《なえ》は、みんなつぎ木《き》でつくられる。

水《みず》さいばいに挑戦《ちょうせん》

さむい季節《きせつ》は、意外《いがい》と水《みず》さいばいにむいている。春《はる》の花《はな》を真冬《まふゆ》のへやでさかせたり、キッチンのまどべでミニ野菜《やさい》をそだてたりするのに挑戦《ちょうせん》してみよう。

ヒヤシンスの水《みず》さいばい

はじめるのは11月《がつ》ごろ。水《みず》は、週《しゅう》1回《かい》くらいいれかえて、きれいにたもつ。球根《きゅうこん》は**クロッカス**や**ムスカリ**などでもよい。

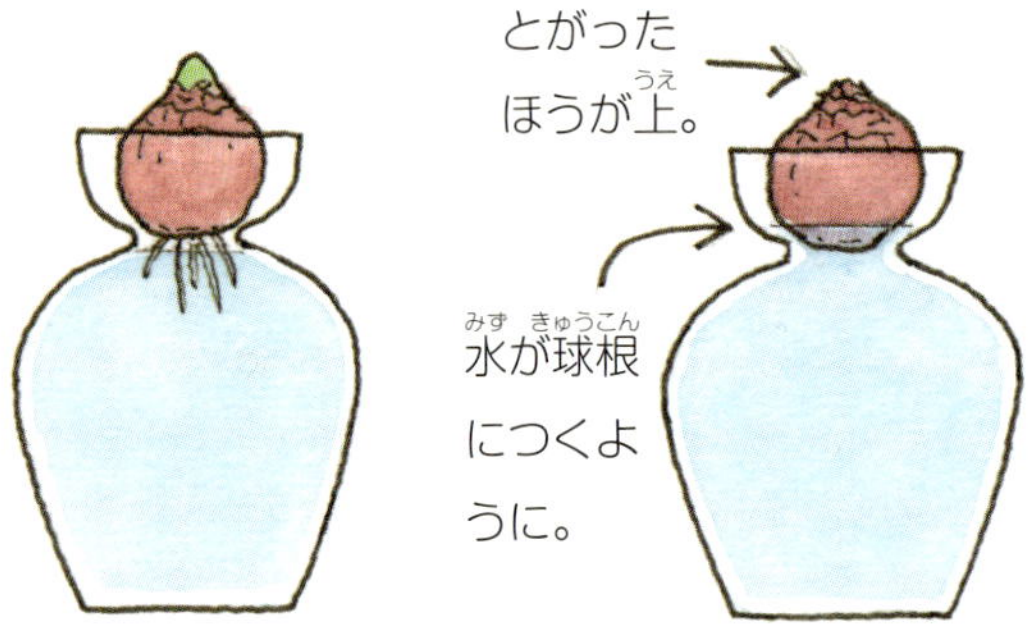
とがったほうが上《うえ》。
水《みず》が球根《きゅうこん》につくように。

①球根《きゅうこん》のむきをまちがえないように容器《ようき》にセットし、外《そと》の日《ひ》のあたらない場所《ばしょ》におく。

②1か月《げつ》くらいして、根《ね》や芽《め》がでてきたら、室内《しつない》の明《あか》るい場所《ばしょ》にうつす。

③根《ね》がどんどんのびだしたら、球根《きゅうこん》から水面《すいめん》まで2～3センチあける。

④へやの温度《おんど》にもよるが、2月《がつ》ごろには花《はな》がさく。

ヒヤシンスの球根《きゅうこん》は、さむい環境《かんきょう》で目《め》をさます。最初《さいしょ》からあたたかいへやでそだてると、なかなか芽《め》がでない。

さいばい容器《ようき》

ガラスなどの容器《ようき》が売《う》られているが、ペットボトルでもかんたんにつくれる。

アボカドの水《みず》さいばい

タネに3～4本《ほん》のようじをさして、たいらなほうが水《みず》につかるようにセットする。1～2か月《げつ》で根《ね》がのびはじめる。

コップ

ある程度《ていど》のびてきたら、鉢《はち》に植《う》えかえる。観葉植物《かんようしょくぶつ》にぴったり。

室内《しつない》できがるにできる

水《みず》さいばいは、球根《きゅうこん》などを土《つち》に植《う》えずに、水《みず》だけでそだてる方法《ほうほう》。球根《きゅうこん》は、たくわえられた養分《ようぶん》で葉《は》をのばし、花《はな》をさかせる。

むいているのは春《はる》にさく球根植《きゅうこんしょく》物《ぶつ》。冬《ふゆ》のはじめごろから室内《しつない》でそだてると、春《はる》がくるまえにひと足《あし》はやく開《ひら》く。こがらしがふく季節《きせつ》、春《はる》の花《はな》が見《み》られるのはすてきだ。

さきおわるころには養分《ようぶん》をつかいはたし、球根《きゅうこん》はしぼんでしまう。土《つち》植《う》えとちがって、つぎの年《とし》もさかせるのはむずかしい。

アボカドのタネは大《おお》きく、球根《きゅうこん》のように水《みず》さいばいで芽《め》をだす。タネのとがったほうを上《うえ》にして、水《みず》につけるだけ。季節《きせつ》にもよるが、1～2か月《げつ》すると根《ね》がのびはじめ、やがて芽《め》がでて葉《は》をのばす。

カイワレダイコンのそだてかた

芽《め》がでてすぐのふた葉《ば》は、クリーム色《いろ》だが、光《ひかり》にあてると緑《みどり》にかわる。

①容器《ようき》にキッチンペーパーを3～4枚重《まいかさ》ねてしき、ひたるくらいの水《みず》をいれる。

②タネを重《かさ》ならないようにびっしりとまき、箱《はこ》などをかぶせて暗《くら》くしておく。

③かわかないようにときどきスプレーでしめらせる。光《ひかり》はあてない。

④5センチくらいまでそだったら、箱《はこ》をはずして、まどべで光《ひかり》にあてる。

⑤タネまきから10日前後《かぜんご》で、10センチくらいにそだち、食《た》べられる。

すてる部分《ぶぶん》を利用《りよう》する

皿《さら》やコップに水《みず》をはり、なるべく毎日水《まいにちみず》をかえる。食《た》べてもいいし、ながめるだけでもきれい。キッチンのまどべにおくと、手《て》いれがらく。

キッチンでそだてよう

水《みず》さいばいで野菜《やさい》もつくれる。カイワレダイコンはダイコンのふた葉《ば》だが、カイワレ専用《せんよう》のタネも売《う》られている。びっしりとタネをまいて、日《ひ》をあまりあてずに水《みず》だけでそだてると、ふた葉《ば》がひょろりと長《なが》くのびる。

ブロッコリーやムラサキキャベツ、カラシナ、ソバ、ヒマワリなども、カイワレダイコンとおなじようにそだてれば、わかい芽《め》が食《た》べられる。

根菜《こんさい》（根《ね》を食《た》べる野菜《やさい》）のへたをつかった水《みず》さいばいは、もっとかんたんだ。ゴボウやニンジンも、若葉《わかば》は食《た》べられる。キャベツのしんからも、緑《みどり》の葉《は》がのびる。夏《なつ》は水《みず》がよごれてくさりやすいから、秋《あき》から春《はる》にかけてやってみよう。

ジャガイモの袋《ふくろ》さいばい

ジャガイモは、そだてやすい野菜《やさい》のひとつ。培養土《ばいようど》の袋《ふくろ》をつかえば、どこでもてがるにさいばいできる。うまくいけば、植《う》えた10倍以上《ばいいじょう》のイモがとれる。

そだてかた

植《う》えつけるのは、3月《がつ》のなかごろから。

〈用意《ようい》するもの〉

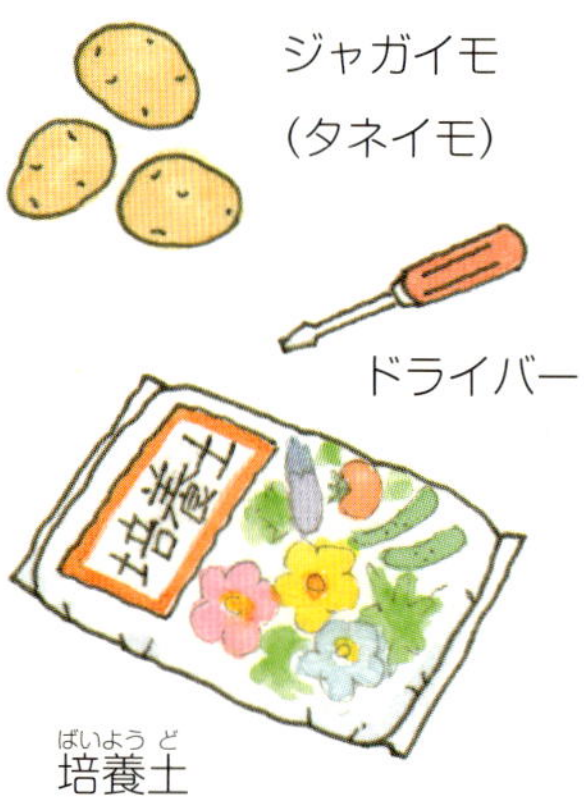
ジャガイモ
(タネイモ)
ドライバー
培養土
培養土《ばいようど》
(15〜25リットル)

たてに切《き》る。

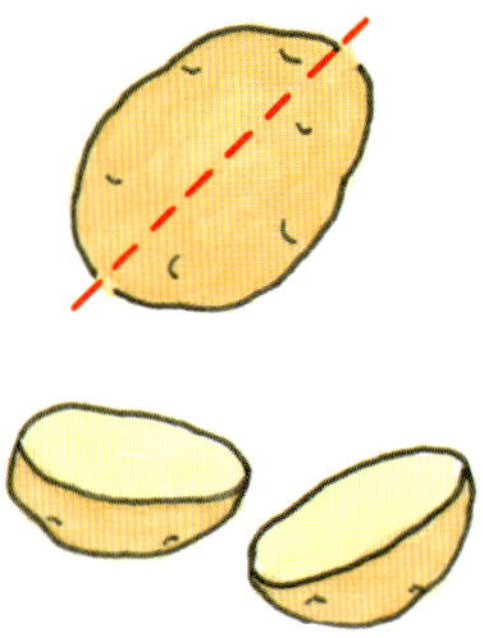

①タネイモを半分《はんぶん》に切《き》り、2〜3日間《かかん》、切《き》り口《くち》を乾燥《かんそう》させる。

培養土
プスッ
10センチ

全部《ぜんぶ》で30か所《しょ》くらい。

②培養土《ばいようど》の袋《ふくろ》の下《した》のほうにドライバーをさして、プツプツあなをあける。

袋《ふくろ》のふちは、おりかえす。

③袋《ふくろ》をたてて、上《うえ》を切《き》り、土《つち》を3分《ぶん》の1くらいとりだして、べつの袋《ふくろ》にうつしておく。

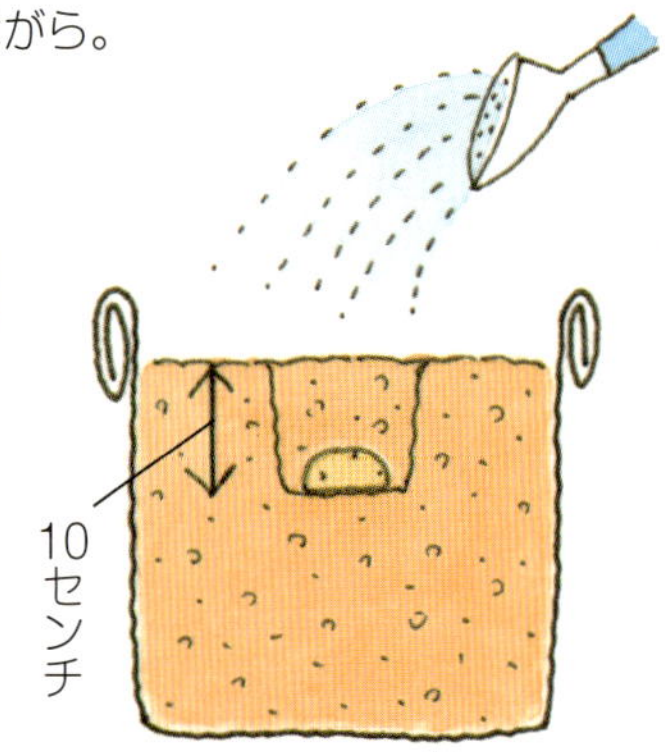
10センチ

④10センチくらいのあなをほる。切《き》り口《くち》を下《した》にしてタネイモをおき、土《つち》をかぶせる。

土《つち》をおさえながら。

⑤芽《め》が数本《すうほん》のびてきたら、いちばん大《おお》きい芽《め》を1本《ぽん》のこしてぬきとる。

せまい場所《ばしょ》でも平気《へいき》

ジャガイモは、地面《じめん》のなかで大《おお》きなイモがそだつから、さいばいするには、たっぷりの土《つち》が必要《ひつよう》だ。植木鉢《うえきばち》やふつうのプランターでは、ちょっとつくりにくい。

庭《にわ》や畑《はたけ》がない場合《ばあい》は、ベランダや軒下《のきした》でもてがるにつくる方法《ほうほう》がある。それは、袋《ふくろ》をつかったさいばい法《ほう》。袋《ふくろ》をたてにおくので、あまり場所《ばしょ》をとらずにすむ。日《ひ》あたりさえよければ、どこにおいてもだいじょうぶ。

培養土《ばいようど》の袋《ふくろ》をそのまま利用《りよう》すると、じょうぶだし、すぐにはじめられてとても便利《べんり》。肥料《ひりょう》やコメの空《あ》き袋《ぶくろ》に、土《つち》をいれてつかってもよい。透明《とうめい》だと光《ひかり》がとおってしまうので、色《いろ》のついた袋《ふくろ》を利用《りよう》しよう。

⑥とりだしておいた土《つち》の半分《はんぶん》をたす。そのぶん、おりかえしをもどす。

⑦花《はな》がさいたら、のこりの土《つち》をたす。さらにおりかえしをもどす。

⑧葉《は》が黄《き》ばんでしおれてきたら、収穫《しゅうかく》できる。たいていは梅雨《つゆ》があけるころ。

⑨袋《ふくろ》をたおして、イモをとりだす。ビニールシートをしいておけば、あとしまつがらく。

ほりたてのジャガイモは、お店《みせ》にならんでいるのとはひとあじちがうよ。

水《みず》のやりすぎに注意《ちゅうい》

ジャガイモは、ほかの植物《しょくぶつ》のように、タネからそだてることはしない。地面《じめん》にイモを植《う》えると、そこから直接《ちょくせつ》芽《め》がでてくる。

さいばいには、園芸店《えんげいてん》やホームセンターで売《う》られているタネイモをつかう。タネイモは、さいばい用《よう》に特別《とくべつ》にそだてられたジャガイモで、病気《びょうき》になりにくい。

ジャガイモは、けっこう乾燥《かんそう》に強《つよ》い。水《みず》は、土《つち》の表面《ひょうめん》をさわってみて、かわいていることをたしかめてから、あたえよう。やりすぎて、いつも土《つち》がジュクジュクしめっていると、くさってしまうことがある。

収穫《しゅうかく》もかんたん。袋《ふくろ》をかたむけて中身《なかみ》をだすと、そだったジャガイモがゴロゴロでてくる。

ちょっとひと休《やす》み

屋上《おくじょう》を緑《みどり》に

建物《たてもの》の屋上《おくじょう》に土《つち》をいれ、木《き》や草《くさ》を植《う》えて緑《みどり》にすることを屋上緑化《おくじょうりょくか》という。

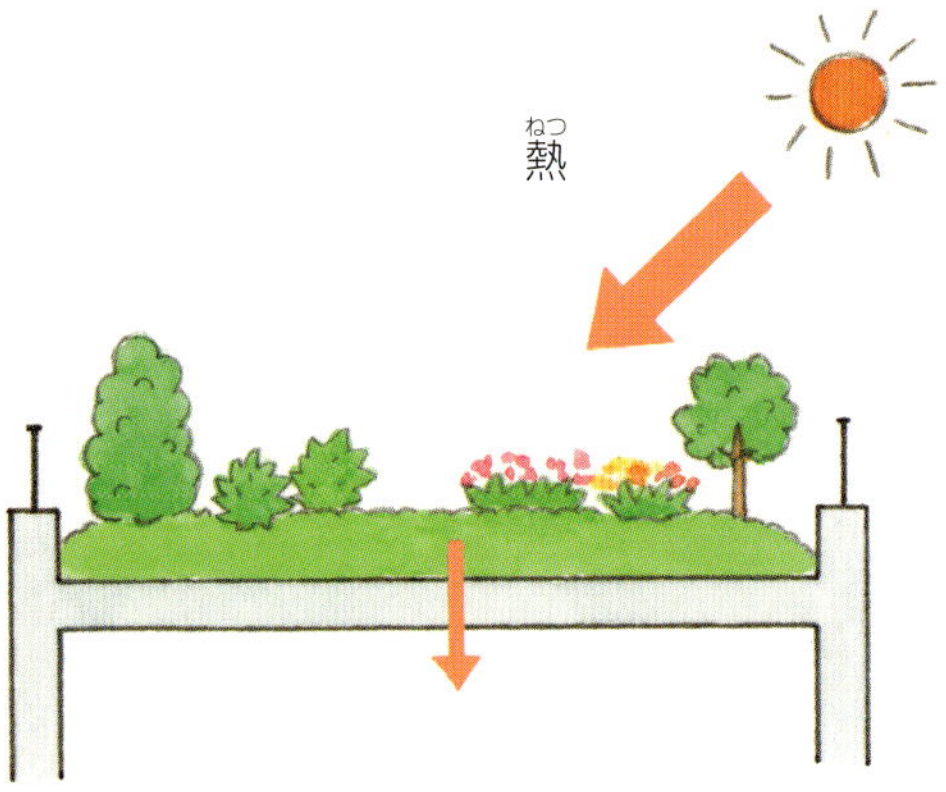

屋上《おくじょう》を緑《みどり》でおおうと、ビルのなかの温度《おんど》の変化《へんか》もゆるやかになる。

空《そら》に近《ちか》い庭《にわ》でひと休《やす》み。

屋上《おくじょう》の庭《にわ》でホッとひといき

学校《がっこう》の屋上《おくじょう》も、町《まち》なかのビルの屋上《おくじょう》も、たいていコンクリートでおおわれている。晴《は》れた夏《なつ》の日《ひ》には、太陽《たいよう》の熱《ねつ》で、表面《ひょうめん》がさわれないほどあつくなる。ビルだらけの都会《とかい》で、気温《きおん》がまわりの地域《ちいき》より高《たか》くなる原因《げんいん》のひとつだ。

このごろは、屋上《おくじょう》に土《つち》をいれ、木《き》や草花《くさばな》を植《う》えて、きれいな庭《にわ》にするビルもふえてきた。あつい空気《くうき》をやわらげ、人《ひと》びとがホッとひといきつける場所《ばしょ》になっている。鳥《とり》や昆虫《こんちゅう》もやってくる。

乾燥《かんそう》に強《つよ》い植物《しょくぶつ》を

木《き》がそだつほどたくさんの土《つち》は重《おも》く、地震《じしん》のとききけんなため、古《ふる》いビルではいれるのがむずかしい。でも、背《せ》のひくい草《くさ》でおおうだけで効果《こうか》はばつぐんだ。多肉植物《たにくしょくぶつ》のツルマンネングサやキリンソウ、はうようにそだつイワダレソウやコケなどは乾燥《かんそう》に強《つよ》く、土《つち》に5センチくらいのあつみがあれば、だいじょうぶ。水《みず》をあまりやらなくても、自然《しぜん》の雨水《あまみず》で元気《げんき》にそだつ。

イワダレソウ

キリンソウ

ツルマンネングサ

乾燥《かんそう》に強《つよ》く、じょうぶな草《くさ》たち。水《みず》やりの心配《しんぱい》もない。

第《だい》5章《しょう》▼かざろう　あそぼう

つぎの文《ぶん》は正《ただ》しいでしょうか。

・茎《くき》を水《みず》のなかで切《き》ると花《はな》は長《なが》くもつ。
・おし花《ばな》の新聞紙《しんぶんし》は毎日《まいにち》とりかえるとよい。
・むらさきの花《はな》のしるをかんたんに青《あお》くかえられる。
・どんぐりはコンクリートでこするとあながあく。
・ほんとうのヒイラギの実《み》は赤《あか》くない。

答《こた》えはこの章《しょう》で見《み》つけられます。

現代《げんだい》はお金《かね》でなんでも買《か》えますが、たまには手《て》づくりで、かざったり、あそんでみるのも楽《たの》しいでしょう。また、毎《まい》月《つき》のようにおこなわれる年中行事《ねんちゅうぎょうじ》にも、植物《しょくぶつ》は多《おお》くかかわっています。それらもくらしにはたいせつな植物《しょくぶつ》です。

切《き》り花《ばな》をかざろう

植物《しょくぶつ》は切《き》りとっても、水《みず》にいければ、しばらくきれいなまま楽《たの》しめる。お気《き》に入《い》りの植物《しょくぶつ》を、へやにかざってみよう。

食器《しょっき》や空《あ》きビンでひと工夫《くふう》

花屋《はなや》さんの花《はな》、庭《にわ》の花《はな》、そして道《みち》ばたや空《あ》き地《ち》の草花《くさばな》たち。
家《いえ》にある食器《しょっき》や空《あ》きビンに、かざってみよう。

ガラスのコップに

あつい季節《きせつ》には、コップやワイングラスにいけるとすずしげだ。

センニチコウ
ドクダミ
ヒメジオン

コーヒーカップに

ふかさにあわせて、茎《くき》を短《みじか》めに切《き》っていけよう。

パンジー
シロツメクサとアカツメクサ

空《あ》きビンに

いろんなかたちの空《あ》きビンにさして、まどべにならべてみよう。
光《ひかり》にすけて、シルエットがきれいに見《み》える。

カヤツリグサ
イヌタデ
コスモス
エノコログサ
ミズヒキソウ

つんだ花《はな》をかざろう

たとえ1本《ぽん》の切《き》り花《ばな》でも、かざればそこは、植物《しょくぶつ》のある空間《くうかん》になる。花屋《はなや》さんで買《か》ってきてもいいけれど、庭《にわ》やプランターでそだてている花《はな》を、切《き》ってかざるのもすてきだ。

でも買《か》ってこなくても、そだてていなくても、切《き》り花《ばな》の材料《ざいりょう》は見《み》つけられる。道《みち》ばたや土手《どて》の草《くさ》には、よく見《み》ると小《ちい》さくてもかわいい花《はな》がさいている。茎《くき》や葉《は》のかたちが、おもしろい草《くさ》もある。

外《そと》を歩《ある》きながら、注意《ちゅうい》してながめてみよう。季節《きせつ》によっても種類《しゅるい》はかわる。気《き》に入《い》った草《くさ》を見《み》つけたら、つんできてかざってみよう。何種類《なんしゅるい》か組《く》みあわせると楽《たの》しい。

花《か》びんがなくても、家《いえ》にある食《しょっ》器《き》や空《あ》きビンでもだいじょうぶ。

ながもちさせるコツ

切《き》り花《ばな》は、いずれしおれてしまうが、寿命《じゅみょう》をのばす方法《ほうほう》がある。

水切《みずき》り

茎《くき》の先《さき》を水《みず》のなかで、ななめに切《き》ると、水《みず》をよくすい、ながもちする。

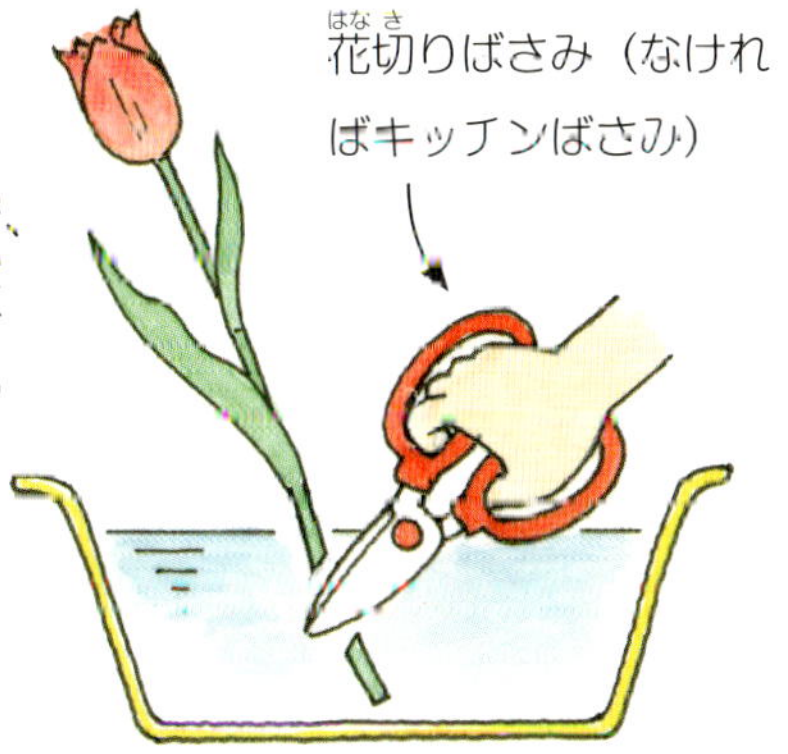
花切《はなき》りばさみ（なければキッチンばさみ）

葉《は》をとる

水《みず》につかる葉《は》は、とっておく。

水《みず》かえ

水《みず》は、こまめにとりかえる。茎《くき》がぬるぬるしていたら、あらいながす。

つるしてかざろう

ビンの口《くち》のところにひもをしっかりむすび、かべや柱《はしら》のフックにかける。つる植物《しょくぶつ》などにむいている。

マーガレット
アイビー

皿《さら》にうかべる

ふかさのある皿《さら》に水《みず》をはり、花《はな》だけうかべる。地面《じめん》にポトリと落《お》ちた花《はな》も、うかべると、何日《なんにち》かはきれいなままだ。

サクラ

ツバキ

花《はな》をいけるコツ

切《き》り花《ばな》は、さむいとながもちし、あついとしおれやすい。たとえばバラの花《はな》は、真冬《まふゆ》なら10日《か》以上《いじょう》もつこともあるが、真夏《まなつ》は、もってせいぜい3日《か》くらい。少《すこ》しでもながもちさせるためには、コツがある。

茎《くき》を水切《みずき》りし、水《みず》につかる部分《ぶぶん》の葉《は》は、全部《ぜんぶ》つみとっておく。そのまいけると、葉《は》がくさり、水《みず》をよごす。

水《みず》がよごれると、切《き》り花《ばな》はいたみ、しおれてしまう。あつい季節《きせつ》は毎日《まいにち》、冬《ふゆ》でも3日《か》に1回《かい》くらいは、新《あたら》しい水《みず》にとりかえよう。容器《ようき》のうちがわもよくあらう。水《みず》のすいあげがわるくなったら、ふたたび水切《みずき》りをするとよい。

暖房《だんぼう》や冷房《れいぼう》の風《かぜ》が直接《ちょくせつ》あたる場所《ばしょ》にはおかないこともたいせつだ。

おし花《ばな》、おし葉《ば》

植物《しょくぶつ》を紙《かみ》にギュッとはさんでつくるおし花《ばな》やおし葉《ば》。工作《こうさく》の材料《ざいりょう》につかえば、工夫《くふう》しだいで楽《たの》しい作品《さくひん》がどんどんうまれる。

つくりやすい植物《しょくぶつ》

花《はな》びらや葉《は》がうすく、小《ちい》さめの植物《しょくぶつ》。

クローバー
シバザクラ
ビオラ
ハハコグサ
ニチニチソウ
シダ
ワスレナグサ

つくりにくい植物《しょくぶつ》

八重《やえ》ざきや、大《おお》きな花《はな》、花《はな》びらや葉《は》にあつみのある植物《しょくぶつ》。

八重《やえ》ざきのバラ
ヒマワリ
多肉植物《たにくしょくぶつ》
ツバキ

つくりかた

①ティッシュペーパーの上《うえ》に、花《はな》や葉《は》が重《かさ》ならないように、ていねいにならべ、もう1枚《まい》ティッシュペーパーをのせる。

②全体《ぜんたい》を新聞紙《しんぶんし》ではさみ、重《おも》し（あつみのある図鑑《ずかん》など）をのせておく。

重《おも》し
新聞紙《しんぶんし》
ティッシュペーパー
ティッシュペーパー
新聞紙《しんぶんし》

③毎日新聞紙《まいにちしんぶんし》をとりかえると、はやくかわいてきれいにしあがる。

④だいたい1週間《しゅうかん》くらいでできあがり。ティッシュペーパーからていねいにはがす。

おし花《ばな》で記録《きろく》する

花《はな》や葉《は》をぺたんこにして乾燥《かんそう》させたのが、おし花《ばな》やおし葉《ば》。上手《じょうず》につくると、さいていたときのすがたがよくわかる。

写真《しゃしん》はあざやかな色《いろ》がそのままうつる。おし花《ばな》やおし葉《ば》は、たいてい色《いろ》がかわってしまうから、そこはかなわない。

でも、あとで名《な》まえを調《しら》べようとしたとき、写真《しゃしん》では細《こま》かな部分《ぶぶん》がうつっていないことがある。おし花《ばな》は植物《しょくぶつ》そのものなので、大《おお》きさやかたち、葉《は》のつきかたなどが、あとからでもよく観察《かんさつ》できる。写《しゃ》真《しん》とおし花《ばな》と両方《りょうほう》あれば、なおすばらしい。

つくりかたのコツは、短《みじか》い時間《じかん》でいっきに水気《みずけ》をとって、しあげることだ。

おし花《ばな》でつくろう

紙《かみ》の上《うえ》にならべ、透明《とうめい》なカバーフィルムをはったり、
額《がく》にいれたりすると、長《なが》いあいだきれいなままだ。

色《いろ》とりどりのビオラ
木《こ》の葉《は》いろいろ
木《こ》の葉《は》の動物《どうぶつ》
おし花絵《ばなえ》の額《がく》
しおり
おたんじょうび おめでとう!
カード
コースター

おし花絵《ばなえ》をつくろう

おし花《ばな》やおし葉《ば》は、名《な》まえを調《しら》べるのに役《やく》だつだけではない。遠《えん》足《そく》やキャンプにいったとき、さいていた植物《しょくぶつ》をもちかえってつくれば、よい思《おも》いでになる。

庭《にわ》や道《みち》ばたの植物《しょくぶつ》だって、季節《きせつ》ごとにつくっておけば、1年間《ねんかん》の植物《しょくぶつ》の変化《へんか》が、一目《いちもく》りょうぜん。すばらしい記録《きろく》になる。自由研究《じゆうけんきゅう》にもよさそうだ。

「おし花絵《ばなえ》」も人気《にんき》がある。花《はな》や葉《は》を自由《じゆう》に組《く》みあわせ、紙《かみ》にはりつけて1枚《まい》の絵《え》のようにする。花《はな》や葉《は》の色《いろ》やかたち、手《て》ざわりなどをいかして、想像《そうぞう》をふくらませながらつくってみよう。

額《がく》にいれれば、かべにかけたりできるし、花《はな》ずきな人《ひと》への、プレゼントにもぴったりだ。

どんぐりいろいろ

細長《ほそなが》いのや、まるいの、大《おお》きいのや小《ちい》さいの。どんぐりにもいろいろある。食《た》べたり、工作《こうさく》したり、楽《たの》しい利用《りよう》のしかたがいっぱいだ。

どんぐりくらべ

木《き》の種類《しゅるい》によって、たてながだったり、まんまるだったり、ぼうしのもようも、さまざまだ。

オキナワウラジロガシ
直径《ちょっけい》2～4センチ。日本最大《にほんさいだい》。ぼうしは横《よこ》じまもよう。

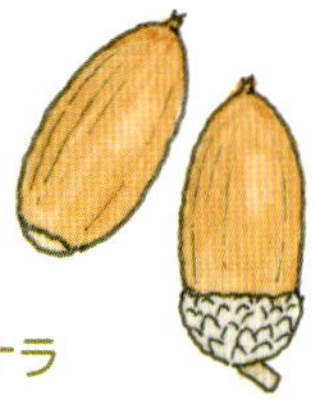

コナラ
長《なが》さ1.5～2センチ。ぼうしはうろこもようでミズナラよりあさい。

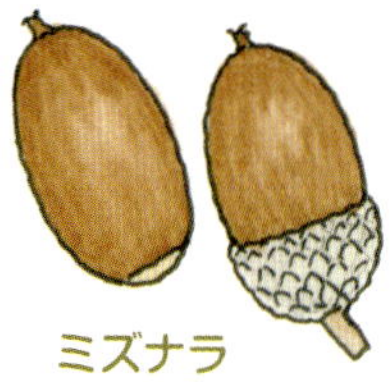

ミズナラ
長《なが》さ1.5～2.2センチ。ぼうしはうろこもよう。

クヌギ
直径《ちょっけい》2～3センチ。ぼうしにいたくないイガがある。

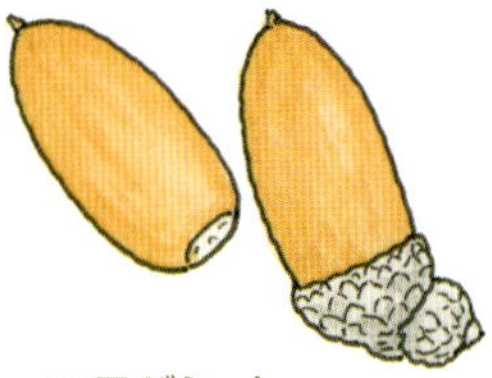

マテバシイ
長《なが》さ2～2.5センチで明《あか》るい茶色《ちゃいろ》。ぼうしはうろこもよう。

ツブラジイ
長《なが》さ0.6～1センチ。ぼうしの先《さき》が3～5つにわれる。

スダジイ
長《なが》さ1.2～1.8センチ。ぼうしの先《さき》が3～5つにわれる。

シラカシ
長《なが》さ1.3～1.5センチ。ぼうしは横《よこ》じまもよう。

どんぐりを食《た》べよう

食《た》べられるどんぐりは、**マテバシイ、スダジイ、ツブラジイ**など。

①古《ふる》かったり虫《むし》が食《く》ったりしているどんぐりは、水《みず》にうきあがるので、とりのぞく。

②フライパンにいれてふたをし、弱火《よわび》にかける。

はじけてとぶことがあるので注意《ちゅうい》！

③フライパンをゆすりながら、こうばしいかおりがするまで空《から》いりする。

④皮《かわ》をむき、あついうちに食《た》べよう。ひえるとかたくなる。

食《た》べられるどんぐりも

どんぐりのなる木《き》は、公園《こうえん》などにもよくあるから、ひろってあつめたことがあるかもしれない。どんぐりは、ブナのなかまの木《き》の実《み》。夏《なつ》のおわりから秋《あき》にかけてじゅくし、木《き》から落《お》ちる。

山《やま》や森《もり》のなかでは、秋《あき》になるとクマやリスなどの野生動物《やせいどうぶつ》が、さむい冬《ふゆ》にそなえて木《き》の実《み》を食《た》べる。どんぐりも、栄養《えいよう》たっぷりのごちそうだ。

人《ひと》にとって、ほとんどのどんぐりは、しぶくて食《た》べるのにはむかない。でも、マテバシイやスダジイ、ツブラジイのように、なまで食《た》べられる種類《しゅるい》もある。フライパンでいるとさらにおいしく、ピーナッツやアーモンドのようなこうばしいナッツになる。

どんぐり工作《こうさく》

どんぐりのまるっこいかたちをいかして、自分《じぶん》だけの動物《どうぶつ》や人形《にんぎょう》、アクセサリーをつくってみよう。

色《いろ》をぬる……ポスターカラーや顔料《がんりょう》インクのフェルトペンなどが便利《べんり》。

あなをあける……きりであける。おとなにてつだってもらおう。

くっつける……木工用《もっこうよう》ボンドや瞬間《しゅんかん》接着剤《せっちゃくざい》でつける。

笛《ふえ》のつくりかた

どんぐりの大《おお》きさによって、音《おと》はどうちがうかな。

①大《おお》きめのどんぐりのとがっていないほうを、コンクリートにこすりつけてけずる。

②あながあいたら、ピンセットやつまようじで、中身《なかみ》をほじくりだす。

③なかが空洞《くうどう》になったら、下《した》くちびるにつけて、いきを強《つよ》くふきこむ。

どんぐりでつくろう

どんぐりは、工作《こうさく》の材料《ざいりょう》にもぴったり。つやつやの茶色《ちゃいろ》い実《み》をつかって、こまや人形《にんぎょう》、アクセサリーなど、いろいろなものができる。色《いろ》をぬったり、実《み》についているぼうしの部分《ぶぶん》や小枝《こえだ》を組《く》みあわせたりして、工夫《くふう》しよう。中身《なかみ》を上手《じょうず》にとりのぞくと、ピーッと大《おお》きな音《おと》のでる笛《ふえ》もつくれる。

どんぐりには、枝《えだ》についているときから、しばしば虫《むし》の卵《たまご》がうみつけられている。うちがわからあなをあけていも虫《むし》がでてくると、せっかくの工作《こうさく》もだいなしだ。

それをさけるためには、どんぐりをまる1日《にち》くらい冷凍庫《れいとうこ》でこおらせるとよい。虫《むし》の卵《たまご》は死《し》に、そのあとどんぐりをとかしてつかえば、虫《むし》がでてくる心配《しんぱい》もない。

行事《ぎょうじ》の植物《しょくぶつ》かざり

古《ふる》くからつたわる行事《ぎょうじ》の多《おお》くには、植物《しょくぶつ》がかかわっている。見《み》た目《め》の美《うつく》しさだけではない、植物《しょくぶつ》のもつ大《おお》きな力《ちから》が信《しん》じられてきた。

正月《しょうがつ》の門松《かどまつ》

（1月《がつ》）

マツとタケでつくられることが多《おお》いが、地域《ちいき》によって、ほかの植物《しょくぶつ》もつかわれる。

ひなまつりのモモ

（3月《がつ》3日《か》）

モモには白《しろ》や赤《あか》の種類《しゅるい》もあるが、ひなまつりにはたいていピンクの花《はな》がつかわれる。

節分《せつぶん》のヒイラギ

（2月《がつ》3日《か》ごろ）

葉《は》のトゲがするどく、燃《も》やすとバチバチ音《おと》をたてるため、鬼《おに》がきらったという。

こどもの日《ひ》のショウブ

（5月《がつ》5日《か》）

うかべたり、はちまきのようにまいたりする。すっきりとしたよいかおり。

正月《しょうがつ》から春《はる》まで

門松《かどまつ》は、マツやタケを組《く》みあわせた正月《しょうがつ》かざり。新年《しんねん》の神《かみ》さまをむかえいれる目印《めじるし》とされた。

節分《せつぶん》には、玄関先《げんかんさき》にイワシの頭《あたま》とヒイラギの小枝《こえだ》をかざる習慣《しゅうかん》がのこっている。魚《さかな》のくさいにおいと、ヒイラギの葉《は》のトゲ、燃《も》やすとなるはぜる音《おと》で、鬼《おに》もにげさると信《しん》じられてきた。

ひなまつりには、モモの花《はな》をかざる。きれいなだけでなく、魔《ま》よけや、病気《びょうき》をよせつけない力《ちから》があるといわれている。

こどもの日《ひ》には、ショウブ（121ページで紹介《しょうかい》。ハナショウブではない）の葉《は》をうかべたおふろ（ショウブ湯《ゆ》）にはいる。さわやかなかおりで、つかると健康《けんこう》に夏《なつ》をこせるという。

ハロウィンのカボチャ

（10月《がつ》31日《にち》）

ランタンにつかわれるオレンジ色《いろ》のカボチャは、観賞用《かんしょうよう》で、おいしくない。

たなばたのタケ

（7月《がつ》7日《か》）

青《あお》あおとしたタケに、色《いろ》とりどりのたんざくや、たなばたかざりがよくはえる。

クリスマスのセイヨウヒイラギ

（12月《がつ》25日《にち》）

セイヨウヒイラギと日本《にほん》のヒイラギは、まったくべつの種類《しゅるい》。ヒイラギには赤《あか》い実《み》がつかない。

葉《は》はむかいあわせにつく。実《み》は黒《くろ》っぽい。

葉《は》はたがいちがいにつく。

十五夜《じゅうごや》のススキ

（9月中旬《がつちゅうじゅん》〜10月上旬《がつじょうじゅん》）

ススキには、魔《ま》よけや、作物《さくもつ》がよくみのるようにとのねがいがこめられる。

夏《なつ》から年末《ねんまつ》まで

たなばたにはタケをたて、ねがいごとのたんざくをかける。風《かぜ》で葉《は》がサラサラなるのは、神《かみ》さまがやってきたしるしと考《かんが》えられた。

十五夜《じゅうごや》の晩《ばん》には、ススキがつきもの。花《か》びんにいけて、サトイモやおだんごなどをそなえ、まるい月《つき》をながめる。

ハロウィンでカボチャをつかう習慣《しゅうかん》は、アメリカではじまった。くりぬいて、なかにあかりをともすランタンがおなじみだ。お店《みせ》や町《まち》なかにも、カボチャのかざりがあふれる。

クリスマスには、針葉樹《しんようじゅ》のツリーをかざる。セイヨウヒイラギの葉《は》と赤《あか》い実《み》もおなじみだ。どちらも葉《は》が1年《ねん》じゅう緑《みどり》で、永遠《えいえん》の命《いのち》をあらわすといわれている。

色水《いろみず》あそび、草花《くさばな》あそび

身近《みぢか》な花《はな》や、道《みち》ばたの草《くさ》をつんであそんだあとは、植物《しょくぶつ》とぐんとなかよくなれる。自分《じぶん》だけの新《あたら》しいあそびを、考《かんが》えだせるかもしれない。

花《はな》の色水《いろみず》あそび

こいむらさきやピンク、赤《あか》などの花《はな》をつかう。
花《はな》びらがうすい花《はな》のほうが、色《いろ》がでやすい。

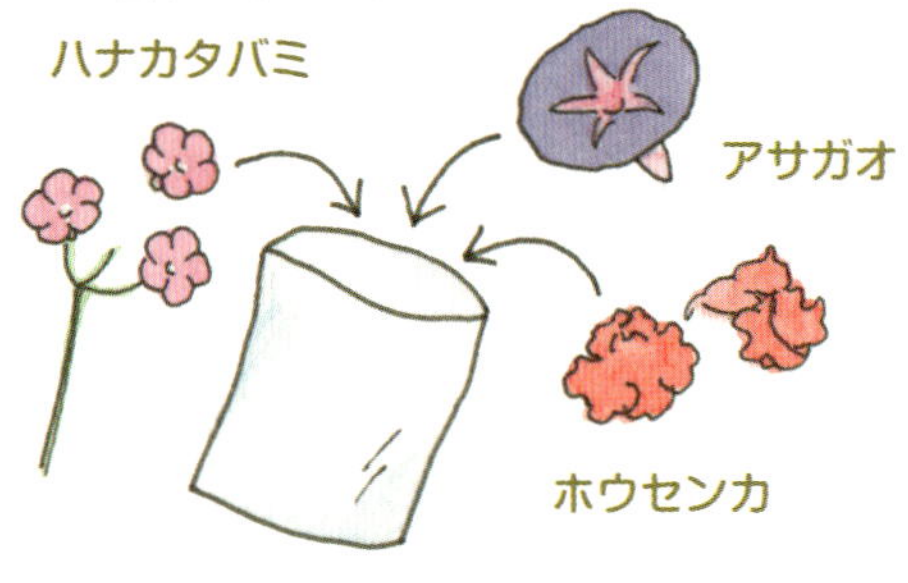

①花《はな》をビニール袋《ふくろ》にいれる。何種類《なんしゅるい》かまぜてもよい。

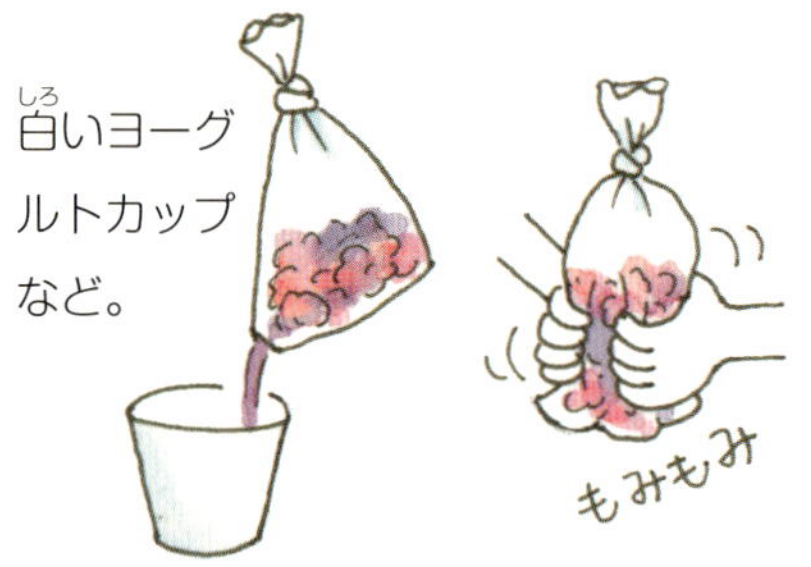

②少《すこ》し水《みず》をいれて、よくもみ、袋《ふくろ》のかどを切《き》って、色水《いろみず》をしぼりだす。

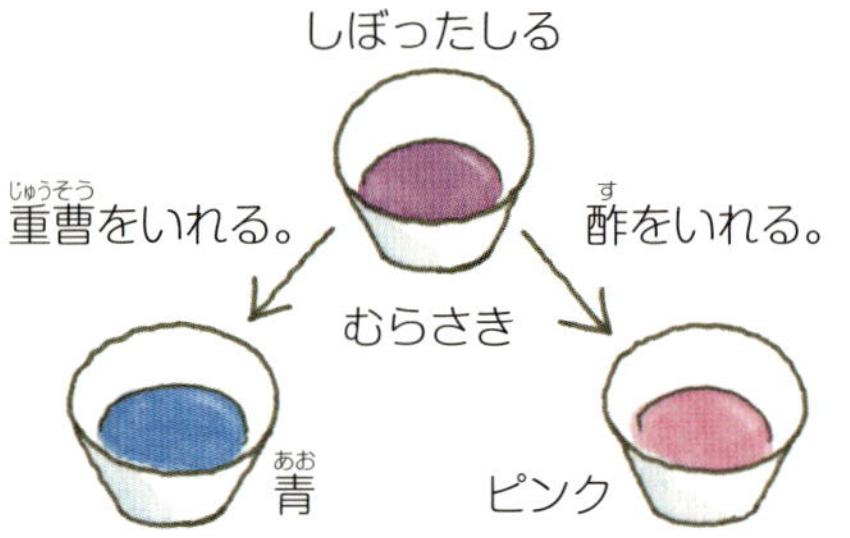

③色水《いろみず》を3つにわけて、ひとつに酢《す》を、ひとつに重曹《じゅうそう》を少《すこ》しまぜる。

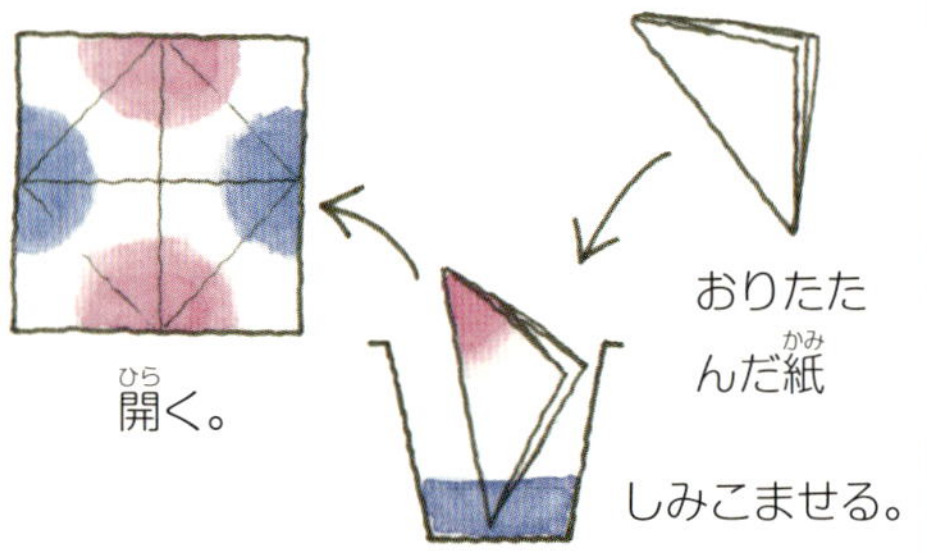

②半紙《はんし》や和紙《わし》をおりたたんで、かどに色水《いろみず》をしみこませる。

色水《いろみず》で絵《え》をかこう

色《いろ》のちがいを上手《じょうず》につかって、絵《え》をかこう。

色水《いろみず》をつくろう

花《はな》にはさまざまな色《いろ》がある。花《はな》びらからおなじ色《いろ》の絵《え》の具《ぐ》がとれればすてきだけれど、それはできない。色《いろ》をしぼっても、たいていは時間《じかん》とともに、くすんだり、黒《くろ》ずんだりしてしまう。

でも、こいむらさきや赤《あか》い花《はな》は、比較的《ひかくてき》色《いろ》がのこりやすい。アサガオやホウセンカなど、身《み》のまわりの花《はな》でためしてみよう。ツバキなどの、花《はな》びらにあつみのある花《はな》は、意外《いがい》と色《いろ》がでにくい。

しぼったしるに、重曹《じゅうそう》や酢《す》などをくわえると、あっというまに色《いろ》がかわる。絵《え》をかいたり、紙《かみ》をそめたりしてみよう。

絵《え》の具《ぐ》やサインペンのように、こくあざやかではないけれど、自然《しぜん》からうまれたやさしい色《いろ》だ。

カラスノエンドウの笛《ふえ》

緑《みどり》のさやを利用《りよう》する。じゅくしてかわいてくると、つかえない。

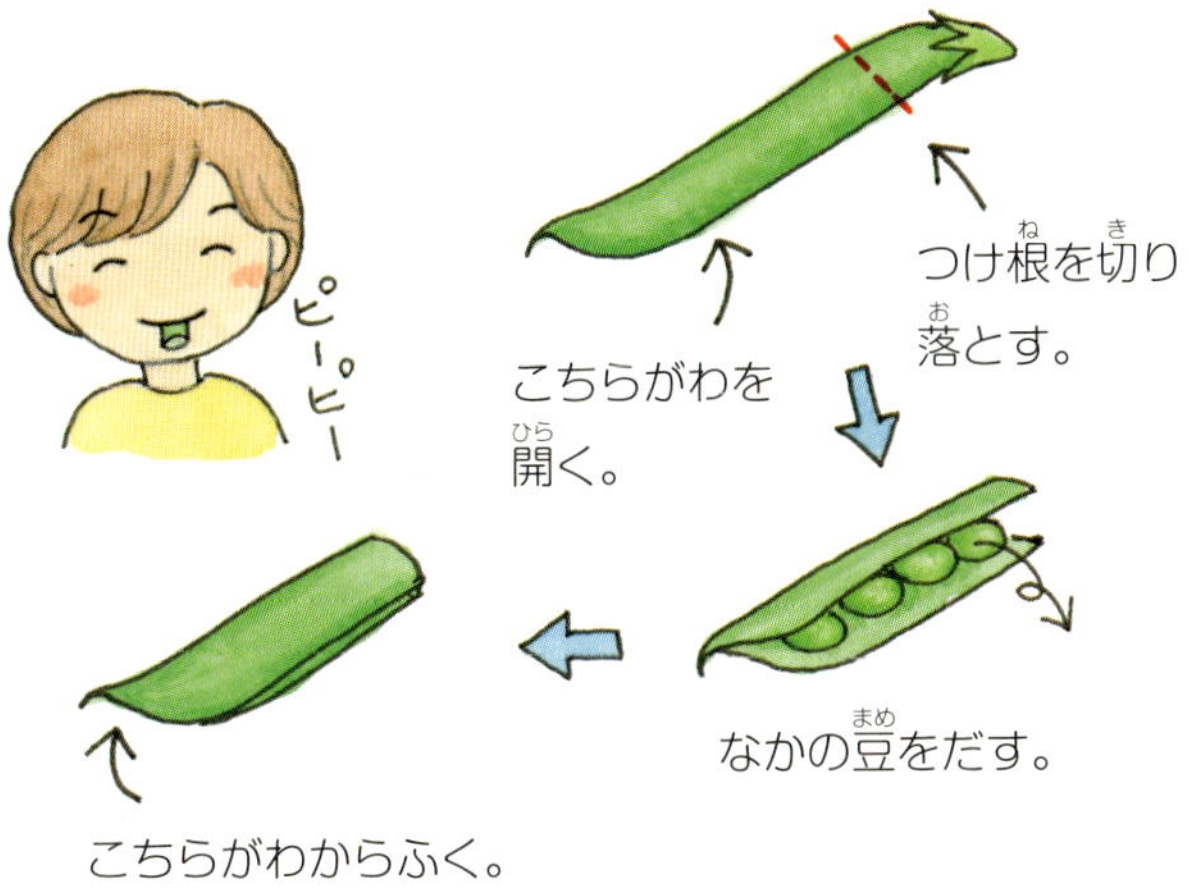

タンポポの風車《かざぐるま》

ふたつにさいたり、細《こま》かくさいたり。ほかにもつかえる植物《しょくぶつ》をさがしてみよう。

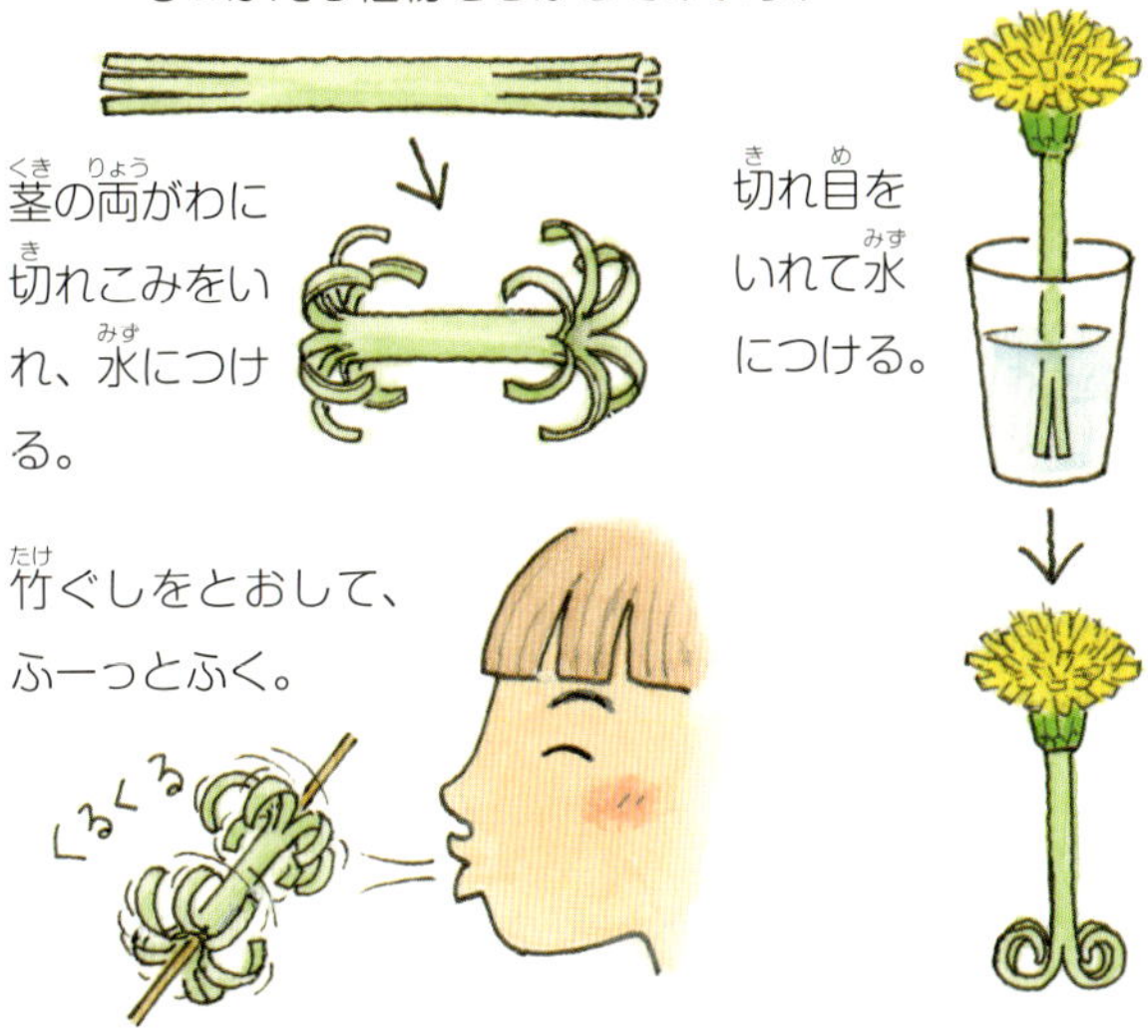

野菜《やさい》のはんこ

葉《は》の根《ね》もとの断面《だんめん》に、絵《え》の具《ぐ》をつけて紙《かみ》におしつける。絵《え》の具《ぐ》は、あまりうすめないほうよい。

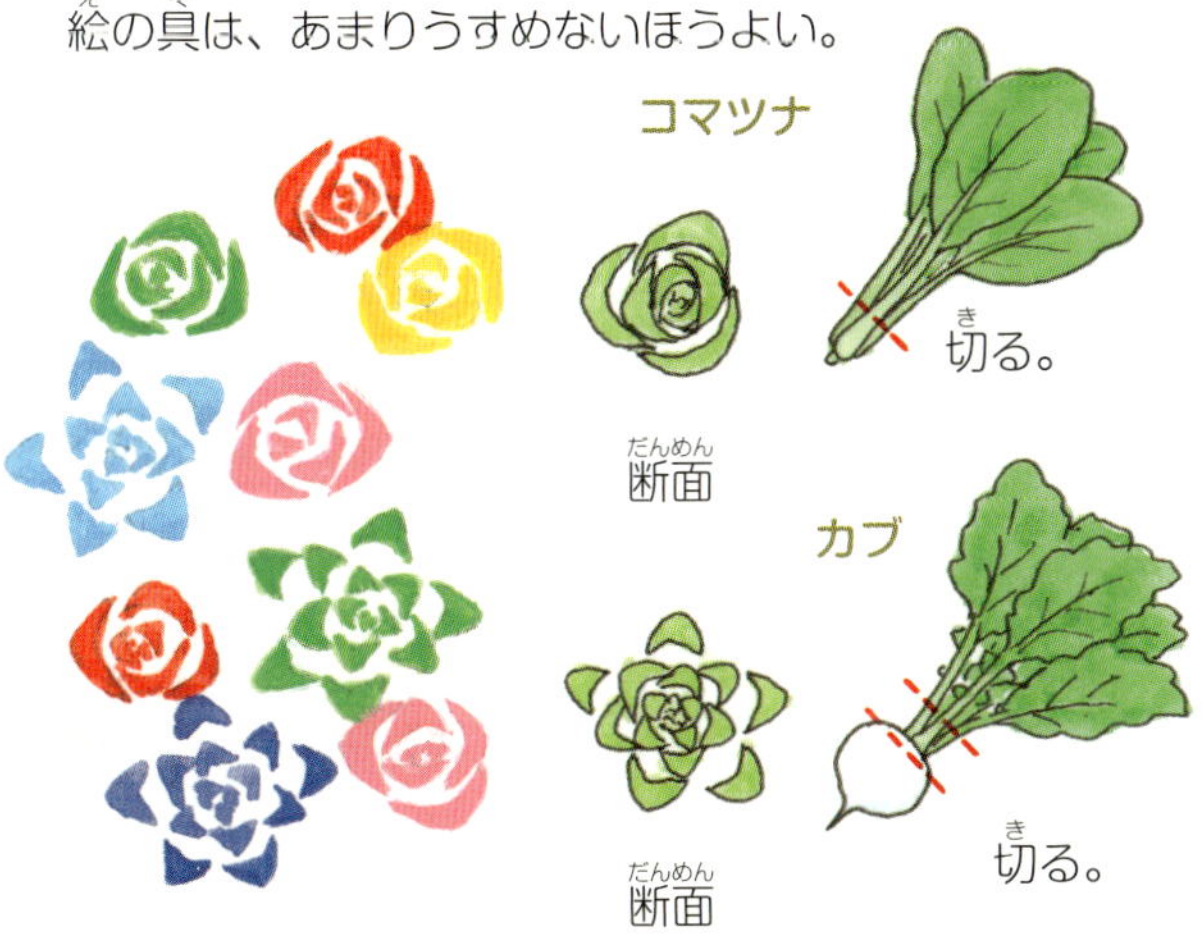

花《はな》のアクセサリー

ヒガンバナには毒《どく》があるが、食《た》べなければ問題《もんだい》ない。

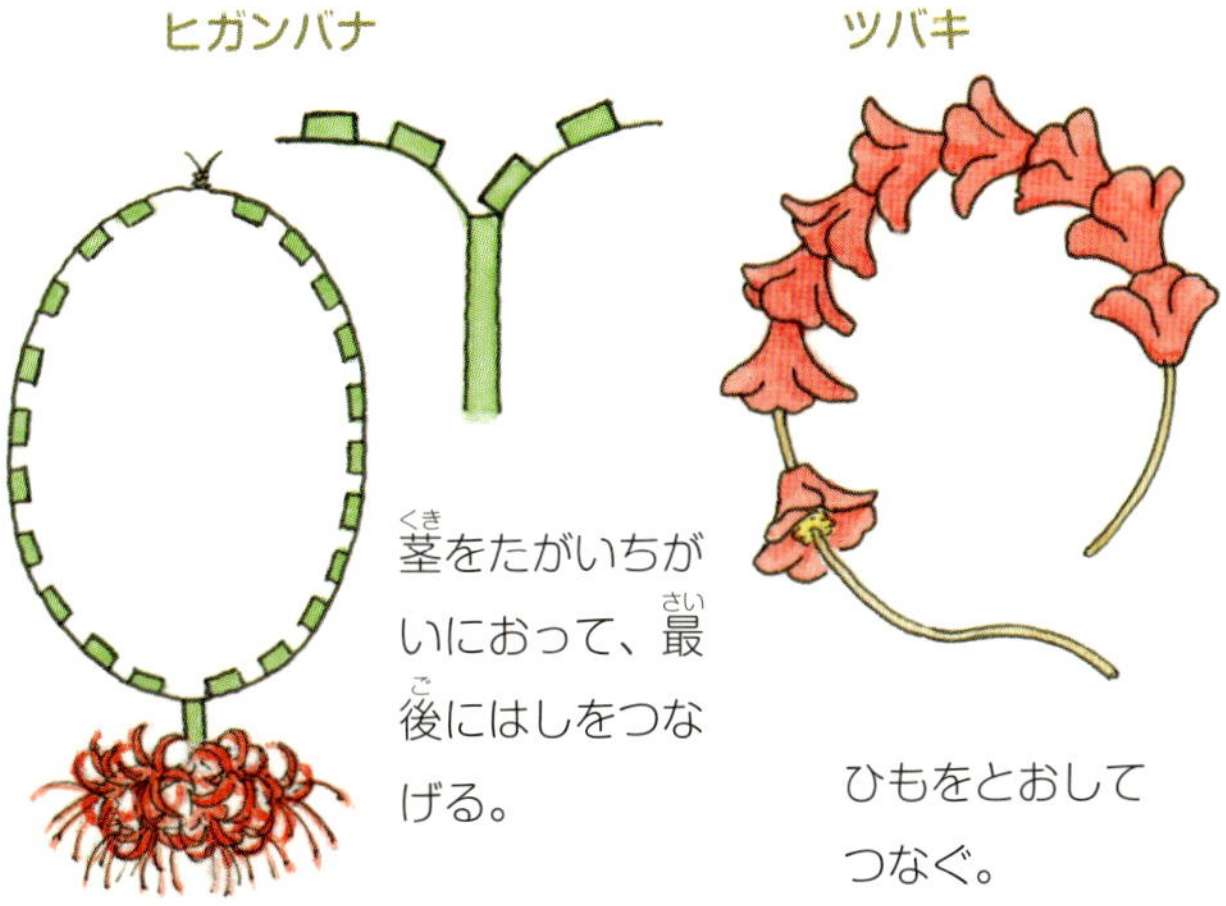

草花《くさばな》や野菜《やさい》であそぼう

タンポポの茎《くき》は、ストローのように空洞《くうどう》だ。さけ目《め》をいれて水《みず》につけておくと、くるりとそりかえって、ふしぎなかたちになる。竹《たけ》ぐしか、細《ほそ》い棒《ぼう》を茎《くき》にとおしてフーッとふけば、風車《かざぐるま》のようにくるくるまわる。

カラスノエンドウのまるまると太《ふと》ったさやは、なかの豆《まめ》をとりだすと、笛《ふえ》になる。

木《き》の下《した》に落《お》ちたツバキの花《はな》は、ひもをとおせば首《くび》かざりに。ヒガンバナの花《はな》も、茎《くき》ごとつかってペンダントがつくれる。

切《き》り落《お》としたコマツナの葉《は》の根《ね》もとは、バラの花《はな》のかたちのはんこになる。カブやダイコンのはんこもおもしろい。おなじ種類《しゅるい》の野《や》菜《さい》でも、ひとつひとつちがう。

大学《だいがく》の植物園《しょくぶつえん》で植物《しょくぶつ》を学《まな》ぼう

小石川植物園《こいしかわしょくぶつえん》（東京都文京区《とうきょうとぶんきょうく》）

江戸時代《えどじだい》、ここには、徳川幕府《とくがわばくふ》がつくった「小石川御薬園《こいしかわおやくえん》」がありました。サツマイモのさいばいをこころみ、全国《ぜんこく》でサツマイモがつくられるようになりました。現在《げんざい》は、東京大学《とうきょうだいがく》の研究施設《けんきゅうしせつ》。薬《くすり》の材料《ざいりょう》にもちいられた当時《とうじ》の樹木《じゅもく》のほか、めずらしい植物《しょくぶつ》も見《み》られます。

日本庭園《にほんていえん》

（写真提供《しゃしんていきょう》：東京大学大学院理学系研究科附属植物園《とうきょうだいがくだいがくいんりがくけいけんきゅうかふぞくしょくぶつえん》）

住所《じゅうしょ》　〒112-0001　東京都文京区白山《とうきょうとぶんきょうくはくさん》3丁目《ちょうめ》7番《ばん》1号《ごう》

Tel　03（3814）0138

HP　http://www.bg.s.u-tokyo.ac.jp/koishikawa/

※正式名称《せいしきめいしょう》は東京大学大学院理学系研究科附属植物園《とうきょうだいがくだいがくいんりがくけいけんきゅうかふぞくしょくぶつえん》。日本《にほん》の近代植物学発祥《きんだいしょくぶつがくはっしょう》の地《ち》でもあり、現在《げんざい》も自然史《しぜんし》を中心《ちゅうしん》とした植物学《しょくぶつがく》の研究《けんきゅう》・教育《きょういく》の場《ば》となっている。園内《えんない》には長《なが》い歴史《れきし》を物語《ものがた》る数多《かずおお》くの由緒《ゆいしょ》ある植物《しょくぶつ》や遺構《いこう》がいまものこされており、国《くに》の史跡《しせき》および名勝《めいしょう》に指定《してい》されている。

北海道大学植物園《ほっかいどうだいがくしょくぶつえん》（北海道札幌市《ほっかいどうさっぽろし》）

北海道《ほっかいどう》で身近《みぢか》に見《み》られる植物《しょくぶつ》を中心《ちゅうしん》に、４０００種類《しゅるい》の植物《しょくぶつ》をそだてています。むかしのすがたをそのままのこしている自然林《しぜんりん》では、ハルニレやイタヤカエデなどの大木《たいぼく》が、緑《みどり》ゆたかな林《はやし》をつくっています。また、アイヌなどの北方民族《ほっぽうみんぞく》が、服《ふく》をつくったり薬《くすり》にしたりと、生活《せいかつ》に利用《りよう》した植物《しょくぶつ》も植《う》えられています。

グイマツの大木《たいぼく》

（写真提供《しゃしんていきょう》：北海道大学植物園《ほっかいどうだいがくしょくぶつえん》）

住所《じゅうしょ》　〒060-0003　北海道札幌市中央区北《ほっかいどうさっぽろしちゅうおうくきた》3条西《じょうにし》8丁目《ちょうめ》

Tel　011（221）0066

HP　https://www.hokudai.ac.jp/fsc/bg/

※植物学《しょくぶつがく》の教育《きょういく》・研究《けんきゅう》を目的《もくてき》に設置《せっち》された北海道大学《ほっかいどうだいがく》の施設《しせつ》。札幌農学校《さっぽろのうがっこう》の教頭《きょうとう》W《ダブリュー》.S《エス》.クラークが、1877（明治《めいじ》10）年《ねん》に植物学《しょくぶつがく》の教育《きょういく》には植物園《しょくぶつえん》が必要《ひつよう》であると進言《しんげん》したことからつくられた。日本《にほん》では、小石川植物園《こいしかわしょくぶつえん》につぐ古《ふる》い植物園《しょくぶつえん》であり、1989（平成元《へいせいがん》）年《ねん》には博物館本館《はくぶつかんほんかん》などが国《くに》の重要文化財《じゅうようぶんかざい》に登録《とうろく》された。

高知県立牧野植物園《こうちけんりつまきのしょくぶつえん》（高知県高知市《こうちけんこうちし》）

日本《にほん》の植物《しょくぶつ》をくまなく調《しら》べて歩《ある》いた牧野富太郎博士《まきのとみたろうはかせ》。牧野博士《まきのはかせ》が命名《めいめい》した植物《しょくぶつ》は1500種類以上《しゅるいいじょう》、あつめた標本《ひょうほん》は40万枚《まんまい》をこえます。牧野植物園《まきのしょくぶつえん》には、牧野博士《まきのはかせ》ゆかりの植物《しょくぶつ》が植《う》えられ、四季折《しきおり》おりのイベントもさかんです。子《こ》ども自然体験教室《しぜんたいけんきょうしつ》では、草花《くさばな》であそんだり料理《りょうり》したりしながら植物《しょくぶつ》について学《まな》べます。

5月《がつ》ごろのつつじがさきほこる南園《みなみえん》

（写真提供《しゃしんていきょう》：高知県立牧野植物園《こうちけんりつまきのしょくぶつえん》）

住所《じゅうしょ》　〒781-8125　高知県高知市五台山《こうちけんこうちしごだいさん》4200-6
Tel　088（882）2601
HP　http://www.makino.or.jp

※牧野富太郎博士《まきのとみたろうはかせ》の業績《ぎょうせき》を顕彰《けんしょう》するため、博士逝去《はかせせいきょ》のよく年《とし》、1958（昭和《しょうわ》33）年《ねん》4月《がつ》に高知市《こうちし》の五台山《ごだいさん》に開園《かいえん》。牧《まき》野博士《のはかせ》の業績《ぎょうせき》をしのぶとともに植物学《しょくぶつがく》の基礎知識《きそちしき》を学《まな》べる常設展示《じょうせつてんじ》のほか、企画展《きかくてん》や植物教室《しょくぶつきょうしつ》など植物《しょくぶつ》とその利用《りよう》にかんしての学習《がくしゅう》の場《ば》としての活動《かつどう》にも力《ちから》をいれている。

咲《さ》くやこの花館《はなかん》（大阪府大阪市《おおさかふおおさかし》）

ガラスばりの大《おお》きな温室《おんしつ》のなかに、熱帯《ねったい》から極地《きょくち》まで世界《せかい》の植物《しょくぶつ》をあつめました。ジャングルの樹木《じゅもく》、南国《なんごく》の花《はな》ばな、乾燥地《かんそうち》のサボテン、高山植物《こうざんしょくぶつ》や熱帯《ねったい》スイレンの周年開花《しゅうねんかいか》など、つねに300種類《しゅるい》以上《いじょう》の花《はな》が見《み》られます。バナナやパイナップルも実《み》をつけます。フラワーツアーでは、植物《しょくぶつ》にまつわる話《はなし》を楽《たの》しく学《まな》べます。

スイレンの花《はな》をイメージしてつくられた建物《たてもの》

（写真提供《しゃしんていきょう》：咲《さ》くやこの花館《はなかん》）

住所《じゅうしょ》　〒538-0036　大阪府大阪市鶴見区緑地公園《おおさかふおおさかしつるみくりょくちこうえん》2-163
Tel　06（6912）0055
HP　http://www.sakuyakonohana.jp/

※咲《さ》くやこの花館《はなかん》は、1990（平成《へいせい》2）年《ねん》4月《がつ》から9月《がつ》に開催《かいさい》されたEXPO’90「国際花《こくさいはな》と緑《みどり》の博覧会《はくらんかい》」のメインパビリオンとして大阪市《おおさかし》により建設《けんせつ》。「咲《さ》くやこの花館《はなかん》」では、「花《はな》の万博《ばんぱく》」のテーマでもある「自然《しぜん》と人間《にんげん》との共生《きょうせい》」を継承《けいしょう》し、「熱帯《ねったい》から極地《きょくち》までの広範囲《こうはんい》の植物《しょくぶつ》」をさまざまな手法《しゅほう》でさいばいし紹介《しょうかい》している。

【いってみよう】

この花《はな》が見《み》たい！

チューリップ四季彩館《しきさいかん》（富山県砺波市《とやまけんとなみし》）

春《はる》の花《はな》チューリップを1年《ねん》じゅう見《み》ることができます。360度《ど》をチューリップがかこむ「チューリップパレス」やチューリップの歴史《れきし》、球根《きゅうこん》のしくみ、品種改良《ひんしゅかいりょう》などチューリップのひみつがわかるアンダーファームも必見《ひっけん》です。

季節《きせつ》の花々《はなばな》とチューリップのワンダーガーデン

（写真提供《しゃしんていきょう》：チューリップ四季彩館《しきさいかん》）

住所《じゅうしょ》　〒939-1381　富山県砺波市中村《とやまけんとなみしなかむら》100番地《ばんち》1
Tel　0763（33）7716
HP　http://www.tulipfair.or.jp/

※チューリップの球根《きゅうこん》の生産《せいさん》がさかんな富山県《とやまけん》の砺波市《となみし》の施設《しせつ》。四季《しき》それぞれにその季節《きせつ》の花《はな》とチューリップがともに楽《たの》しめる。

田島《たじま》ケ原《はら》サクラソウ自生地《じせいち》（埼玉県《さいたまけん》さいたま市《し》）

サクラソウは日本各地《にほんかくち》に自生《じせい》していますが、いまでは数《かず》がへっています。かつては荒川流域一帯《あらかわりゅういきいったい》で見《み》られましたが、現存《げんぞん》する大《おお》きな自生地《じせいち》はここだけとなり、国《くに》の特別天然記念物《とくべつてんねんきねんぶつ》に指定《してい》されています。約《やく》100万株《まんかぶ》のサクラソウのほかに約《やく》250種《しゅ》の野草《やそう》もいっしょにはえています。3月下旬《がつげじゅん》から4月下旬《がつげじゅん》にかけて花《はな》がさきます。

サクラソウと野草《やそう》の共存《きょうぞん》

（写真提供《しゃしんていきょう》：さいたま市教育委員会《しきょういくいいんかい》）

住所《じゅうしょ》　〒338-0832　埼玉県《さいたまけん》さいたま市桜区大字田島《しさくらくおおあざたじま》・関《せき》・西堀《にしぼり》
Tel　048（829）1111　（さいたま市役所《しやくしょ》）
HP　http://www.city.saitama.jp/004/005/006/007/index.html

※サクラソウは100万株《まんかぶ》あるとはいえ、ほかの野草《やそう》と混在《こんざい》しているため、サクラソウが一面《いちめん》にさいているわけではない。花壇《かだん》ではなく自生《じせい》しているという点《てん》に価値《かち》がある。

自然《しぜん》のなかで高山植物《こうざんしょくぶつ》を観察《かんさつ》しよう

山《やま》ノ鼻植物研究見本園《はなしょくぶつけんきゅうみほんえん》（群馬県利根郡《ぐんまけんとねぐん》）

ミズバショウで有名《ゆうめい》な尾瀬《おぜ》ヶ原《はら》の西《にし》の部分《ぶぶん》にある湿原《しつげん》です。研《けん》究見本園《きゅうみほんえん》という名《な》まえですが、実際《じっさい》には人《ひと》の手《て》のくわわっていない自然《しぜん》のままの湿原《しつげん》で、ぐるっとまわれるように木道《もくどう》がつくられ、30～40分《ぷん》で1周《しゅう》できます。高山植物《こうざんしょくぶつ》はもちろん、尾瀬《おぜ》にすむイモリやオタマジャクシ、トンボなどの生《い》きものも観察《かんさつ》できます。

ミズバショウの群落《ぐんらく》

（写真提供《しゃしんていきょう》：公益財団法人尾瀬保護財団《こうえきざいだんほうじんおぜほございだん》）

住所《じゅうしょ》　〒378-0411　群馬県《ぐんまけん》利根郡《とねぐん》片品村《かたしなむら》戸倉《とくら》字《あざ》中原山《なかはらやま》
Tel　027（220）4431（公益財団法人尾瀬保護財団《こうえきざいだんほうじんおぜほございだん》）
HP　https://www.oze-fnd.or.jp/db/route/route.php?id=14

※尾瀬《おぜ》は高山植物《こうざんしょくぶつ》の宝庫《ほうこ》で900種《しゅ》をこえる植物《しょくぶつ》が自生《じせい》している。半年《はんとし》は雪《ゆき》にとざされるが、5月《がつ》のミズバショウから10月《がつ》の紅葉《こうよう》まで自然《しぜん》を楽《たの》しむことができる。尾瀬《おぜ》は国《くに》の特別天然記念物《とくべつてんねんきねんぶつ》で、2005年《ねん》11月《がつ》にラムサール条約《じょうやく》の湿《しっ》地《ち》に、2007年《ねん》に国立公園《こくりつこうえん》に指定《してい》された。

黒部平高山植物観察園《くろべだいらこうざんしょくぶつかんさつえん》（富山県中新川郡《とやまけんなかにいかわぐん》）

立山黒部《たてやまくろべ》アルペンルートで知《し》られる立山《たてやま》・黒部《くろべ》・室堂平《むろどうだいら》あたりは3000メートル級《きゅう》の山《やま》やまがつらなる高山地帯《こうざんちたい》です。そこに自生《じせい》する高山植物《こうざんしょくぶつ》を観察《かんさつ》することができる植物園《しょくぶつえん》で、名札《なふだ》がついていて高山植物《こうざんしょくぶつ》の名《な》まえをおぼえることができます。短《みじか》い夏《なつ》のあいだにゼンテイカやチングルマなどたくさんの花《はな》がさきます。

ゼンテイカ（7月上旬《がつじょうじゅん》）

（写真提供《しゃしんていきょう》：立山黒部貫光《たてやまくろべかんこう》）

住所《じゅうしょ》　〒930-1406　富山県《とやまけん》中新川郡《なかにいかわぐん》立山町《たてやままち》芦峅寺《あしくらじ》ブナ坂外《ざかそと》11固有林内《こゆうりんない》黒部平《くろべだいら》
Tel　076（432）2819
HP　http://www.alpen-route.com

※標高《ひょうこう》1828メートルの場所《ばしょ》にある黒部平《くろべだいら》の駅《えき》にある高山植《こうざんしょく》物《ぶつ》の観察園《かんさつえん》。立山《たてやま》ロープウェイと黒部《くろべ》ケーブルカーの乗《の》りかえのあいだに見学《けんがく》すると、ブナ林《ばやし》や高山植物《こうざんしょくぶつ》が観察《かんさつ》できる。立山黒部《たてやまくろべ》アルペンルートは6種類《しゅるい》ののりもので移動《いどう》できるので、登山《とざん》しなくてもきがるに高山植物《こうざんしょくぶつ》に親《した》しめる。

【読《よ》んでみよう】

植物《しょくぶつ》のことをもっと知《し》りたい人《ひと》のための読書《どくしょ》ガイドです。身近《みぢか》な草花《くさばな》のしくみやひみつを知《し》ったり、世界《せかい》のめずらしい樹木《じゅもく》におどろいたり、植物《しょくぶつ》と人間《にんげん》の関係《かんけい》について考《かんが》えたりすることができます。何年《なんねん》もかけて、雑草《ざっそう》をじっくり観察《かんさつ》した人《ひと》や植物《しょくぶつ》にかんする仕事《しごと》をしている人《ひと》が書《か》いた本《ほん》もあります。植物《しょくぶつ》について自分《じぶん》で観《かん》察《さつ》したり、研究《けんきゅう》したりしたい人《ひと》にも役《やく》だちます。15冊《さつ》のなかには、書店《しょてん》で買《か》えない本《ほん》もあります。まずは図書館《としょかん》でさがしてみてください。

たんぽぽ 〈かがくのとも傑作集《けっさくしゅう》〉

●著者 平山和子 ●絵 平山和子 ●監修 北村四郎 ●福音館書店 ●1976年

たんぽぽの花《はな》は小《ちい》さな花《はな》があつまってできています。小《ちい》さな花《はな》がいくつあつまって花《はな》になっているのでしょう？ 数《かぞ》えてみたら、240もついていました。この小《ちい》さな花《はな》ひとつひとつに実《み》ができるのです。花《はな》がおわると茎《くき》はひくくたれて実《み》をそだてます。実《み》がじゅくすと茎《くき》はおきあがって高《たか》くのび、よく晴《は》れた日《ひ》に綿毛《わたげ》が開《ひら》きます。さあ、あなたも綿毛《わたげ》をぴゅーとふいて、たんぽぽのタネとばしをてつだってあげましょう。

たねのゆくえ 〈科学《かがく》のアルバム〉

●著者 埴沙萠 ●写真 埴沙萠 ●あかね書房 ●2005年

コスモスのタネはすぐ下《した》に落《お》ちます。ホウセンカのタネはぱちんとはじけて2メートルも遠《とお》くにとびます。タンポポのタネは風《かぜ》ではこばれます。動物《どうぶつ》の毛《け》にくっついてはこばれるタネや、小鳥《ことり》に食《た》べられてふんといっしょに落《お》ちるタネもあります。川《かわ》に落《お》ちて芽《め》をだせないタネもありますが、反対《はんたい》に、ネコヤナギのタネは、水《みず》に落《お》ちると芽《め》がでて、ながれついた岸辺《きしべ》に根《ね》をはってそだちます。たくさんのタネのなかのほんの少《すこ》しが、芽《め》をだすのです。

雑草《ざっそう》のくらし あき地《ち》の五年間《ごねんかん》

●著者 甲斐信枝 ●絵 甲斐信枝 ●福音館書店 ●1985年

著者《ちょしゃ》は畑《はたけ》だった土地《とち》をかりて五年間《ごねんかん》なにも手《て》をくわえないで観察《かんさつ》しつづけました。最初《さいしょ》の年《とし》、メヒシバやエノコログサがたくさんはえました。だれもタネをまいていないのに、土《つち》のなかにタネがかくれていたのです。せまい場所《ばしょ》に密集《みっしゅう》してはえた芽《め》は、日光《にっこう》にあたろうとずんずん背《せ》をのばします。ひろいところにはえた芽《め》は茎《くき》や葉《は》をのばして地面《じめん》にひろがります。秋《あき》にオオアレチノギクのタネが風《かぜ》にのってとんできました。つぎの年《とし》はオオアレチノギクがたくさんはえました。

ヒガンバナのひみつ

●著者 かこさとし ●絵 かこさとし ●小峰書店 ●1999年

秋《あき》のお彼岸《ひがん》のころにさく赤《あか》い花《はな》を見《み》たことがありますか。ヒガンバナです。ヒガンバナには全国《ぜんこく》に300以上《いじょう》のよび名《な》があります。朝晩《あさばん》がすずしくなると、いっせいにさくのでイットキバナ、花《はな》がさいているときに葉《は》がないからハッカケバナ。お墓《はか》のまわりにさくからソーシキバナ、しびれたりかぶれたりするからジゴクバナというのもあります。それぞれの名《な》まえの意《い》味《み》をじっくり考《かんが》えてみると、ヒガンバナのすごいひみつがわかります。

身近《みぢか》な植物《しょくぶつ》となかよくなろう 標本《ひょうほん》づくりと図鑑《ずかん》の見《み》かた

●著者 田中肇 ●さ・え・ら書房 ●1988年

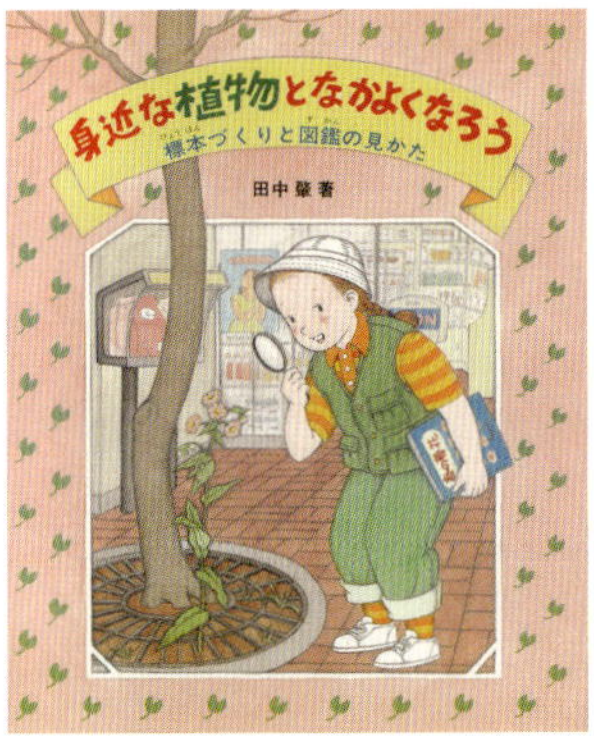

学校《がっこう》にいくとちゅうで植物《しょくぶつ》をさがしてみましょう。名《な》まえはわかりますか。わたしたちは、だれかと友《とも》だちになるときに、まず名《な》まえをきいて顔《かお》をおぼえます。植物《しょくぶつ》もおなじです。植物《しょくぶつ》の名《な》まえを知《し》るためには、図鑑《ずかん》をつかいます。図《ず》や写真《しゃしん》と実物《じつぶつ》をよく見《み》くらべて調《しら》べます。つぎに、標本《ひょうほん》をつくって記録《きろく》にのこしましょう。新聞紙《しんぶんし》と重《おも》し、大《おお》きめの板《いた》があればよいのです。標本《ひょうほん》は、花《はな》や葉《は》のかたち、季節《きせつ》べつなど、自分《じぶん》で考《かんが》えたグループでわけておくと便利《べんり》です。

アサガオ観察《かんさつ》ブック

●著者 小田英智 ●写真 松山史郎 ●偕成社 ●2009年

アサガオはいまから1300年《ねん》もまえの奈良時代《ならじだい》に、薬《くすり》として中国《ちゅうごく》から日本《にほん》にきました。最初《さいしょ》はうす青色《あおいろ》の花《はな》だけでした。いろいろな色《いろ》の花《はな》がさくように改良《かいりょう》されて、江戸時代《えどじだい》にはかわりざきのアサガオを楽《たの》しむ人《ひと》たちがふえました。タネを切《き》ってみると、そのなかには茎《くき》や根《ね》や葉《は》のもとがちゃんとできています。タネをまくと最初《さいしょ》にでる葉《は》とつぎにでる葉《は》はかたちがちがいます。ちがいを観察《かんさつ》してみると新《あたら》しい発見《はっけん》があります。

植物《しょくぶつ》は動《うご》いている 〈科学《かがく》のアルバム〉

●著者 清水清 ●写真 清水清 ●あかね書房 ●2005年

オジギソウにさわると、小《ちい》さな葉《は》がつぎつぎにとじていきます。強《つよ》くさわると、葉《は》だけではなく、茎《くき》もたれさがってしまいます。まるで動物《どうぶつ》のようにすばやい動《うご》きです。オジギソウほど、はやくなくても、動《うご》く植物《しょくぶつ》はほかにもあります。アサガオのつるの先《さき》は、まきつくものをさがして、ゆっくり回《かい》転《てん》します。食虫植物《しょくちゅうしょくぶつ》のモウセンゴケは、虫《むし》がつくと葉《は》をとじて、虫《むし》をつつみこんでしまいます。虫《むし》の養分《ようぶん》をすいとってしまうのです。

木《き》はいいなあ

●著者 ユードリイ ●絵 シーモント ●訳 さいおんじさちこ ●偕成社 ●1976年

たった1本《ぽん》でも、木《き》があるのはいいものです。夏《なつ》には、葉《は》っぱがそよかぜにゆれて、ひゅるひゅるとくちぶえのような音《おと》をたてるのがきこえます。秋《あき》には、落《お》ち葉《ば》の上《うえ》をがさごそ歩《ある》いたり、ころがったりできます。落《お》ち葉《ば》をあつめればたき火《び》ができます。木《き》にのぼってみましょう。遠《とお》くのほうが見《み》えます。枝《えだ》にすわってじっと考《かんが》えることもできます。木《き》がそばに1本《ぽん》あると、楽《たの》しいことがたくさんありますよ。

庭《にわ》をつくろう！

●著者 ゲルダ・ミューラー ●絵 ゲルダ・ミューラー ●訳 ふしみみさを ●あすなろ書房 ●2015年

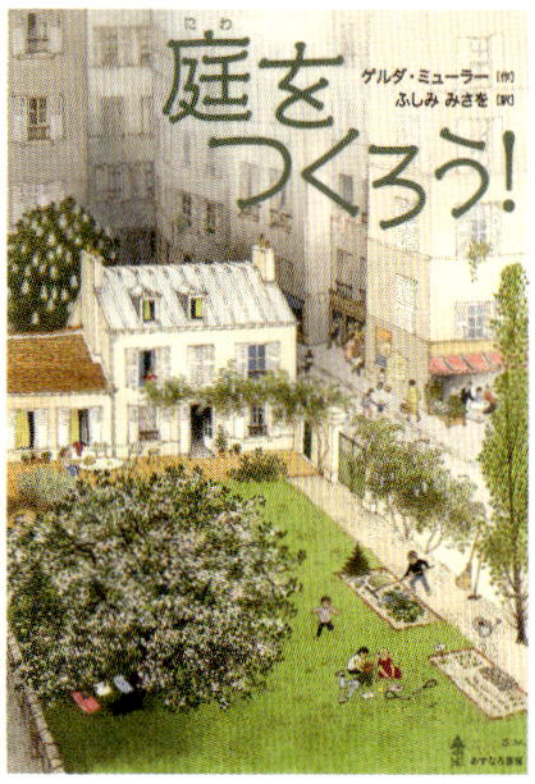

ぼくたちのひっこした家《いえ》には大《おお》きな庭《にわ》があります。でもはえているのは雑草《ざっそう》ばかり、リンゴの木《き》も病気《びょうき》になっています。そこで家族《かぞく》で計画《けいかく》をたてて、庭《にわ》づくりをはじめました。雑草《ざっそう》をぬき、土《つち》をほりかえし、肥料《ひりょう》をまきます。タネをまいて、毎日水《まいにちみず》をやったら、ひと月後《つきご》にはひろい芝生《しばふ》ができました。木《き》のお医者《いしゃ》さんにきてもらって、リンゴの木《き》も元気《げんき》になりました。ジャガイモ、レタス、ヒナギク……みんなで植《う》えていきます。

いのちの木《き》　あるバオバブの一生《いっしょう》

●著者 バーバラ・バッシュ ●絵 バーバラ・バッシュ ●訳 百々佑利子 ●岩波書店 ●1994年

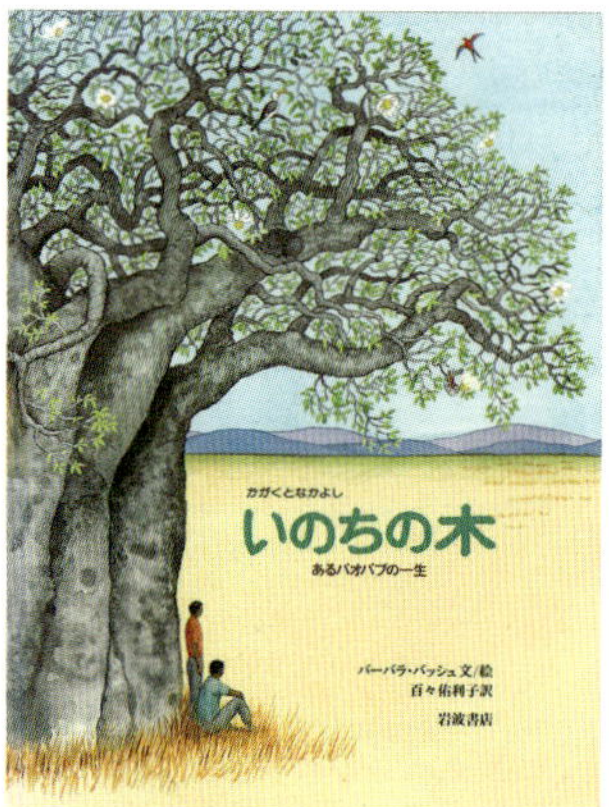

神《かみ》さまが動物《どうぶつ》たちに木《き》を1本《ぽん》ずつあたえました。ハイエナはおそくきたので、最後《さいご》にのこっていたバオバブをもらい、そそっかしいのでさかさに植《う》えてしまいました。だからバオバブの枝《えだ》は、根《ね》っこにそっくりなのです。アフリカにつたわる話《はなし》です。バオバブには、いろいろな鳥《とり》、虫《むし》、コウモリ、サル、ゾウたちがやってきて、花《はな》や実《み》や樹皮《じゅひ》を食《た》べたり、巣《す》をつくったりします。人間《にんげん》もバオバブの木《き》にあるハチの巣《す》からみつをとっていきます。

おおふじひっこし大作戦《だいさくせん》　〈たくさんのふしぎ傑作集《けっさくしゅう》〉

●著者 塚本こなみ ●絵 一ノ関圭 ●福音館書店 ●2016年

栃木県足利市《とちぎけんあしかがし》に日本一幹《にほんいちみき》が太《ふと》い4本《ほん》のおおふじがあります。いちばん太《ふと》いもので幹《みき》の直径《ちょっけい》は1メートル以上《いじょう》、枝《えだ》をひろげている棚《たな》の面積《めんせき》はたたみ360枚《まい》ぶんもあるのです。このおおふじを20キロメートル先《さき》の植物園《しょくぶつえん》にひっこしさせることになりました。移動《いどう》用《よう》のトレーラーにのせるために、根《ね》や枝《えだ》を切《き》りつめ、小《ち》さくしていきます。ひっこしにかかる時間《じかん》はなんと3年《ねん》。元気《げんき》なまま移動《いどう》するには、時間《じかん》をかけてゆっくりとならさないといけないのです。

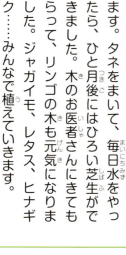

じめんのうえとじめんのした

●著者 アーマ・E・ウェバー ●絵 アーマ・E・ウェバー
●訳 藤枝澪子 ●福音館書店 ●1968年

いろいろな種類《しゅるい》の動物《どうぶつ》が、じめんの上《うえ》でくらしています。じめんの下《した》でくらしている動物《どうぶつ》もいます。うさぎのように、じめんの上《うえ》と下《した》の両方《りょうほう》でくらすものもいます。では植物《しょくぶつ》はどうでしょうか？　どの植物《しょくぶつ》も、じめんの上《うえ》にでているところとじめんの下《した》にのびているところがあります。ニンジンは、じめんの上《うえ》は、葉《は》っぱで、下《した》では栄養《えいよう》をたくわえた太《ふと》い根《ね》になっています。トウモロコシは、根《ね》は短《みじか》いけれど、じめんの上《うえ》に長《なが》くのびています。

日本《にほん》の風景《ふうけい》　松《まつ》 〈絵本《えほん》　気《き》になる日本《にほん》の木《き》〉

●著者 ゆのきようこ ●絵 阿部伸二 ●理論社 ●2005年

松《まつ》は日本《にほん》じゅうのあちこちで見《み》ることができます。海岸《かいがん》には、まがりくねった松並木《まつなみき》がつづいています。山《やま》や町《まち》には、松《まつ》の林《はやし》がたくさんあり、門《もん》のわきに大《おお》きな松《まつ》を植《う》えている家《いえ》もあります。こんなに松《まつ》が多《おお》いのは、むかしから人《ひと》びとが苗《なえ》を植《う》えたり、たいせつにせわをしたりしてきたからです。松《まつ》は風《かぜ》よけになるし、落《お》ち葉《ば》は肥料《ひりょう》になります。松《まつ》からとれるマツヤニは、たいまつやせっけん、マッチなどにつかわれてきました。木炭《もくたん》や墨《すみ》の材料《ざいりょう》にもなります。

ジャガイモの花《はな》と実《み》

●著者 板倉聖宣 ●絵 藤森知子 ●仮説社 ●2009年

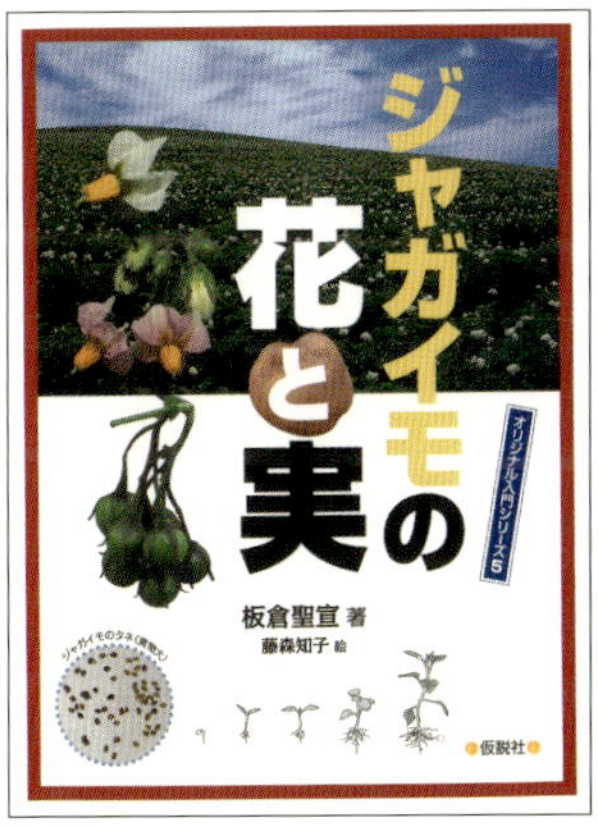

ジャガイモの花《はな》や実《み》を見《み》たことがありますか？　実《み》というのはイモのことではなくて、花《はな》のさいたあとにできるタネのことです。ジャガイモも花《はな》がさいて実《み》がなります。実《み》はミニトマトによくにていて、なかのタネは2ミリぐらいでとても小《ちい》さいのです。ジャガイモをそだてる方法《ほうほう》はイモを切《き》って土《つち》に植《う》えるほか、このタネをまいてそだてることもできます。わたしたちが食《た》べているジャガイモは、実《み》ではなく地下《ちか》の茎《くき》のふくれたところなのです。

森《もり》は生《い》きている 新装版《しんそうばん》

●著者 富山和子 ●絵 大庭賢哉 ●講談社 ●2012年

日本《にほん》は国土《こくど》の7割《わり》が森林《しんりん》です。そのため、日本《にほん》じゅうどこにでも、すぐれた木材《もくざい》がありました。大《おお》むかしから日本人《にほんじん》は、木《き》の家《いえ》にすみ、木《き》の道具《どうぐ》をつかってきました。食事《しょくじ》をするときのはしやおわん、おぼんにしゃもじ。みんな木《き》でつくられています。少《すこ》しまえまでは、下駄《げた》をはいていましたし、木《き》の風呂《ふろ》にはいっていました。それだけではありません。川《かわ》の水《みず》がたっぷりあるのも、畑《はたけ》の土《つち》が肥《こ》えているのも、ゆたかな森林《しんりん》にかこまれているからなのです。

監修者

小原芳明
（おばら・よしあき）

1946年生まれ。米国マンマス大学卒業、スタンフォード大学大学院教育学研究科教育業務・教育政策分析専攻修士課程修了。1987年、玉川大学文学部教授。1994年より学校法人玉川学園理事長、玉川学園園長、玉川大学学長。おもな著書に『教育の挑戦』（玉川大学出版部）など。

編　者

湯浅浩史
（ゆあさ・ひろし）

1940年神戸生まれ。1968年東京農業大学大学院修了。農学博士。元東京農業大学教授。前生き物文化誌学会会長。（一財）進化生物学研究所理事長・所長。専門は民族植物学。60か国で植物調査をする。雑誌『子供の科学』（誠文堂新光社）で25年にわたり「世界の不思議な植物」を連載中。著書に『花おりおり』（全5巻、朝日新聞社）、『日本人なら知っておきたい四季の植物』（ちくま新書）、『ヒョウタン文化誌』（岩波新書）、『世界の不思議な植物 厳しい環境で生きる』『世界の不思議な花と果実』『世界の葉と根の不思議』『世界の不思議な野菜』（いずれも誠文堂新光社）など多数。

画　家

江口あけみ
（えぐち・あけみ）

1958年生まれ。会社員の時に初めてのバードウォッチングで鳥の美しさに感動し、水彩画を始める。園芸雑誌の編集に関わったのち、イラストレーターとして独立。挿絵に『したたかな植物たち』（SCC出版）、『お花がさいた やさいができた』（偕成社）、「趣味の園芸」テキスト（NHK出版）など。

執筆者

岡田比呂実
（おかだ・ひろみ）

植物ライター。著書に『鉢花・育てる花』『切り花図鑑』（ともに小学館）、『お花がさいた やさいができた』（偕成社）、『新しい野菜の味みつけた！ もうひとつの旬を楽しむレシピ』（NHK出版）、共著に『NEO 植物』『NEO POCKET 植物』（ともに小学館）など。

玉川百科こども博物誌プロジェクト（50音順）

大森　恵子（学校司書）
川端　拡信（学校教員）
菅原　幸子（書店員）
菅原由美子（児童館員）
杉山きく子（公共図書館司書）
髙桑　幸次（画家・幼稚園指導）
檀上　聖子（編集者）
土屋　和彦（学校教員）
服部比呂美（学芸員）
原田佐和子（科学あそび指導）
人見　礼子（学校教員）
増島　高敬（学校教員）
森　　貴志（編集者）
森田　勝之（大学教員）
渡瀬　恵一（学校教員）

＊　＊　＊

「いってみよう」「読んでみよう」作成

青木　淳子（学校司書）
大森　恵子
杉山きく子

＊　＊　＊

装　丁：辻村益朗
協　力：オーノリュウスケ（Factory701）

玉川百科こども博物誌事務局（編集・制作）：株式会社 本作り空 Sola

玉川百科《たまがわひゃっか》こども博物誌《はくぶつし》

植物《しょくぶつ》とくらす

2018年2月20日　初版第1刷発行

監修者　小原芳明
編　者　湯浅浩史
画　家　江口あけみ

発行者　小原芳明
発行所　玉川大学出版部
〒194-8610　東京都町田市玉川学園6-1-1
TEL 042-739-8935　FAX 042-739-8940
http://www.tamagawa.jp/up/
振替：00180-7-26665
印刷・製本　図書印刷株式会社

乱丁・落丁本はお取り替えいたします。

ISBN978-4-472-05976-6 C8645 / NDC470

玉川学園創立90周年記念出版

90th Anniversary Tamagawa 1929～2019

玉川百科 こども博物誌 全12巻

小原芳明 監修　A4判・上製／各160ページ／オールカラー　定価 本体各4,800円

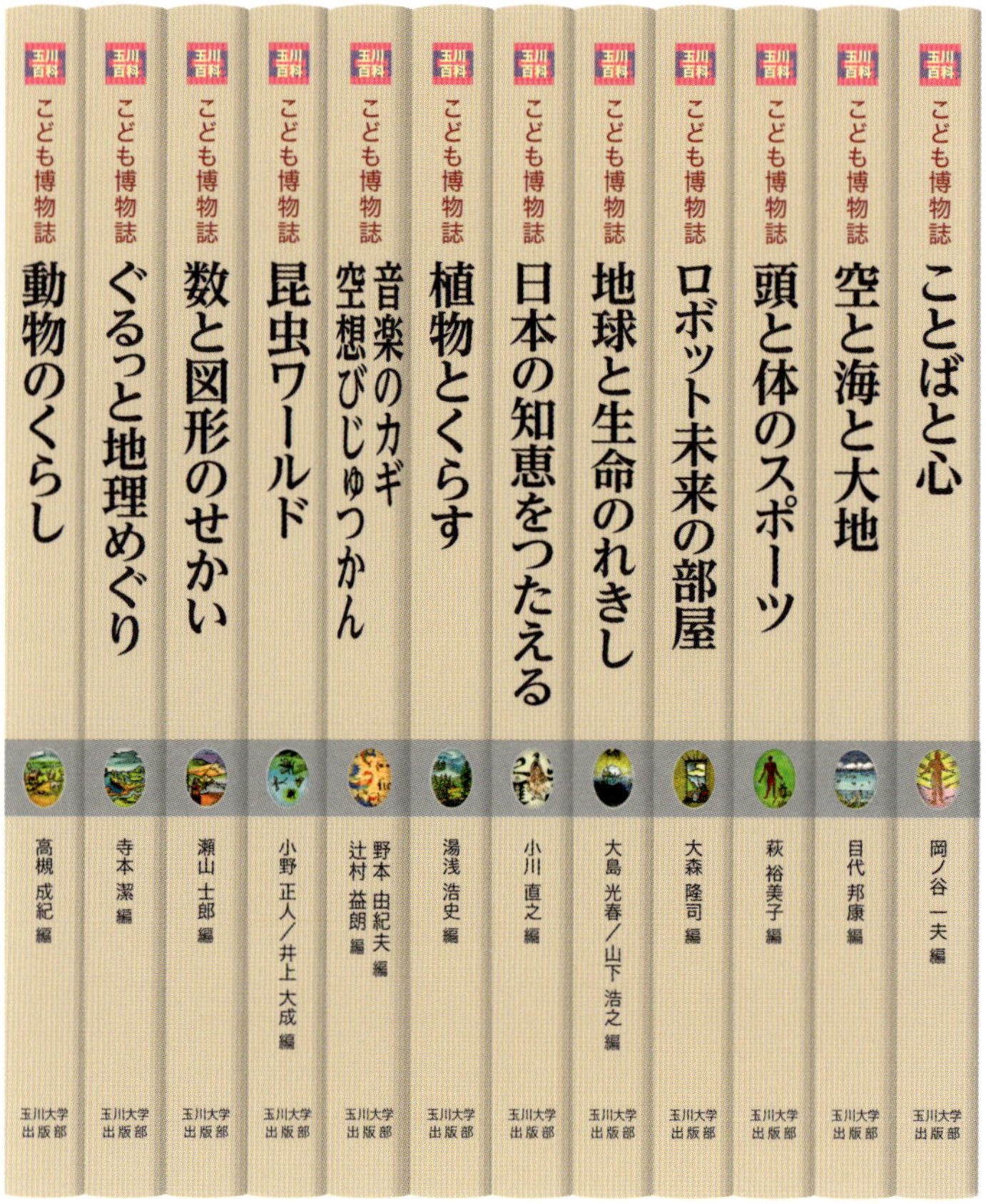

「こども博物誌」6つの特徴

●

❶小学校2年生から読める、興味の入口となる本

❷1巻につき1人の画家の絵による本

❸「調べるため」ではなく、自分で「読みとおす」本

❹網羅性よりも、事柄の本質を伝える本

❺読んだあと、世界に目をむける気持ちになる本

❻巻末に、司書らによる読書案内と施設案内を掲載

動物のくらし
高槻成紀 編／浅野文彦 絵
元麻布大学教授

ぐるっと地理めぐり
寺本潔 編／青木寛子 絵
玉川大学教授

数と図形のせかい
瀬山士郎 編／山田タクヒロ 絵
群馬大学名誉教授

昆虫ワールド
小野正人・井上大成 編／見山博 絵
玉川大学教授　森林総合研究所研究員

音楽のカギ／空想びじゅつかん
野本由紀夫 編／辻村章宏 絵
玉川大学教授

辻村益朗 編／中武ひでみつ 絵
ブックデザイナー

植物とくらす
湯浅浩史 編／江口あけみ 絵
進化生物学研究所所長

日本の知恵をつたえる
小川直之 編／髙桑幸次 絵
國學院大學教授

地球と生命のれきし
大島光春・山下浩之 編／いたやさとし 絵
神奈川県立生命の星・地球博物館学芸員

ロボット未来の部屋
大森隆司 編／園山隆輔 絵
玉川大学教授

頭と体のスポーツ
萩裕美子 編／黒須高嶺 絵
東海大学教授

空と海と大地
目代邦康 編／小林準治 絵
日本ジオパークネットワーク事務局研究員

ことばと心
岡ノ谷一夫 編／のだよしこ 絵
東京大学教授